K. C. Cole

Warum die Wolken nicht vom Himmel fallen

K. C. Cole

Warum die Wolken nicht vom Himmel fallen

Von der Allgegenwart der Physik

Aus dem Englischen von Ulrike Seeberger

Büchergilde Gutenberg

www.buechergilde.de

Lizenzausgabe für die Büchergilde Gutenberg,
Frankfurt am Main, Wien, Zürich,
mit freundlicher Genehmigung
des Aufbau-Verlages, Berlin

Published by arrangement with Harcourt Brace & Company
Druck und Bindung: Wiener Verlag, Himberg
Printed in Austria 2001

ISBN 3-7632-5181-2

Newton höchstpersönlich und auch diejenigen, die ihn angegriffen haben, wären alle höchst erstaunt über die in jüngster Zeit aufgestellte Behauptung, daß Naturwissenschaft nichts mit »Werten« zu tun habe, daß sie stets nur »wertfrei« sein könne und bleiben müsse und daß jemand, der nach richtungweisenden Gedanken für das menschliche Leben sucht, selbst aus dem hervorragendsten Wissen über die Natur der Dinge nichts lernen könnte. Selbst in der kleinsten Prise Naturwissenschaft steckt doch unendlich viel Verheißung für unsere menschlichen Werte.

John Herman Randall, Newton's Philosophy of Nature

Die Wissenschaft Physik hieß früher einmal Naturphilosophie, aber leider wird Physik heute nicht mehr als geisteswissenschaftliches Fach gelehrt. Das überrascht ein wenig, denn die meisten mir bekannten Physiker sind sich bei all ihren Äußerungen durchaus der Tatsache bewußt, daß unser Denken über die menschliche und die moralische Welt stark dadurch geprägt ist, wie wir die physikalische Welt sehen. Physik ist für sie Bestandteil der Kultur und der Philosophie.

In ihrem Buch gelingt es K. C. Cole, mit Nicht-Physikern genauso klug und sorgsam zu sprechen, wie viele Physiker untereinander reden.

Frank Oppenheimer, Gründer des Exploratoriums, eines Museums für Naturwissenschaften und Wahrnehmung in San Francisco

Inhalt

Für Bob Miller

Dieses Buch ist eine gründliche Überarbeitung des vor einiger Zeit erschienenen *Sympathetic Vibrations. Reflections on Physics as a Way of Life* (Mitschwingungen. Überlegungen zur Physik als Lebensphilosophie). Viel neues Material ist hinzugekommen, andere Abschnitte wurden stark gekürzt oder ganz gestrichen. Außerdem wurde das Material neu in drei Themenblöcke gegliedert.

Die Einführung »Leben im Weltraum« stellt den philosophischen Rahmen des Buches vor und erklärt bestimmte Vorlieben der Autorin, die für den Aufbau und den Ton des Buches ausschlaggebend waren.

Der erste Teil, »Die Kunst des Wissens«, erkundet die mannigfaltigen Ansätze, mit denen Physiker versuchen, das Unsichtbare zu sehen und ein Universum zu verstehen, das den menschlichen Horizont überschreitet. Der zweite Teil, »Was die Welt bewegt«, beschäftigt sich mit den Kräften und Pseudokräften, die unsere Welt bewegen, und mit den Grundlagen der modernen Physik: der Quantenmechanik und Einsteins spezieller und allgemeiner Relativitätstheorie. Im dritten Teil, »Fäden und Knoten«, werden einige sich ständig wiederholende Muster nachgezeichnet, die sich durch das gesamte physikalische Universum ziehen. Manche, etwa die Mitschwingungen, sind Rhythmen, die überall auftauchen, wenn man in der Natur ein bißchen genauer hinsieht. Andere ständig wiederkehrende Themen, etwa die Frage nach dem Verhältnis zwischen Ursache und Wirkung, stellen die Physiker vor komplizierte Probleme, um deren Lösung sie sich noch immer nach Kräften bemühen.

Danksagung

Ganz selten kommt einmal eine Autorin in den Genuß einer zweiten Chance und darf ein bereits veröffentlichtes Manuskript noch einmal überarbeiten. Besonderer Dank gilt also Jane Isay, meiner Lektorin bei Harcourt Brace, die mir die Gelegenheit dazu gegeben hat. Das Buch gefällt mir jetzt sehr viel besser und ihr hoffentlich auch. Eine große Hilfe war Janes Assistentin Lorie Stoopack, die mir mit sicherem Rat und unverwüstlichem Humor zur Seite stand, wenn es am nötigsten war.

Nach wie vor gebührt mein Dank all den Redakteuren und Lektoren, die mir immer wieder Mut gemacht haben, in meinen populärwissenschaftlichen Veröffentlichungen die Beziehung zwischen Physik und Philosophie zu erkunden: Phyllis Theroux, die mir als erste den Vorschlag machte, in vier Artikeln in der *Washington Post* über das abwegige Thema der Physik als Lebensphilosophie zu schreiben; Nancy Newhouse von der *New York Times*, die mich ermutigt hat, das gleiche Thema in einer Reihe von sieben Artikeln weiter zu bearbeiten; Leon Jaroff, der Gründer und Herausgeber von *Discover*, der mir eine Kolumne in seiner Zeitschrift einrichtete; und Evelyn Reynold, früher bei *Lears*, die mir die Chance gab zu beweisen, daß die Physik eine besondere Anziehungskraft für Frauen besitzt, »die nicht von gestern sind«.

Viel habe ich meinem Freund, dem Physiker Frank Oppenheimer, zu verdanken, der mich stets inspiriert und ermutigt hat, der mir sagte, was ich lesen und mit wem ich reden sollte. Zu diesen wunderbaren Mentoren und Lehrern gehören Philip Morrison und Victor Weisskopf. Weisskopf und Oppenheimer haben beide die erste Fassung des Buches mit großer Sorgfalt (und schonungsloser Offenheit) kritisch gelesen – und dafür bin ich ihnen zu ewigem Dank verpflichtet. Danke auch an alle Mitarbeiter des Exploratoriums – besonders die »Dinosaurier«–, seit fünfundzwanzig Jahren eine unerschöpfliche Quelle der Inspiration. Und an Nancy Rodgers für ihre vielsagenden Photos.

Ganz zum Schluß möchte ich auf die Rolle eingehen, die Bob Miller gespielt hat, dem dieses Buch gewidmet ist. Bob ist Künstler, Naturphilosoph und ein enger Freund der Familie. Er hat uns alles über das Leben im Weltraum und das geheimnisvolle Leben in den Reichen des Schattens, über das Universum in einem winzigen Nadelstich und das furchterregende Gewicht einer Wolke beigebracht. Am meisten danke ich Bob aber für seine stets wache Aufmerksamkeit, wenn sich bei mir wieder jene alles durchdringende gefährliche Krankheit anbahnte, die er »Verhärtung der Kategorien« nennt.

Einleitung

Leben im Weltraum

> Physikbücher sind voll von komplizierten mathematischen Formeln. Der Anfang jeder physikalischen Theorie sind aber Gedanken und Ideen, nicht Formeln.
>
> *Albert Einstein und Leopold Infeld, Die Evolution der Physik*

> Die Entdeckungen der Naturwissenschaft, jene neuen Zimmer in diesem großen Haus, haben auch außerhalb dieser Mauern die Denkweise der Menschen verändert. Meine These ist, daß [diese Entdeckungen] uns allgemeingültige, höchst relevante und dringend benötigte Analogien für menschliche Probleme liefern, die jenseits der gegenwärtigen Grenzen der Naturwissenschaft oder ihrer Grenzgebiete liegen.
>
> *J. Robert Oppenheimer, Wissenschaft und allgemeines Denken*

Immer wieder betonen populärwissenschaftliche Autoren und Autorinnen, wie ungeheuer wichtig Dinge wie das Schicksal des Universums sind – oder die Ereignisse, die sich im ersten trillionstel Sekundenbruchteil nach Entstehung der Zeit abgespielt haben. Wir schreiben das, als säßen die Leute atemlos gespannt auf der sprichwörtlichen Stuhlkante und warteten nur darauf, ob das Proton nun zerfällt oder nicht (in 10^{32} Jahren!) oder ob in den Neutrinos doch auf mysteriöse Weise irgendwo Masse versteckt ist.* Atemlos halten wir sie über so esoterische Unternehmungen wie die Suche nach dem »Top-Quark« oder nach der »kosmologischen Weltkonstante« auf dem neuesten Stand. Manchmal frage ich mich,

* 10^{32} ist die Zahl 1 mit 32 Nullen. Damit Sie sich eine Vorstellung von der Länge dieser Zeitspanne machen können, überlegen Sie einmal, daß eine Milliarde eine 1 mit neun Nullen ist. Die Physiker glauben, daß das Universum etwa 15 Milliarden Jahre alt ist. Warten auf den Zerfall eines Protons hat also eine gewisse Ähnlichkeit mit Warten auf Godot.

wie viele Leser, die morgens Mühe haben, ihre Socken zu finden, nicht den einen oder anderen Zweifel daran hegen, ob die Erforschung dieser abgelegenen Ecken des Universums wirklich so furchtbar wichtig ist. Von offensichtlichem Nutzen ist sie jedenfalls auf den ersten Blick nicht.

Doch die reizvollsten Geheimnisse des Universums oder die pikantesten Details über das Innenleben der Atome haben mehr mit uns zu tun, als wir meinen. Science-Fiction-Phantasien beschreiben Reisen in den »Weltraum«, als wäre das eine seltsame und exotische Landschaft, als wären es Exkursionen in weit entfernte Galaxien, die womöglich von bizarren Lebewesen bevölkert sind. Und doch rotiert unser wäßriger Planet tagein tagaus durch den Weltraum, und wir selbst sind zumindest eine Gruppe solch bizarrer Lebewesen – aus Fleisch und Blut und letztlich Quarks zusammengebastelt. Der Weltraum ist *kein* fremdes Territorium. Er ist unser Lebensraum.

Mit größerer Überzeugungskraft haben die Vorstellungen der Naturwissenschaften vielleicht in beinahe alle Aspekte unserer Sprache und Kultur Einzug gehalten. Wir sprechen von Menschen, die einander anziehen oder abstoßen (wie Magnete), von der Kraft des Glaubens, von Ursache und Wirkung, von Unordnung und Quantensprüngen, aber am meisten wohl von Raum und Zeit. Unsere Sprache ist gespickt mit Metaphern der Naturwissenschaft – und umgekehrt ist die Sprache der Naturwissenschaft unweigerlich voller Bilder aus unserem Alltagsleben.

Völlig zu Recht betrachten die meisten Wissenschaftler höchst mißtrauisch jeden Versuch, ihre scharf umrissenen Gedankengänge auf die weniger durchsichtigen menschlichen Belange anzuwenden. Doch mindestens genauso viele Wissenschaftler glauben, daß die Naturwissenschaften und die Geisteswissenschaften beklagenswerte Opfer einer schmerzlichen und unnatürlichen Trennung sind. Die Naturwissenschaft ist wesentlich mehr als eine bloße Ansammlung von Fakten, sie ist eher ein Gedankensystem, das den kulturellen Zusammenhang, in dem wir die Welt sehen, definiert. Naturwissenschaft hat auf beinahe alles, was sich um uns herum befindet, Einfluß – angefangen von der Rolle der Religion bis hin zur Sklaverei –, und wird ihrerseits davon beeinflußt. Die Naturwissenschaft hat einmal als »Naturphilosophie« begonnen. Als die sogenannte naturwissenschaftliche Revolution des 17. Jahrhunderts herausragende Werke wie Keplers *Harmonie der Welten* und Galileos *Botschafter der Sterne* hervorbrachte, galten diese Entdeckungen als Bestandteil dessen, was man damals die »neue Philosophie« nannte. Auch das sollte uns nicht sonderlich überraschen. Physiker wie Philosophen beschäftigen sich mit den Gründen der Dinge – mit den Fragen: Warum sind Dinge so, wie sie sind? Und warum verhalten sie sich so und nicht anders?

In jüngster Zeit haben die Naturwissenschaftler zum größten Teil ihren Philosophenstatus verloren. Die meisten Menschen denken beim Wort Naturwissenschaft hauptsächlich an Technik. Doch die Geschichte zeigt uns, daß die Naturwissenschaft schon lange das Denken der Menschen mitbestimmt. Der Physiker Max Born hat das so formuliert: »Man hat einmal gesagt, daß stets die Metaphysik eines Zeitalters der Nachfahre der Physik des unmittelbar vorangegangenen Zeitalters ist. Wenn das stimmt, dann sind wir Physiker dazu verpflichtet, unsere Gedanken in einer nicht zu technischen Sprache zu formulieren.«

Als Born dies Anfang des 20. Jahrhunderts schrieb, versuchten gerade viele seiner Kollegen, die philosophischen Auswirkungen ihrer naturwissenschaftlichen Revolution zu erklären, einer Revolution, die durch die Relativitätstheorie und die Quantentheorie unser Denken über alles – Zeit, Raum, Energie und Materie – völlig auf den Kopf gestellt hat.

Das wahrscheinlich beste populärwissenschaftliche Buch über Einsteins Theorie, *Einstein und das Universum* von Lincoln Barnett, erschien bereits 1948, als Einstein noch lebte und man gerade die verzweigten Probleme der »neuen Physik« entwirrte. In der Einführung nennt Barnett seine Gründe, warum er das Buch geschrieben hat:

»Heute wissen die meisten Zeitungsleser gerade, daß Einstein etwas mit der Atombombe zu tun hatte. Darüber hinaus ist sein Name schlicht zu einem Synonym für alles Abstruse geworden [...] Manch ein College-Absolvent hält Einstein immer noch für eine Art mathematischen Surrealisten und nicht für den Entdecker bestimmter kosmischer Gesetze von ungeheurer Wichtigkeit in [unserem] zähen Ringen um das Verständnis der physikalischen Wirklichkeit. Vielleicht ist auch nicht klar, daß die Relativitätstheorie weit über ihre wissenschaftliche Bedeutung hinaus ein bedeutendes philosophisches Gedankengebäude ist, das die Überlegungen der großen Erkenntnistheoretiker – Locke, Berkeley und Hume – ergänzt und erleuchtet.

Die Annahme, daß Naturwissenschaft untrennbar mit Philosophie verbunden ist, liegt dem gesamten vorliegenden Buch zugrunde.

Eine andere »fixe Idee« ist meine Vorliebe für das, was der Physiker Victor Weisskopf immer als »den alten Kram« bezeichnet.

Kurz gesagt, in diesem Buch geht es nicht um schwarze Löcher. Oder um Quarks oder Antimaterie oder Hochtemperatursupraleiter oder das Schicksal des Universums. Ich streife diese Themen, die ja auch wirklich interessant sind. Aber wenn man sich auf solche Dinge einläßt, nimmt gewöhnlich das Gefühl überhand, daß sich die Naturwissenschaft außerhalb jeglicher Alltagserfahrung abspielt. Und Naturwissenschaft ist kein bißchen »unzugänglicher« als ein Blick aus dem Fenster, bei dem man sich fragt, warum ein bestimmter Baum sich auf eine bestimmte Art verzweigt oder (um eine uralte Frage zu wiederholen) warum der Himmel blau ist.*

Ich mag den »alten Kram«, weil man dazu nicht mehr Wissen und Ausrüstung braucht als das, was man zur Hand hat, wenn man beispielsweise im Flugzeug sitzt. Etwa ein dut-

* Vor vielen Jahren stellte mir mein Sohn eine Variante dieser Frage: Welche Farbe hat die Luft? Nach langem Überlegen fanden wir schließlich die Antwort: blau. Die Luft ist aus dem gleichen Grund blau, aus dem der Himmel (der ja schließlich aus Luft besteht) blau ist – nämlich weil die zusammengeballten Luftmoleküle das blaue Licht stärker streuen als alle anderen Farben des Sonnenspektrums. Luft sieht nur deswegen nicht so blau aus wie der Himmel, weil in einem kleinen Raum weniger Luft ist (man könnte auch sagen, daß Luft sehr, sehr, sehr hellblau ist).

zendmal im Jahr nehme ich als Passagierin an einer dieser »Raumexpeditionen« teil, dreizehntausend Meter über dem Erdboden, und immer noch völlig überwältigt vom seltsamen Paradox des Fliegens im Düsenzeitalter: Das fünfhunderttausend Pfund schwere Flugzeug wird von unsichtbaren Kräften am Himmel gehalten, ganz ohne Schnüre. Die Erde unter mir ist keine Welt mehr, sondern ein kreiselnder Saphir, der durch den Weltraum schwebt, von einer bizarren Zuckergußlandschaft aus Wolken verdeckt. Aus dieser Perspektive kann man deutlich die Krümmung der Erde sehen, darüber staunen, wie klein diese Erde ist – ein sonnenbeschienenes Fleckchen Blau in der großen, finsteren Leere.

Ich kann meinen Blick nach oben richten und sehe, daß ich praktisch mit dem Kopf an die Oberkante des Raums stoße. Noch etwa dreizehntausend Meter, und ich wäre an einem Ort, wo es auch bei Tag stets finster ist – als Raketenpilotin. Ich blicke hinunter in den brodelnden Wolkenkessel, aus dem ab und zu ein unwirtlicher Berggipfel hervorspitzt. Wir scheinen über ein wütendes Meer hinwegzugleiten, und ich überlege mir, wie unglaublich es eigentlich ist, daß dort unten zarte Lebewesen existieren können – wieviel unglaublicher noch, daß sie zum Transport von A nach B diese gigantischen, lärmenden Heuschrecken aus Metall bauen, wie die, in der ich gerade sitze.

Vor vielen Jahren flog ich einmal mit meinem sechsjährigen Sohn und staunte über die großen weißen Flecken auf der Erdoberfläche, die wie verschüttete Milch aussahen: das Salz der Erde. Ich brach in lautstarke Verzückung über das zerklüftete weiße Rückgrat der Rockies aus, das den Kontinent durchzieht, über die gewundenen Adern der Flüsse, die dem blaublütigen Planeten Leben bringen, über die Täler, die so tief einschneiden, daß man beinahe fühlen kann, wie schmerzhaft es gewesen sein muß, als sie ins lebendige Antlitz des Planeten gegraben wurden. Mein Sohn schaute sich den Videofilm an. Ich konnte meine Begeisterung nicht für mich behalten, ich drängte ihn, einmal nach unten zu schauen. Der Anblick schien ihn nicht sonderlich zu überraschen, er zeigte nur mäßiges Interesse. Schließlich fragte ich ihn, was denn seiner Meinung nach das riesige Flugzeug mitsamt den Hunderten von Passagieren in der Luft hielt. In mildem Ton, als spräche er mit einem Kind, antwortete er: »Die Luft natürlich.«

Natürlich.

Dann kam die Stewardeß und bat mich, mein Fensterrollo herunterzuziehen. Die anderen Leute, meinte sie, wollten den Film sehen. Arme alte Erde, dachte ich. Pockennarbig von Kometeneinschlägen, zerfurcht und faltig von Wind und Regen, mit grünen Flecken neu gewachsener Pflanzen übersät, die überall wunderbarerweise aus der Asche ihrer Ahnen aufwuchsen – und niemand war da, der ihre würdevolle Schönheit bewunderte. Für wie selbstverständlich wir alles nehmen!

Der Künstler Bob Miller stellt gern die folgende »Physik«-Frage: Wie kann man hundert Tonnen Wasser ohne erkennbare Aufhängung in der Luft halten? Die Antwort ist: Eine Wolke machen.

Thoreau wußte, daß die Natur eine »Zauberin« ist, doch wir scheinen das vergessen zu haben. »Die Evolution eines Planeten ohne jegliches Leben wird schließlich mit grünen Blättern bekrönt«, schreibt die Naturforscherin Loren Eiseley. »Die so veränderte und mit Sauerstoff angereicherte Luft, die dann über den Kontinenten hängt, ermöglicht das Entstehen von Lebewesen, die sich aus ehemals unbelebtem Lehm zusammensetzen. Erst nach langer Beobachtung gelingt es dem komplex ausgebildeten Auge, diese Ereignisse als natürlich und nicht als Wunder zu sehen.«

Der große britische Experimentator Michael Faraday hat es einmal so formuliert: »Nichts ist zu wunderbar, um wahr zu sein.« Philip Morrison, ein Theoretiker am MIT (Massachusetts Institute of Technology), führt das in seinem Buch, das Faradays Worte als Titel trägt, weiter aus:

»Faradays Worte waren stichhaltig. Nichts ist zu wunderbar, um wahr zu sein: nicht ein Erdball, der auf alle die gleiche zentrale Anziehungskraft ausübt; nicht die vielen unsichtbaren Monde des Jupiter; nicht die einzige, ewig gleiche Form eines Nervensignals, unabhängig davon, ob Information in

Form von Bildern oder Tönen übermittelt wird; nicht die Zahl der sonnenähnlichen Sterne im sichtbaren Universum, die groß genug ist, um jedem lebenden Menschen etwa zehn Milliarden Sonnen zuzuteilen; nicht einmal die andauernde Drift des indischen Subkontinents weg vom südlichen Eis bis zum Zusammenprall mit Asien, wo dabei die mächtigen Berge des Himalaya aufgefaltet wurden.«

Es ist alles »alter Kram«, jede einzelne dieser wunderbaren Kostbarkeiten. Ich konzentriere mich aber noch aus einem anderen, wesentlich elementareren Grund auf den alltäglichen »alten Kram«: Was an vorderster Front der wissenschaftlichen Forschung faszinierend ist, ist nur eine Verzierung dessen, was uns an der Wissenschaft bereits im Alltag fasziniert. Die Schwerkraft liegt der Existenz der schwarzen Löcher zugrunde. Ein schwarzes Loch ist nicht mehr als ein Beispiel für eine ins äußerste Extrem gesteigerte Schwerkraft. Die Schwerkraft selbst ist ein tiefes (und ungelöstes) Mysterium.

Das Verhalten von sehr tief heruntergekühlten Materialien ist manchmal genauso »widernatürlich«: Sogenannte Supraflüssigkeiten, die es nur um den absoluten Nullpunkt herum (bei minus 271° Celsius) gibt, können an den Rändern von Flaschen hinauf und nach draußen fließen oder durch den Boden von Keramikbehältern dringen. Supraleitende Materialien transportieren elektrische Energie unbegrenzt lange und ohne den geringsten Widerstand. Am heißen Ende der Temperaturskala benimmt sich die Materie genauso seltsam. Atome fallen auseinander, bilden superheiße, elektrisch geladene Plasmen, die ein Kernverschmelzungsfeuer entfachen können, wie es zum Beispiel im Inneren unserer Sonne brennt. Um diese leicht flüchtigen, superheißen Gase zu zähmen, haben die Physiker riesige Magnetflaschen konstruiert, doch so ein Plasma ist eine glitschige Angelegenheit und läßt sich nur schwer einschließen. Plasma ist der Stoff, aus dem die Sterne sind. Bei noch höheren Temperaturen hoffen die Physiker ein sogenanntes Quark-Gluonen-Plasma zu erzeugen, die kosmische Ursuppe, aus der sich schließlich alles andere herauskristallisiert hat.

All diese exotischen Erscheinungsformen der Materie sind jedoch im Grunde nur Erweiterungen des altbekannten Spektrums der Aggregatzustände – vom Festkörper über die Flüssigkeit zum Gas. Weder die Supraleitung noch die Ursuppe kann man richtig verstehen, wenn man nicht begriffen hat, wie Wasser sich in Eis oder Dampf umwandelt.

Manche Leute meinen, daß Themen wie die Schwerkraft oder die Aggregatzustände zu elementar sind, um überhaupt von Interesse zu sein. Solche Menschen sind anscheinend zu gebildet. Und doch ist es erstaunlich, wie schnell man sogar in dieser technischsten aller modernen Welten als völlig ahnungsloser Idiot dasteht. »Die meisten von uns gehen Tag für Tag mit mindestens genauso vielen Dingen um, die sie nicht verstehen, wie damals die alten Griechen oder Babylonier«, pflegte mein Freund, der Physiker, zu sagen. »Wir haben gelernt, nicht danach zu fragen, wie die Servolenkung im Auto funktioniert oder wie man Polio-Impfstoff herstellt oder was alles passiert, wenn man Orangensaft einfriert. Letztendlich ergibt sich daraus die paradoxe Situation, daß ausgerechnet die Wissenschaft die Neugier gedämpft hat.«

Wenn die Naturwissenschaft angeblich uninteressant ist, dann vielleicht nur deswegen, weil wir uns inzwischen schämen, all diese einfachen »offensichtlichen« Fragen zu stellen. Wir wissen noch immer nicht genau, wo der Mond herkommt oder wie das Leben auf der Erde entstanden ist oder warum Protonen mehr wiegen als Elektronen. Wir wissen nicht, warum Leute auf Musik reagieren oder ob es morgen in Minneapolis regnet. Wir kennen weder die Natur des Bösen noch die Kraft, die Quarks zusammenhält. »Das Geniale an Männern wie Newton und Einstein«, schreibt Jacob Bronowski in *Der Aufstieg des Menschen*, »liegt darin: Sie stellen klare, unschuldige Fragen, von denen sich herausstellt, daß sie katastrophale Antworten haben. Einstein war ein Mann, der ungeheuer einfache Fragen stellen konnte.«

In diesem Buch geht es mir um mehr als nur um die praktischen und philosophischen Früchte der Naturwissenschaft. Es geht mir auch um das, was mein Freund, der Physiker, als die »Früchte der Gefühle der Wissenschaft« bezeichnet hat.

»Die Wissenschaft ist nicht nur von praktischem Nutzen«, sagte er immer, »sie ist auch nutzbringend, weil sie unser Denken und Fühlen mitprägt. Religionen haben stets ein Bild der Natur vermittelt. Auch die Bibel beginnt mit einem Schöpfungsbericht, also mit Kosmologie. Heute kommen solche Vorstellungen von der Natur hauptsächlich aus der Naturwissenschaft. Sie sind so phantasievoll und phantastisch wie eh und je. Aber heutzutage weisen die Menschen der Naturwissenschaft nur noch eine sehr begrenzte Rolle zu. Kunst und Musik bezeichnen sie weiterhin als Kultur und vernachlässigen dabei, daß die Art, wie wir uns selbst und unsere Welt sehen, ebenso gleichberechtigte und genauso wichtige Bestandteile der Kultur sind.«

Vor beinahe dreißig Jahren saß ich im muffigen Aufenthaltsraum eines kleinen Hotels in der sowjetischen Industriestadt Charkow. Ich war gerade von einem Besuch auf einer Kolchose zurückgekehrt. Eine kleine Gruppe von Amerikanern und Russen hatte sich in den winzigen, ungemütlichen Raum gezwängt und starrte gebannt auf einen flimmernden Schwarzweißfernseher, während zwei amerikanische Astronauten über den Mond spazierten. Das Bild war verschwommen, kaum zu erkennen, und doch war klar, daß Russen wie Amerikaner von diesen ersten zaghaften Schritten des Menschen außerhalb der Erde zutiefst beeindruckt waren. Für uns alle war es ein ebenso bewegendes Erlebnis wie zum erstenmal durch ein gutes Fernglas die Jupitermonde oder die Ringe des Saturn zu sehen.

Noch ehe uns die NASA aus unserer Welt katapultierte, hat die Erfindung des Teleskops »unsere *Kulturgeschichte* dramatisch verändert«, wie Isaac Asimov es formuliert (seine Hervorhebung): »Als Galileo den Mond mit einem Teleskop betrachtete, sah er Berge und Krater und ›Meere‹, und das war der letzte Beweis dafür, daß es mehr als eine Welt gab. Die Erde war nicht der einzige Himmelskörper, auf dem man sich die Existenz von Leben vorstellen konnte.« Das Teleskop erweiterte unseren Blick auf das Universum so sehr, daß »das große Drama von Sünde und Erlösung, das den Menschen in den Mittelpunkt gestellt hatte, gegen das neue Universum vergleichsweise schäbig wirkte.« Dem Teleskop gelang es schließlich, den Menschen ein für allemal von seiner zentralen Rolle auf der Bühne des Kosmos zu verdrängen. Obwohl einige Leute es sich offensichtlich schon im 3. Jahrhundert vor Christus zusammengereimt hatten, daß sich die Erde um die Sonne dreht (und nicht umgekehrt), wurde dieser Gedanke erst lange nach Kopernikus im 16. Jahrhundert ins allgemeine Denken übernommen. Der Volksglaube sah immer noch die Erde als Zentrum aller Dinge. Das Universum war nur für uns da. Man stelle sich vor, in welchem Licht die Menschen da ihr Schicksal sahen, wie es sich auf ihr persönliches Verantwortungsgefühl und ihre Ehrfurcht auswirkte.

In gewisser Weise hat das, was uns die Naturwissenschaft gelehrt hat, die Erde mehr denn je in den Mittelpunkt gerückt – denn das Leben erscheint um so kostbarer, weil es so unwahrscheinlich ist. Der Stoff, aus dem wir geformt sind, entstand in der Schmiede explodierender Sterne. Wir aalen uns im Licht einer Sonne der zweiten Generation. Unser Planet verdankt seine chemische Zusammensetzung der Tatsache, daß die ursprüngliche Wasserstoffwolke, aus der unser Sonnensystem entstand, durch Fremdelemente leicht verschmutzt wurde. Unser felsiges Zuhause ist buchstäblich das Sediment, das auf den Boden nach unten gesunken ist (eigentlich ins Zentrum, aber »nach unten« ist ja immer gleichbedeutend mit »in Richtung Erdmitte«), als die leichteren Elemente weggeweht wurden oder verdampften.

Lebewesen zeigten sich an Land erst, als Bakterien die Umwelt mit einem »Gift« namens Sauerstoff verschmutzt hatten. Durch dieses Wissen sind wir nicht notwendigerweise mehr oder weniger bescheiden geworden, aber es hat ganz gewiß, sagt mein Freund, der Physiker, »die Art unserer Bescheidenheit verändert«.

Wenn wir uns den scheinbar statischen Kosmos ein wenig genauer ansehen, dann wimmelt es hier nur so vor Veränderungen. Sogar Sterne brauchen ihre Ressourcen restlos auf, sterben und werden wiedergeboren. Und doch wußte man bis vor ein paar Jahrhunderten nicht von diesem manchmal gewaltsamen Entstehen und Sterben der Sterne, von der kontinuierlichen Evolution des Universums. Bis zur Zeit Galileos nahm man einfach an, die Sterne, die wir heute sehen, seien die gleichen, die seit Anbeginn der Zeiten strahlten, und diese Sterne würden ewig leben.

Am anderen Ende der Größenskala entkräftete die Entwicklung der Quantentheorie im 20. Jahrhundert die Vorstellung, daß Atome sich wie Billardkugeln verhielten und daß alles, was sie (und daher auch wir) tun, folglich vorherbestimmt war. Im Inneren der Atome herrscht große Ungewißheit. Die Bedeutung scheinbar so einfacher Konzepte wie Ursache und Wirkung stellt sich dadurch als ungeheuer vielfältig und komplex heraus. Folglich scheinen uns heute die Dinge wesentlich beweglicher als damals in Newtons vorherbestimmtem Uhrwerk-Universum.

Charles Darwins hervorragendes (und in manchen Gegenden der Welt noch immer verbotenes) Gedankenprodukt war die Erkenntnis, daß Arten sich (genau wie Sterne) verändern können. Die Lebensformen, die heute die Erde bevölkern, sind nicht unwandelbar. Wie das Universum durchlaufen auch wir eine *Evolution*. Strikte Verfechter der biblischen Schöpfungslehre würden keinen solchen Wirbel um Darwin machen, träfe uns die Frage, woher wir kommen und wie unsere Vorfahren ausgesehen haben, nicht in tiefster Seele.

Sogar unsere Meinung über im strengeren Wortsinn physikalische Kräfte wie die Schwerkraft können ungeheure Auswirkungen auf unseren Selbstentwurf haben. Newton entfesselte im 17. Jahrhundert mit seiner universellen Theorie der Gravitation einen Sturm, und zwar nicht etwa, weil er die Schwerkraft »entdeckte« (schließlich wußte auch damals jeder, daß alles in Richtung auf den Erdmittelpunkt fällt), sondern weil er sie als allgemeingültiges Phänomen erkannte. Vor Newton war man davon ausgegangen, daß die Naturgesetze auf der Erde sich grundlegend von denen des Himmels unterschieden. Er zeigte nun, daß der fallende Apfel und die Umlaufbahn des Mondes von den gleichen Kräften gesteuert werden.

In diesem Sinne ist es für die Menschheit genauso notwendig, zum Mond zu fahren oder Atome zu zertrümmern wie naturgeschichtliche Museen einzurichten: Denn die Wissenschaft gibt uns Anhaltspunkte dafür, wer wir sind und wie wir ins allgemeine Schema passen. Um unseren Platz an der Sonne zu begreifen, müssen wir erst einmal verstehen, wie sich die Sonne ins Sonnensystem einfügt und wie die himmlischen Kreisbahnen verlaufen, wir müssen die chemischen Elemente und das unwahrscheinliche und wunderbare Ereignis des Lebens begreifen. Wenn uns angesichts unserer Grenzen und Möglichkeiten ein wenig schwindlig wird, dann ist das auch in Ordnung. Die Wissenschaft vermittelt uns ein Gefühl für Größenordnungen und Begrenzungen, lehrt uns Perspektiven und bringt uns bei, Mehrdeutiges zu tolerieren.

Die beste Formulierung dieses Gefühls, die ich kenne, stammt von Robert R. Wilson, dem Bildhauer und Physiker, der die gigantische Atomzertrümmerungsanlage des Fermi National Accelerator Laboratory bei Chicago gebaut hat. Es war seine Antwort auf die bohrenden Fragen eines Senators, der wissen wollte, was die Untersuchung von Protonen mit der Landesverteidigung zu tun hatte.

»Gibt es bei den Ergebnissen, die Sie sich von diesem Beschleuniger erhoffen, irgend etwas, das mit der Sicherheit unseres Landes zu tun hat?« fragte der Senator.

»Nein, Sir, das glaube ich nicht«, erwiderte Dr. Wilson.

»Das Gerät hat also keinen Wert in dieser Hinsicht?« beharrte der Senator.

»Es hat nur mit dem Respekt der Menschen füreinander zu tun, mit Menschenwürde und unserer Liebe zur Kultur. Es hat mit vielen Fragen zu tun: Sind wir gute Maler, gute Bildhauer, große Dichter? Damit meine ich all die Dinge, die wir in diesem Land ehren und bewundern und die uns stolz auf unser Land machen. In diesem Sinne hat das neue Wissen mit Ehre und Vaterland zu tun, nicht aber unmittelbar mit der Verteidigung des Landes – außer daß es unser Land zu einem Land macht, das es zu verteidigen lohnt.«

Teil 1

Die Kunst des Wissens

In unserem Bemühen, die Wirklichkeit zu verstehen, ähneln wir einem Mann, der versucht, den Mechanismus einer geschlossenen Uhr zu verstehen. Er sieht das Zifferblatt und die sich bewegenden Zeiger, hört die Uhr sogar ticken, aber er hat keine Möglichkeit, das Gehäuse zu öffnen. Wenn er klug genug ist, kann er sich ein Bild von einem Mechanismus machen, der für die beobachteten Erscheinungen verantwortlich sein könnte, aber er kann sich nie ganz sicher sein, ob sein Bild die einzige Erklärungsmöglichkeit für seine Beobachtungen ist.

Einstein und Infeld, Die Evolution der Physik

Kapitel 1

Naturwissenschaft als Metapher

Im Vorfeld der Erfahrungen in der Philosophie, in der Naturwissenschaft und in der Welt der Gefühle ist es unvermeidlich, daß man nach sprachlichen Ausdrücken sucht, mit denen man die unsichere Neuheit des Beobachtens und Verstehens in präzise Bedeutung und genaue Bilder umsetzt.

Frank Oppenheimer

Oppenheimer schrieb diese Worte in der Einleitung zu einer Vortragsreihe, die im Exploratorium zum Thema »Die Sprache der Lyrik und der Naturwissenschaft« abgehalten wurde. Lyrik und Naturwissenschaft? Das ist gar nicht so seltsam, wenn man bedenkt, daß Niels Bohr einmal geschrieben hat: »Wenn man zu den Atomen vorstößt, dann kann man Sprache oft nur wie ein Dichter verwenden. Der will ja auch nicht Fakten beschreiben, sondern Bilder schaffen.«

Die Naturwissenschaft beschäftigt sich schließlich meist mit Dingen, die wir niemals sehen können. Und das sind nicht nur die Quarks und Quasare, sondern auch Licht»wellen« und geladene »Teilchen«, Magnet»felder« und Gravitations»kräfte«, Quanten»sprünge« und Elektronen»umlaufbahnen«. Tatsächlich ist keines dieser Phänomene buchstäblich das, was sein Name sagt. Lichtwellen kräuseln sich nicht durch den leeren Raum wie Wasserwellen über einen stillen Teich; ein Feld hat nichts mit einer Heuwiese zu tun, sondern ist eher eine mathematische Beschreibung für die Größe und Richtung einer Kraft; ein Atom springt nicht buchstäblich von einem Quantenzustand zum anderen; und ganz sicher bewegen sich Elektronen genauso wenig auf Kreisbahnen um den Atomkern wie Liebe tatsächlich Herzschmerz verursacht. Die Worte, die wir verwenden, sind Metaphern, Modelle, die wir aus altvertrauten Zutaten gebastelt und mit viel Phantasie gehegt und gepflegt haben. »Wenn ein Physiker sagt: ›Ein Elektron ist wie ein Teilchen‹«, schreibt der Physikprofessor Douglas Giancoli, »dann stellt er einen Vergleich an, genau wie der Dichter, der sagt, die Liebe sei wie eine Rose. In beiden Bildern wird mit einem konkreten Gegenstand, einer Rose oder einem Teilchen, ein abstraktes Konzept, die Liebe oder das Elektron, beschrieben.«

Im Laufe der Jahrhunderte haben die Metaphern der Naturwissenschaft eine Vielzahl von Formen angenommen. In jüngster Zeit hat man die Physiker, die sich damit abplagen, neue Beweise für eine abstoßende Kraft im Universum zu finden, mit Worten um sich werfen hören wie »Quintessenz«, »X-Materie«, »glattes Zeug« oder »komische Energie«. Je mysteriöser die Landschaft, die sich im Nebel abzeichnet, desto tiefer müssen sie in die Bilderkiste greifen, um sie zu beschreiben. Aber diese Sprache ist auch nicht unbedingt seltsamer als die Begriffe, mit denen Wissenschaftler das Unfaßbare schon seit eh und je zu greifen versuchen.

Francis Bacon beschrieb zum Beispiel das Phänomen Hitze im 17. Jahrhundert folgendermaßen: »Hitze ist eine Bewegung der Ausdehnung, allerdings keine gleichförmige Ausdehnung des ganzen Körpers zugleich, sondern seiner kleineren Bestandteile; und es wird ihr gleichzeitig auch Einhalt geboten, sie wird zurückgestoßen und abgewehrt, so daß dem Körper eine gegenläufige Bewegung widerfährt, daß er ständig bebt, strebt und durch dieses Zurückschnellen irritiert wird, wodurch sich die Wut des Feuers und der Hitze erklärt.«

Oder nehmen Sie Isaac Newtons Schilderung dessen, was wir heute eine chemische Verbindung nennen: »Und nun könnten wir noch etwas anfügen, das mit einem außerordentlich feinen Geist zu tun hat, der alles durchdringt und in allen festen Körpern verborgen liegt; durch die Kraft und Wirkung dieses Geistes ziehen die Teile der Körper einander in großer Nähe an und hängen dann zusammen, wenn sie einander berühren [...] und es kann aber auch andere geben, deren Abstände zueinander so gering sind, daß sie sich bisher unserer Beobachtung entziehen [...] und elektrische Körper wirken auf noch größere Entfernungen, ziehen benachbarte Korpuskeln an und stoßen sie ab; und Licht wird ausgestrahlt, reflektiert, gebrochen, gebeugt, und es erhitzt auch Körper; und jegliche Sinneswahrnehmung wird erregt [...] und über die festen Drähte der Nerven weitergeleitet.«

Hans Christian Oersteds Bild für die Elektrizität stammt aus dem frühen 19. Jahrhundert: »Die elektrischen Konflikte wirken nur auf die magnetischen Teile der Materie. Alle nichtmagnetischen Körper scheinen für den elektrischen Konflikt durchlässig zu sein, während die magnetischen Körper – oder vielmehr deren magnetische Teile – dem Durchgang der elektrischen Kräfte erbitterten Widerstand entgegensetzen. Daher lassen sie sich durch die Gewalt dieser widerstreitenden Kräfte bewegen.«

Vergleichen Sie diese Aussagen nun mit Auszügen aus einem Artikel, in dem die Physiker Daniel Chung, Edward Kolb und Antonio Riotto die Existenz einer neuen Art »dunkler Materie« vorschlagen: »Der vorliegende Artikel soll zeigen, daß das Universum aus superschweren WIMPs besteht (die wir im weiteren X-Teilchen nennen wollen), deren Masse um mehrere (unter Umständen viele) Größenordnungen größer ist als die auf der schwachen Skala [...] Um die Auswirkungen des gewählten Vakuums und der Differenzierbarkeit des Skalierfaktors auf das Verhalten der großen X-Masse in der so entstandenen X-Dichte zu erforschen, nehmen wir zunächst eine kanonische Quantisierung ihrer Wirkung mit der folgenden Formel (in den Koordinaten $ds^2 = dt^2 - a^2(t)dx^2$) vor.«

Die Objekte der Wissenschaft sind nicht nur oft unsichtbar, sie sind genauso oft auch unfaßbar, unmeßbar und manchmal sogar unvorstellbar. Die einzige Methode zur Untersuchung dieser flüchtigen Phänomene ist, sie zu vergrößern oder herunterzuschrumpfen oder ihnen eine vertraute solide Gestalt zu geben, damit wir sie zumindest eine Zeitlang in den Griff bekommen. Bereits 1882 erkannte der Physiker und Jurist Johann B. Stallo jedoch, daß die damaligen Modelle des Universums nur »logische Fiktion« waren, nützliche Instrumente zum Verständnis, aber letztendlich nur »symbolische Darstellungen« der wirklichen Welt.

Bei der Wissenschaft stellen wir – wie bei so vielen anderen Dingen – fest, daß uns buchstäblich die Worte fehlen. So entstehen Metaphern. Als der Botaniker Robert Brown zum erstenmal die (heute als Brownsche Molekularbewegung bekannte) schnelle Zufallsbewegung von Pflanzensporen beobachtete, die auf einer Wasseroberfläche schwammen, beschrieb er sie als eine Art »Tarantella«. Dies berichtet uns der Physiker George Gamow, der diese Bewegung anthropomorphisierend als »nervöses Verhalten« bezeichnet. (Die Brownsche Molekularbewegung war der erste überzeugende Beweis für die Existenz von Molekülen, weil der Zusammenprall von Wassermolekülen die Pflanzensporen »tanzen« ließ.)

Später beschrieb Gamow die Röntgenstrahlen als eine Mischung vieler verschiedener Wellenlängen des unsichtbaren Lichts. »Wenn sie plötzlich [durch einen Aufprall auf ein Target] in ihrem Lauf gebremst werden, spucken die Elektronen ihre kinetische Energie in Form sehr kurzwelliger elektromagnetischer Wellen aus, ähnlich den Schallwellen, die beim Aufprall von Geschossen auf eine Panzerplatte entstehen.«

Manchmal geraten die Metaphern auch ein wenig durcheinander. Eine Mischung vieler verschiedener Farben nennen wir »weiß«, eine Mischung vieler verschiedener Geräusche auch »weißes Rauschen«; im Gegenzug reden wir auch von »lauten« Farben. Das Universum wird abwechselnd als Seifenblase, als leerer Raum oder als Feuerwerkskörper beschrieben. Elektronen sind Wellen, und Lichtwellen sind Teilchen. Wenn das alles so klingt, als wüßten die Wissenschaftler nicht, wovon sie reden, dann liegt das zumindest teilweise daran, daß bei der »Übersetzung« in diese Bilder einiges verloren geht.

Es ist schwierig, sich das Unsichtbare vorzustellen, denn »vorstellen« heißt ja buchstäblich, sich ein Bild vor sein inneres Auge zu stellen. Und wie kann man sich ein geistiges Bild von etwas machen, das man nie gesehen hat? Wie schon die Wahrnehmung sind auch die Erklärungsmodelle der Wissenschaft unentwirrbar mit der jeweils gängigen Weltsicht verknüpft, die wir als Kultur bezeichnen. Stellen Sie sich (wenn Sie können) vor, wie zu einer Zeit, als die Leute die Erde noch für eine Scheibe hielten, das Planetenmodell des Atoms ausgesehen hätte, wie man sich die Satellitenbewegungen der Elektronen um den Atomkern vorgestellt hätte. Dieses Modell wäre damals undenkbar gewesen. »Ein Modell oder Bild ist für uns nur dann verständlich, wenn es aus Ideen zusammengesetzt ist, die wir bereits im Kopf haben«, schrieb der Physiker James Jeans. Wie der Genetiker J.B.S. Haldane anmerkte, sind die inneren Zusammenhänge der Natur »nicht seltsamer, als wir annehmen, sondern seltsamer, als wir annehmen *können*«.

Wir sind unfähig uns vorzustellen, wie das Universum wirklich aussieht, und deswegen verlassen wir uns auf unsere ziemlich beschränkten, aber vertrauten Modelle. Deren Aussehen ändert sich ständig, mit dem Ergebnis, daß unsere Sichtweise des Universums sich ebenfalls drastisch ändert. Es ist ein weiter Weg von Newtons mechanischem Universum, das von unsichtbaren Flaschenzügen, Hebeln und Federn bewegt wird, bis zu unserem heutigen Bild, das Kräfte als Verwerfungen und Faltungen im Raum sieht oder Materie als vibrierende Energiebündel, und in dem die physikalische Welt, wie wir sie kennen, als bloßer Schatten einer elfdimensionalen Wirklichkeit verstanden wird. »Wissenschaftliche Theorien«, schreibt Isaac Asimov, »passen sich gewöhnlich der intellektuellen Mode ihrer Zeit an.«

Asimov erklärt dann in großer Ausführlichkeit den speziellen Fall »Atom«. Das ist ein besonders gutes Beispiel, denn Atome sind immer noch im wesentlichen unsichtbar – oder vielmehr fordern sie von uns eine völlig andere Art des Sehens als die, an die wir gewöhnt sind. Die Griechen, die sich auf Geometrie spezialisiert hatten, stellten sich den Unterschied zwischen den Atomen hauptsächlich als einen Formunterschied vor. »Feueratome« hatten gezackte Ecken, deswegen verursachten sie Schmerz. »Wasseratome« waren glatt, deswegen konnte Wasser fließen. »Erdatome« waren würfelförmig, deswegen war die Erde massiv und fest. Um 1800 war die Welt metrisch geworden – in dem Sinn, daß man sich hauptsächlich für Messungen interessierte. Die Form war nicht mehr wichtig; nun spielten nur noch *Mengen* eine Rolle. So wurden aus den Atomen kleine Billardkugeln ohne besondere Merkmale, die sich voneinander hauptsächlich durch die Masse unterschieden, die sie enthielten. Noch später, im Jahre 1890, war in der Wissenschaft die Vorstellung von Kraftfeldern die große Mode – und nun sah man den Unterschied zwischen den Atomen hauptsächlich in den verschiedenen Konfigurationen ihrer äußeren Elektronenwolken. Alle diese Bilder haben sich in der einen oder anderen Form bis auf den heutigen Tag gehalten, denn Physiker konzentrieren sich noch immer auf Mengen, organische Chemiker auf die Form der Moleküle und so weiter.

Ein weiteres bekanntes Beispiel für dieses Phänomen ist deutlich am Nachthimmel zu sehen. Die Sterne der nördlichen Halbkugel sind zu Sternbildern zusammengefaßt. Diese Konstellationen spiegeln die Bilder wider, die in den Köpfen der alten Griechen herumspukten, von denen sie ihre Namen haben: Sie erzählen von Romantik und Abenteuer und Kriegern und Königinnen, von Göttern und wilden Kreaturen. Die Sterne der südlichen Halbkugel wurden dagegen von einer moderneren Kultur benannt, deren Hauptinteresse der Navigation galt. Diese Seefahrer sahen am Himmel keine Bären und Liebenden, sondern Dreiecke, Uhren und Teleskope. »Die Aufteilung der Sterne in Sternbilder sagt sehr wenig über die Sterne selbst aus«, meinte Jeans, »sehr viel jedoch über das Denken der antiken Zivilisationen und der mittelalterlichen Astronomen.«

Es überrascht niemanden, daß sich die Art, wie wir Atome und Sterne »sehen«, ändert, da sich auch die Bilder viel alltäglicherer Dinge von Zeit zu Zeit drastisch ändern. Jede Kultur und jedes Zeitalter hat eine völlig eigene Vorstellung von Kindheit, von der Rolle der Frau, von Arbeit, von Religion und von Regierungsformen. So wirkt zum Beispiel die zeitlose Schönheit Judy Garland im *Zauberer von Oz* im Vergleich zu den dürren Kindermodels von heute geradezu fett.

Metaphern leiten sich aus gemeinsamen Erfahrungen ab. Man kann das Unbekannte nur in bereits bekannten Vorstellungen wahrnehmen, und so füllt sich die Landschaft des Unvertrauten zumeist schnell mit Vertrautem. Die Bilder, mit denen wir die unsichtbaren Gegenstände der Wissenschaft und auch die für uns nicht sichtbare Zukunft beschreiben, müssen notwendigerweise aus der »sehbaren« Welt stammen, die wir jeden Tag erleben. Und da liegt der Hase im Pfeffer. Sehr große oder sehr kleine Dinge, unsichtbare Kraftfelder und mathematische Felder, die Krümmung des Raums und die Zeitdilatation kommen in dieser Alltagserfahrung nicht vor. Wir können eben nicht ins Innere eines Atoms krabbeln oder mit Lichtgeschwindigkeit durch die Welt sausen. »Die gesamte Wissenschaft ist nichts anderes als eine Verfeinerung unseres Alltagsdenkens«, schrieb Einstein. Aber er wies auch darauf hin, daß der »gesunde Menschenverstand« des Alltags nur eine dicke Schicht aus Vorurteilen ist, mit der unsere frühe Erziehung unser Denken überzogen hat.

Gesunder Menschenverstand ist notwendig und nützlich. Er wird nur dann gefährlich, »wenn er darauf besteht, daß das Vertraute im Unvertrauten wieder auftauchen muß«, schreibt J. Robert Oppenheimer. »Er hat nur dann unrecht, wenn er uns erwarten läßt, daß jedes Land, das wir besuchen, so ist wie das Land, das wir davor schon gesehen haben.« Und doch machen die Leute gerade das. In Wirklichkeit nützt uns ein Modell – wie eine Fremdsprache – erst dann, wenn es ein bißchen selbstverständlich geworden ist. Man kann eine Sprache kaum fließend sprechen, wenn man sich immer das Hirn nach dem richtigen Wort oder Ausdruck zermartern muß. Und es wird schwierig, komplizierte Ideen zu verstehen, wenn die einfachen Ideen und Annahmen, auf denen sie aufbauen, immer noch unsicher und unerreichbar sind. Man kann nicht viel über Atome dazulernen, wenn man sich ständig besinnen muß: »Also, Moment mal, das Ding in der Mitte, das war der Kern. Und das Elektron ... viel kleiner und irgendwo weiter draußen. War das Elektron das negative Teilchen? Oh, jetzt fällt es mir wieder ein ...« Und so weiter. Eine Sprache fließend sprechen oder ein Ideensystem beherrschen bedeutet, daß man sie so sehr verinnerlicht hat, daß andere Sprachen und Gedankensysteme einem automatisch seltsam und fremd vorkommen.

»Vertrautheit schläfert ein«, schreibt der Physiker B.K. Ridley. Sie verführt uns dazu, nur zu leicht mit den Modellen übereinzustimmen, an die wir uns gewöhnt haben. Das ist eine sehr verhängnisvolle Falle. »Überlegen Sie sich nur, wie gefährlich diese Vertrautheit werden kann«, fährt er fort. »Es scheint uns klar, daß sich ein Gegenstand nicht gleichzeitig an zwei Orten befinden kann; aber ein Elektron, das gebeugt wird, kann das sehr wohl. Es scheint auch klar, daß zwar Größe und Position von Gegenständen sich unendlich unterscheiden können, daß aber für alle die gleiche Zeit gilt; wie Einstein gezeigt hat, ist auch das keineswegs der Fall. Wir müssen unsere intuitiven Vorstellungen immer wieder überprüfen.«

Das ist aber gar nicht so einfach, denn, na ja, diese Vorstellungen sind eben intuitiv! Wenn man auf neues Territorium vorstoßen will, dann muß man neue Wörter und Bilder erfinden. Aber woher sollen die kommen? Oft kehren wir unbewußt immer wieder zu den gleichen alten Quellen zurück. Oder, wie Einstein es formuliert: »Wir haben vergessen, welche Eigenschaften unserer Erfahrungswelt uns dazu veranlaßt haben, unsere [vor-wissenschaftlichen] Konzepte zu formulieren, und jetzt haben wir große Schwierigkeiten, uns die Erfahrungswelt vorzustellen, ohne durch die Brille dieser alten, etablierten Interpretation zu schauen. Eine weitere Schwierigkeit liegt darin, daß unsere Sprache gezwungen ist, mit Konzepten zu arbeiten, die unzertrennlich mit diesen primitiven Vorstellungen verbunden sind.«

Kurz, Sprache kann sich leicht zu einer »gefährlichen Quelle für Irrtümer und Täuschung entwickeln«, wie Einstein es formulierte. Die Naturwissenschaft hat jedoch noch ein ganz besonderes Sprachproblem. Sie leiht sich Wörter aus der Alltagssprache und benutzt sie in Zusammenhängen, die nur in Bereichen weit jenseits jeder Alltagsrealität existieren. Als ich versuchte, die gerade entdeckten Kraft-Elementarteilchen als »die Kraft« zu erklären, »die man spürt, wenn man sich den Zeh anstößt«, stellte sich bald heraus, daß ich in einen üblen semantischen Dschungel geraten war. Denn das, was in der makroskopischen Welt als »Kraft« bezeichnet wird, und das, was in der sub-mikroskopischen Welt als »Kraft« auftritt, können zwei völlig verschiedene Dinge sein. Die Physiker haben sich das Konzept der Kraft aus der Mechanik Newtons geborgt, es auf die Quantenmechanik angewandt und dort bis zur Unkenntlichkeit verändert – zumindest in den Augen eines Laien. Wie kann denn das Wort »Kraft« in einem System einen Sinn haben, in dem das Konzept von Ursache und Wirkung kaum noch Geltung hat? Und doch reden die Physiker immer noch munter über »Kraft-Teilchen«, und wir, in deren Köpfen beim Wort »Teilchen« noch die Billardkugeln und beim Wort »Kraft« noch die Vorstellungen vom »Ziehen und Schieben« herumspuken, sind hoffnungslos verwirrt.

»Oft trägt die bloße Tatsache, daß die Wörter der Naturwissenschaft die gleichen sind wie die unseres Alltagslebens und unserer Alltagssprache, wesentlich mehr zur Verwirrung als zur Klärung bei«, meint J. Robert Oppenheimer. »Sie stellt dem Verständnis mehr Hindernisse in den Weg als eine deutlich technische Fachsprache. Denn die Wörter der Naturwissenschaft – Relativität, zum Beispiel, oder Atom oder Mutation – haben eine völlig andere Bedeutung bekommen.«

Viele Physiker sind besonders beunruhigt über die Ausdrücke, mit denen man subatomare Teilchen belegt hat: »Quark« zum Beispiel ist über eine Passage aus James Joyces Roman *Finnegan's Wake* in die Physik gelangt und hat schon dort überhaupt nichts mit Frischkäse zu tun. Außer in deutschsprachigen Ländern verknüpft aber zumindest kaum jemand ein Bild damit. Schlimmer noch sind die Wörter, bei denen sich jeder etwas vorstellen kann, meinen die Physiker. Die subatomare Welt wimmelt von seltsamen Teilchenarten, die bizarrerweise ziemlich vertraute Namen tragen. »Strange« (seltsam) ist einer dieser Namen. Und doch sind Teilchen mit »Strangeness«, »Charm« (Charme), »Color« (Farbe) oder »Flavor« (Geschmack) nicht irgendwie seltsam oder charmant oder grün oder wohlschmeckend. Diese Wörter sind schlimmer als Nonsensnamen (meinen einige Physiker), weil sie etwas vortäuschen.

Der Physiker Richard Feynman hält das für eine »lausige Terminologie«: »Ein Quark ist nicht seltsamer als ein anderes. Das Wort ›Charm‹ ist vielleicht okay, denn es ist so verrückt, daß es ja eindeutig keine echte Eigenschaft des Teilchens sein kann. Aber manche Leute glauben tatsächlich, daß ›up‹ Quarks irgendwie wirklich ›up‹ sind, also in eine bestimmte Richtung stehen, und dann wird die Sache sehr irreführend.« Victor Weisskopf stimmt dem zu: »Mir wird immer ganz schlecht, wenn Leute von virtuellen Teilchen reden«, meint er. »So was gibt es nicht. Das ist ein mathematisches Konzept, mit dem man die Stärke eines Feldes beschreiben kann.« Der Ausdruck »virtuell« bezieht sich auf die sehr kurze Lebensdauer dieser Teilchen, aber sogar der Ausdruck »Teilchen«, betont Weisskopf, »steht nur da, damit man nicht vergißt, daß dieses Feld Quanteneffekte aufweist.«

Es ist allerdings nicht fair, sich mit dieser Kritik nur über moderne Begriffe wie »Charme« und »Farbe« von Elementarteilchen herzumachen. Wo kommt denn zum Beispiel ein Ausdruck wie elektrische »Ladung« her? Soll man sich das wie die Ladung auf einem Waggon vorstellen? Wir sprechen von positiver und negativer Elektrizität, obwohl es so etwas in Wirklichkeit gar nicht gibt. Und wenn, dann müßte es genau umgekehrt sein, denn ein negativ geladener Gegenstand hat einen Überschuß an Elektronen, und ein positiv geladener zu wenige. Wenn ein Atom »angeregt« wird, dann sitzt es nicht zappelnd auf der Stuhlkante (obwohl es sich vielleicht ein bißchen unruhig hin- und herbewegt). Und auf der subatomaren Ebene bedeutet eben »Kraft« eher so etwas wie »Wechselwirkung«, und die Größe dieser Kraft ist nur ein Maß für die Wahrscheinlichkeit dieser Wechselwirkung.

Das eigentliche Problem mit Wörtern ist, daß sie automatisch Bilder enthalten, ob wir das nun merken oder nicht. Nehmen Sie zum Beispiel das Wort »Welle«. Es ist beinahe unmöglich, an eine Welle zu denken, ohne dabei ein Bild heraufzubeschwören, das wie eine Wasserwelle aussieht. Und jahrhundertelang konnte niemand herausbekommen, was Licht ist, weil in unseren Köpfen Wellen irgendwie immer mit Wasser verbunden waren. Wasserwellen bewegen sich mehr oder weniger so durch das Wasser, wie Schallwellen sich durch Luft oder andere Substanzen fortpflanzen. Wenn Licht eine Welle sein sollte, dann schien es sonnenklar, daß es sich auch durch irgendeine Substanz fortpflanzen mußte. Die Riesenschwierigkeit war also, herauszufinden, was diese Substanz wohl sein könnte.

Wie sich herausstellte, hat niemand diese geheimnisvolle Substanz je gefunden oder konnte sich auch nur ihre (eindeutig unmöglichen) Eigenschaften vorstellen. Man nannte sie Lichtäther, und vom ausgehenden 17. Jahrhundert bis zur Zeit Einsteins war man sich so sicher, daß sie existierte, wie sich andere Leute früher einmal sicher waren, daß die Erde eine Scheibe ist. Damit dieser Äther schnell genug schwingen konnte, um Lichtwellen zu transportieren, hätte er die Eigenschaften eines Festkörpers haben müssen. Das brachte natürlich das eine oder andere Problem mit sich. »Wenn der alles durchdringende Lichtäther ein Festkörper ist«, schreibt Gamow, »wie konnten sich dann die Planeten und andere Himmelskörper praktisch ohne Reibung durch diesen Äther bewegen? Und selbst wenn man davon ausging, daß der Weltäther ein sehr leichtes, leicht verformbares Material wie etwa Styropor war, dann müßte doch die Bewegung der Himmelskörper so viele Löcher in diesen Äther bohren, daß er schon bald die Fähigkeit verlieren würde, Lichtwellen über große Entfernungen zu transportieren! Dieses lästige Problem beschäftigte viele Generationen von Physikern, bis Albert Einstein es schließlich löste, indem er den Äther schlicht und einfach für alle Zeiten aus dem Fenster sämtlicher Physikhörsäle warf.«

Einstein konnte den Äther »abschaffen«, weil er das Bild abschaffte, daß sich Lichtwellen wie Wasserwellen bewegen. Eine Lichtwelle kann sich durch das Vakuum bewegen, weil sie im Grunde nur aus einem sich ändernden elektrischen Feld besteht, das ein sich änderndes Magnetfeld hervorruft, das wiederum ein sich änderndes elektrisches Feld erzeugt – und so weiter und so weiter – sich also immer praktisch am eigenen Zopf aus dem Sumpf zieht. Es ist wie ein Elektromotor, der einen Generator antreibt, der wiederum einen Elektromotor antreibt und so weiter. Licht muß sich nicht *durch* irgend etwas fortpflanzen, weil seine elektrischen und magnetischen Felder einander gegenseitig erzeugen, während sie dahinsausen – immerhin mit 300 000 km/Sekunde! Aber man kann leicht begreifen, wie das Bild von der Wasserwelle die Leute hier in die Sackgasse geführt hat.

Es gibt natürlich viele andere ähnliche Beispiele aus der Geschichte der Naturwissenschaft. Das Planetenmodell des Pythagoras, bei dem sich die Himmelskörper auf unsichtbaren Kugeln (Sphären) drehten, setzte sich in den Köpfen der Griechen so sehr fest, daß sie sich schon bald nicht mehr vorstellen konnten, daß ein Planet sich »außerhalb seiner Sphäre bewegen konnte, auf der er stets einen perfekten Kreis beschrieb«, meint der Autor Guy Murchie, »weil jede andere Umlaufbahn weniger göttlich gewesen wäre.« Der Biologe Stephen Jay Gould von der Harvard University erinnert uns daran, wie schwierig es für die Menschen war, sich an den Gedanken der Kontinentalverschiebung zu gewöhnen, weil dieses Konzept dem Denken der Zeit entgegenzustehen schien. Als man einmal damit vertraut war, dachten alle plötzlich, wer dieses Phänomen je angezweifelt hätte, müsse wirklich abgrundtief dumm gewesen sein.

Einstein selbst blieb mit seinem Bild vom unveränderlichen Universum stecken. Er erfand sogar etwas ähnliches wie den guten alten »Weltäther«, damit sein Modell funktionieren konnte. Es war ein mathematischer Kunstgriff, den er die »kosmologische Konstante« nannte, die der Schwerkraft entgegenwirken und das Universum reglos halten sollte. Später nannte er dies »den größten Irrtum meines Lebens«. Ironie des Schicksals: neuere Forschungsergebnisse haben gezeigt, daß das Universum an den äußersten Rändern sehr wohl beschleunigt sein könnte, daß also vielleicht eine solche abstoßende Kraft tatsächlich existiert. Wenn das so ist, so hat sich Einstein darüber geirrt, daß er sich geirrt hat. Es überrascht sicher niemanden, daß sich die Physiker, die sich um das Verständnis dieser Kraft bemühen, gerade neue Ausdrücke ausdenken, um sie zu beschreiben. Einer dieser Ausdrücke – Quintessenz – verweist zurück auf den ursprünglichen Weltäther, die fünfte Essenz (nach Feuer, Erde, Luft und Wasser).

Modelle sind so unmöglich wie sie vollkommen sind – ganz ähnlich wie Mannequins, Superfrauen oder Superman! Und die Physik wimmelt nur so von vollkommenen, aber unmöglichen Dingen: ideale Gase, perfekte Kristalle, die gute alte Billardkugel, die als Modell für beinahe alles vom Atom bis zum Stern herhalten muß. Ein wesentlicher Zug der Naturwissenschaft ist »der Vorgang der Abstraktion«, schreibt Philip Morrison. »Dabei wird ein Teil der wirklichen Welt so lange destilliert, bis ein System herauskommt, das wesentlich klarer definiert ist, aber – so hofft der Physiker inständig – doch immer noch die Eigenschaften des ursprünglichen wirklichen Systems beibehält, für das er sich interessiert. Was an der Physik so spannend ist, ist die Suche nach geschickten Abstraktionen für komplizierte physikalische Systeme und dann nach einer Begründung für die Wahl der Abstraktion.«

Die Abstraktionen in der Naturwissenschaft sind Klischees, so platt und potentiell irreführend wie Klischees im Alltag auch. Und doch sind sie für den Vorgang des Verstehens so wichtig wie das Filtern von Eindrücken für den Vorgang der Wahrnehmung. Ohne Abstraktion wäre Naturwissenschaft unmöglich, schon allein, weil die wirkliche Welt viel zu kompliziert ist, als daß man mit ihr fertigwerden könnte. Abstraktionen sind eine Methode, die Essenz aus einer ansonsten unergründlichen Situation herauszudestillieren.

»Die Physik hat mit den einfachen Dingen im Universum zu tun«, meint ein Physiker, »doch dagegen könnte man anführen, daß es einfache Dinge offensichtlich gar nicht gibt.« Im Vergleich zur Physik sind Biologie und Chemie unendlich viel komplizierter, aber sogar ein scheinbar einfaches Ding wie zum Beispiel ein Stein, meint er, »ist eigentlich viel zu kompliziert, als daß ein Physiker damit zurechtkommen könnte.«

Je einfacher die Modelle sind, desto weiter sind sie von der Wirklichkeit entfernt. Und doch sind oft gerade die einfachsten Modelle die nützlichsten. Deswegen ist die Mathematik ein so wichtiges Werkzeug für die Physik. Sie ist die äußerste

Abstraktion. Sie bewältigt die unangenehmen und unordentlichen Einzelheiten der Wirklichkeit, indem sie viele zeitweise einfach ganz vom Tisch fegt. Alle Modelle sind also eigentlich nur Zwischenschritte auf dem Weg zur mathematischen Abstraktion. »Bilder geben uns die Möglichkeit, schneller voranzukommen, aber die Wahrheit liegt in der Mathematik«, erklärte der Physiker Kip Thorne vom Caltech College.

In der Formulierung des britischen Psychologen Richard L. Gregory sind Bilder nur »eine Art Cartoon-Sprache«. Er meint: »Genau wie die Piktogramme der Ursprachen sich zu Ideogrammen entwickelt haben, mit denen komplexe Gedanken ausgedrückt werden konnten – die dann schließlich durch rein abstrakte Symbole ausgedrückt wurden, weil die Bilder nicht mehr hinreichend waren –, so entpuppen sich diese Modelle irgendwann einmal als Beschränkung. Sie werden durch mathematische Theorien ersetzt, die sich nicht in Bildern oder Modellen ausdrücken lassen.«

Heute ist die Mathematik die Sprache der Naturwissenschaft. Die erforschten Gegenstände sind mathematischer Natur, die Modelle auch, sogar die Metaphern. Zu meiner Überraschung beschrieb neulich der theoretische Physiker David Politzer vom Caltech College die neusten physikalischen Entdeckungen über das ganz junge Universum – gleich nach dem Urknall – als mathematische Lehrsätze. »Englisch ist nur die Sprache, die wir zwischen die Gleichungen eingefügt haben«, meinte er. »Die Sprache, in der wir uns verständigen, hat keinerlei Entsprechung in der Natur. Aber wir haben unser mathematisches Vokabular sehr erweitert, und wir sind immer noch dabei, diesen Satz von Metaphern zu vergrößern. Darum geht es: Beim Verstehen macht man sich ein Bild von den Dingen, und die Mathematik liefert die Methoden dazu.«

Wie so viele andere besteht auch Politzer darauf, daß sich der wahre Kern der Physik im Grunde nicht in Alltagssprache übersetzen läßt. Aber das ist eigentlich gar nicht so entmutigend, wenn man sich einmal überlegt, daß man in beinahe keinem Bereich – ob das nun Tennis oder Ballett oder Jura ist – unter die banale Oberfläche vordringen kann, ehe man nicht die entsprechenden Begriffe gelernt hat. Wie jede andere Fachsprache ist die Mathematik eine Methode, mit der man einfach schneller vorankommt als ohne. (Wer segelt, weiß, wie nützlich Fachsprache sein kann. Ich war einmal mit einem Boot voller Anfänger unterwegs und wir waren ernstlich in Gefahr, zu kentern. Der Skipper gab den Befehl, wir sollten uns nach »Lee« über Bord lehnen. Die Hälfte der Mannschaft rannte zum Backbord, die andere flitzte zum Steuerbord.)

Mathematik ist ein besonders nützlicher Fachjargon, weil er die Möglichkeit bietet, Dinge wunderschön und genau zu beschreiben, ohne daß man überhaupt weiß, was es für Dinge sind. Das Problem, das Unvorstellbare in alltägliche Worte zu fassen, kann man also getrost vergessen, denn das braucht man in der Mathematik nicht! »Das Herrliche an der Mathematik ist, *daß wir nicht sagen müssen, wovon wir sprechen*«, schreibt Feynman (seine Hervorhebung). Seltsamerweise kommen diese mathematischen Bilder oft näher an eine Beschreibung der Wirklichkeit heran als Bilder, die aus der Wirklichkeit selber entlehnt sind. In der Physik sind genauso viele Entdeckungen gemacht worden, indem jemand sich bestimmte Gleichungen genauer angesehen hat, wie dadurch, daß man durch Mikroskope und Fernrohre schaute. »Es ist schon geheimnisvoll«, meint Feynman, »wie das mathematische Denken irgendwie die Dinge passend zu machen scheint.« Leider (oder vielleicht glücklicherweise) können wir keine Mathematik der Welt schaffen, wie Feynman klarstellt, »weil wir früher oder später herausfinden müssen, ob die Axiome dieser Mathematik in der Wirklichkeit gültig sind. Und dann bekommen wir es sofort wieder mit den komplizierten und ›schmuddeligen‹ Gegenständen der Natur zu tun, aber die Näherung wird immer besser.«

Es überrascht auch weiter niemanden, daß wir sofort Probleme bekommen, wenn die mathematischen Modelle sich in Metaphern kleiden, die aus der Wirklichkeit abgeleitet sind. »Die Geschichte der theoretischen Physik«, schreibt Sir James Jeans, »ist eine lange Liste all der Fälle, in denen man mathematische Formeln, die richtig oder zumindest beinahe richtig waren, mit physikalischen Interpretationen verzierte, die oft völlig verkehrt waren.« Newtons Bewegungsgesetze zum Beispiel waren beinahe vollständig richtig – *völlig* richtig sogar, wenn man Extremfälle wie Bewegungen mit Lichtgeschwindigkeit außer acht läßt. Da man sie aber als inneren Funktionsmechanismus eines riesigen mechanischen Uhrwerks interpretierte, das im absoluten Raum und in der absoluten Zeit existierte, »haben sie die Naturwissenschaft zweihundert Jahre lang auf die falsche Fährte gelockt«. Gleichermaßen ging man mit den Formeln, die den Zusammenhang zwischen elektrischen und magnetischen Feldern (Licht) beschrieben, nur deswegen in die Irre, weil man sie als Bewegungen von Lichtwellen durch den Weltäther interpretierte.

Mathematisch oder nicht, unser Bild der Natur ist notgedrungen immer ein bißchen falsch. Aber sogar unpräzise Modelle können nützlich sein. Ein junger Physiker, den ich kenne, hält es für völlig verkehrt, den Leuten die Atomstruktur dadurch zu erklären, daß man ihnen die Vorstellung von Elektronen vermittelt, die um einen Kern kreisen wie Planeten um die Sonne. Das Modell sei ganz falsch, meint er. Aber wir alle (einschließlich der meisten Naturwissenschaftler) haben unsere Reise zum Zentrum des Atoms mit diesem altvertrauten Bild begonnen. Erst später haben die Physiker es noch mit den kompliziert verzweigten Quantenzuständen verziert. Die Umlaufbahnen sind ein zeitweiliges Gerüst, das es uns erlaubt hat, einigermaßen festen Tritt zu fassen, während wir zu einer höheren Ebene des Verständnisses kletterten. J. Robert Oppenheimer schreibt über sein »Haus der Wissenschaft«: »Es ist nicht sehr alt, man hört noch, wie ganz in der Nähe neue Flügel angebaut werden, wo Menschen hoch in der Luft balancieren, um neue Gerüste zu errichten, und sich durchaus bewußt sind, wie tief sie fallen könnten.«

Der Schotte James Watt baute im 18. Jahrhundert eine funktionsfähige Dampfmaschine, die auf einer fehlerhaften Wärmetheorie basierte. Weitere hundert Jahre später konstruierte ein anderer Schotte, James Clerk Maxwell, eine Theorie der Elektrodynamik, die auf der Vorstellung von »vielen imaginären Rädern und Rollen im Raum aufbaute«, wie Feynman schreibt. »Wenn man all diese Rädchen und

Rollen im Raum eliminiert, dann ist das Ding in Ordnung.« Der Physiker P. A. M. Dirac sagte als erster die Existenz von Antimaterie voraus, indem er sich Löcher im leeren Raum vorstellte. Tatsächlich existiert die Antimaterie wahrhaftig, auch wenn es die Löcher nicht gibt.

Manchmal stellt sich heraus, daß Modelle, die nie jemand richtig ernst genommen hat, überraschend nah an die Wirklichkeit herankommen. Als man das Bild des Kraftfeldes entwickelte, war es kaum mehr als ein hübsches Bildchen. »Am Anfang«, schreiben Albert Einstein und Leopold Infeld, »war das Konzept des Feldes kaum mehr als eine Methode, um bestimmte Phänomene vom mechanischen Gesichtspunkt aus leichter verständlich zu machen.« Doch schon bald bekam das Feld eine unerwartete Bedeutung in der Wirklichkeit. Die beiden Physiker fahren fort: »Das elektromagnetische Feld ist heute für den modernen Physiker so wirklich wie der Stuhl, auf dem er sitzt.«

Modelle sind Eselsbrücken. So wie Einstein auf dem Gedankensystem aufbaute, das Newton errichtet hatte, so baute schon dieser auf den Gerüsten von Kepler und Kopernikus. (Wenn Kopernikus nicht seine Abhandlung über das sonnenzentrierte Sonnensystem veröffentlicht hätte, wenn Kepler nicht die elliptischen Umlaufbahnen der Planeten präzise berechnet hätte, dann wäre Newton niemals die Ähnlichkeit zwischen diesen Bewegungen und dem Fallen des Apfels aufgefallen.) Ein Modell kann eine solide Grundlage sein, selbst wenn es als falsch gilt. Maxwell selbst glaubte anscheinend nicht an das populäre Modell des elektrisch geladenen Atoms. »Es ist außerordentlich unwahrscheinlich, daß wir die Theorie der molekularen Ladungen noch beibehalten können, wenn wir einmal die wahre Natur der Elektrolyse verstanden haben«, schreibt er. »Denn dann hätten wir eine solide Ausgangsbasis, auf der wir eine echte Theorie des elektrischen Stroms aufbauen können, die uns von diesen provisorischen Hypothesen unabhängig macht.«

Es gibt jedoch noch einen wesentlich wichtigeren Grund, warum man Modelle benutzt, selbst wenn diese konstruierten Bilder notwendigerweise verschwommen wirken, zumindest verglichen mit den präziseren Ausdrücken der Mathematik. Wir machen uns visuelle Vorstellungen, weil »sehen« für uns unauflöslich mit »verstehen« gekoppelt ist (man denke nur an Wörter wie »Einsicht«). Wenn wir uns etwas vorstellen, so hilft uns das, Undenkbares zu denken. Manchmal ist die Natur »undenkbar«, weil sie so kompliziert ist. »In jedem Brocken normaler Materie gibt es 10^{23} Atome«, meint der Physiker Marvin Goldberger. »Selbst wenn man einen Computer hätte, der mit so vielen Wechselwirkungen fertig würde, man könnte es sich immer noch nicht vorstellen. Und selbst wenn es praktisch machbar wäre, nützen würde es uns trotzdem nichts. Also springen wir weiter hin und her zwischen Wörtern und Bildern.«

Die Natur kann manchmal auch »undenkbar« sein, weil sie so weit von unserer Alltagsrealität entfernt ist. Wenn man versucht, sich das Universum vor Anbeginn der Zeit oder jenseits der Grenzen des Raums vorzustellen, stößt man an die Grenzen der Phantasie. (So können wir uns zum Beispiel vielleicht noch ein Bild davon machen, *wann* der Urknall war, aber *wo* hat er denn stattgefunden?)

Obwohl Feynman immer wieder darauf bestand, daß man manche Dinge nur über die Sprache der Mathematik verstehen könne, hatte er doch genauso gut wie jeder andere begriffen, wie wichtig es ist, sich Dinge vorzustellen. Denn schließlich war er ein wahrer Meister der Bilder. Seine Feynman-Diagramme sind eine Bildersprache, in der komplexe subatomare Ereignisse als Reihung einfacherer Vorgänge beschrieben werden. In den frühen 80er Jahren hatte ich die seltene Gelegenheit, mich mit ihm darüber zu unterhalten, wie er über physikalische Probleme *nachdenkt*. Seine Antwort war:

Wir haben etwas von Einstein gelernt. Er wollte diese zwei Teile zusammenfügen (nämlich Elektromagnetismus und

Schwerkraft, im Rahmen seiner Bemühungen, eine Verbindung zwischen allen Naturkräften zu finden), und es ist ihm nicht gelungen. Zum Teil sicher, weil er zu früh damit angefangen hat. Es war so, als wollte man ein Auto zusammenbauen, obwohl man erst zwei Teile hatte. Heute haben wir viel mehr Puzzlesteine, und das Puzzle ist viel komplizierter geworden.

Aber es ist Einstein vielleicht auch aus einem anderen Grund nicht gelungen. Natürlich weiß ich nicht genau, warum ihm dieser Versuch fehlgeschlagen ist, doch bei seinen frühen Forschungen hat er immer viel mit bildlichen Vorstellungen gearbeitet: Ein Mann sitzt in einer Rakete und strahlt Licht in verschiedene Richtungen (das half ihm, die wirkliche Beziehung zwischen Zeit, Weg und der Lichtgeschwindigkeit zu ›sehen‹). Ein Mann fährt Aufzug (das half ihm, Schwerkraft und Beschleunigung als äquivalent zu erkennen). So kam er auf die Idee, und dann hat er elegante Gleichungen aufgestellt, um diese Idee zu erläutern. Darin war er sehr gut. Sehr geschickt.

Später, als er versucht hat, seine einheitliche Theorie aufzustellen, da hat er einen anderen Denkansatz benutzt – er hat mathematische Formeln ›geraten‹. Jahrelang habe ich das auch versucht und bin immer wieder damit auf die Nase ge-

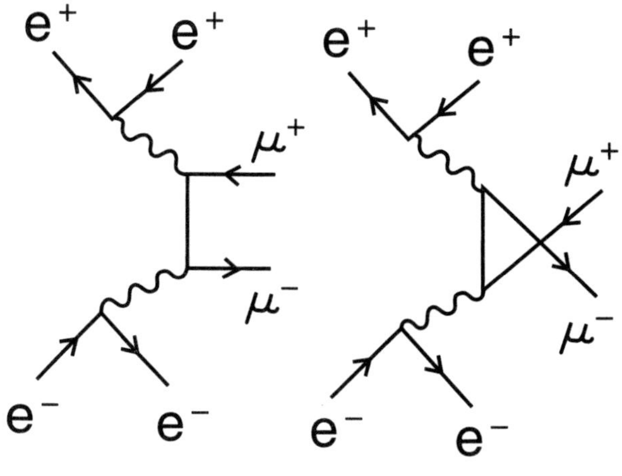

Feynman-Diagramm

fallen. Also versuche ich es mit bildlichen Vorstellungen. [Die Feynman-Diagramme] reichen dafür nicht aus, also suche ich nach einer neuen beschreibenden Bildersprache. Ich versuche, meine eigenen guten Ratschläge zu beherzigen.

Damals arbeitete Feynman gerade daran, die wahre Natur der geheimnisvollen Kraft zu enthüllen, die Quarks und ihre »Feldteilchen«, die Gluonen, innerhalb der Atome zusammenhält.* Er erklärte mir, daß er sich immer gern zuerst den »seltsamsten, bizarrsten und auffälligsten« Aspekt eines Problems vornahm und vom Rest abstrahierte. Bei den Quarks ist das Seltsamste, daß die »Farb-Kraft« immer stärker wird, je weiter sich die Quarks voneinander entfernen. Feynman berichtet weiter, er habe sich folgende Fragen gestellt:

Was ist die einfachste Methode, um das auszudrücken? Wie kann man ein einfacheres Problem formulieren, das die gleichen seltsamen Erscheinungen hervorbringt? So nehme ich zum Beispiel nur zwei Gluonen und vergesse erst einmal die Quarks. Ich mache die Annahme, daß der Raum zweidimensional ist. Wenn ich die Theorie mit nur zwei Farben und ohne Quarks und in zwei Dimensionen ausprobiere, dann kann ich, glaube ich, verstehen, warum sich die Gluonen nicht voneinander trennen. Jetzt muß ich wieder zu komplizierteren Dingen nach oben steigen, die Quarks einfügen und überprüfen, ob immer noch alles klappt. Vielleicht habe ich bei meinem Versuch zu vereinfachen das Kind mit dem Bade ausgeschüttet, aber ich glaube es eigentlich nicht.

Wenn man Modelle baut, läuft man immer Gefahr, das Kind mit dem Bade auszuschütten, denn Modelle sind immer Abstraktionen. Man weiß nie ganz genau, ob das Modell wirklich das Wesen der Dinge einfängt, oder ob man das gerade beim Vereinfachen über Bord geworfen hat. Wenn ich die Stereotypen betrachte, mit denen wir Menschen beurteilen, scheint die Antwort nicht gerade ermutigend. In den meisten Fällen

* Siehe »Kräfte und Pseudokräfte«

sind wir höchstens knapp unter die Oberfläche vorgedrungen und haben die tiefer verborgene Wirklichkeit nicht einmal im Ansatz berührt.

»Wie helfen uns Modelle?« fragte Feynman. »Interessant ist eigentlich, daß Modelle überhaupt so oft und so viel helfen. Die meisten Menschen, die Physik unterrichten, versuchen, den Lernenden beizubringen, wie man Modelle benutzt, um ein gutes Gefühl dafür zu entwickeln, wie Dinge ablaufen könnten. Aber es stellt sich dann doch immer wieder heraus, daß die größten Entdeckungen von allen Modellen abstrahieren und das Modell gerade da überhaupt nicht weitergeholfen hat.«

Das Gerüst steht eben doch nur an der Fassade. Irgendwann einmal muß man selbst das stärkste Gerüst zur Seite stellen, und selbst die besten Modelle werden durch neuere ersetzt. Einsteins Relativitätslehre verdrängte das Modell vom lichttragenden Äther; das Bohrsche Atommodell verfeinerte Ernest Rutherfords Vorstellung von den Mini-Planetensystemen, indem es noch das aus der Musik entlehnte Bild von den stehenden Wellen hinzufügte. Ein Gerüst ist eine wunderbare Stütze. Man kann von dort aus bauen und umbauen und feine Veränderungen vornehmen, aber der Trick ist: Man darf nie vergessen, daß es nicht die Wirklichkeit ist.

Wenn man Modelle zu wörtlich nimmt, kann man sich in hoffnungslose und unnötige Verwirrung stürzen. Die Leute sind oft sehr frustriert, wenn sie versuchen, etwas über die Atome zu lernen, denn das Bild alltäglicher »Teilchen« ist so unauslöschlich (und wahrscheinlich unbewußt) in ihren Hirnen eingebrannt. Es ist ganz natürlich, daß man wissen will, wo ein Elektron ist – oder im Falle der Radioaktivität, wo sich bitte das Elektron im Kern versteckt hat, ehe es ausgespuckt wurde. Wo genau sind die Elektronen während des Übergangs von einem Quantenzustand zum anderen? (Wo halten sie sich überhaupt zu jedem bestimmten Zeitpunkt auf?) Und welches Elektron sitzt auf welcher »Quantenbahn«?

Jeans meint, diese Denkweise über Elektronen sei etwa so, als nähme man an, ein Kontoauszug bestehe tatsächlich aus so und so vielen Münzen auf einem Haufen. Wenn sich Ihr

Kontostand um einen bestimmten Betrag verändert, dann stellen Sie sich doch auch nicht vor, daß Scheine von Ihrem Konto durch die Luft zum Konto des Kaufhauses flattern, wo Sie gerade eine Rechnung bezahlt haben. Sie machen sich keine Gedanken darüber, welche bestimmten Scheine die Miete oder die Stromrechnung bezahlt haben. Wenn Sie nun aber darauf bestünden, diese präzisen Informationen immer ganz genau zu bekommen, dann wären Sie in einer ähnlichen Lage wie ein Physiker, der über Elektronen zu reden versucht. Sie müßten nämlich sagen, daß es hauptsächlich dem Zufall überlassen ist, welcher Geldschein gerade jetzt Ihre Miete zahlt. Das, meint Jeans, »mag zwar eine dumme Antwort sein – aber dümmer als die Frage ist sie auch nicht«.

Modelle können einen auch in die Irre führen, wenn sie in einem unpassenden Zusammenhang benutzt werden – wenn man zum Beispiel die eher schlichten Modelle der Physik auf komplexe Dinge wie Menschen anwendet. Stephen Jay Gould weist uns darauf hin, »daß eine Maschine ein schlechtes Modell für einen lebendigen Organismus ist. Physikalische Modelle bedienen sich oft einfacher, lebloser Objekte wie Billardkugeln, die automatisch auf die Einwirkung physikalischer Kräfte reagieren. Einen Organismus kann man nicht so leicht durch die Gegend schieben.« Und doch reden wir von »der Kraft der Vorstellung«, von »Leistungsdruck«, als wären wir Menschen tatsächlich nichts als leblose Billardbälle. Wir sprechen vom »Gleichgewicht der Mächte« und dem »Gleichgewicht des Schreckens«, als wüßten wir wirklich, wie diese »Mächte« und »Schrecken« zu messen sind.

Schließlich sind Modelle und Metaphern nur in dem Maße nützlich, wie wir uns ihrer Bedeutung und ihrer Grenzen bewußt sind. Es bringt überhaupt nichts, wenn wir uns die Atome wie Billardkugeln vorstellen, aber die Billardkugeln nicht verstehen. Jeans formuliert das so: »Man hat überhaupt nichts gewonnen, wenn man sagt, daß die Natur in ihrer Struktur genauso aufgebaut ist wie unsere Muskulatur, aber dann nicht erklären kann, wie die Muskeln funktionieren.«

Kapitel 2
Richtig und falsch

> Vielleicht müssen wir uns wieder auf den Einfluß der Naturwissenschaft verlassen, damit unsere Welt nicht vollkommen verrückt wird. Was die Naturwissenschaft dafür qualifiziert, ist nicht die Gewißheit wissenschaftlicher Erkenntnis, sondern ihre *Ungewißheit*.
>
> *Steven Weinberg, Der Traum von der Einheit des Universums*

Vor einigen Jahren war ich eingeladen, vor einer Gruppe von »hochbegabten« Schülerinnen und Schülern unserer Junior High School einen Vortrag über Naturwissenschaft und Kreativität zu halten. Meiner Meinung nach gibt es wohl kaum etwas Kreativeres als Einsteins Relativitätstheorie (denn was könnte kreativer sein, als die althergebrachten Vorstellungen von Materie, Raum und Zeit neu zu formulieren?) und so beschloß ich, es bei den jungen Leuten einmal mit dieser Theorie zu versuchen. Alles ging gut bis zum Ende, als ein Mädchen aus der letzten Reihe fragte: »Und was ist, wenn Einstein unrecht hatte?«

Ja, was? Es war keine dumme Frage, ganz klar. Die Naturwissenschaft ist voller Ruinen der zumeist längst vergessenen »falschen« Ideen. Wärme ist keine Flüssigkeit; die Erde ist keine flache Scheibe und hängt auch nicht im Zentrum des Universums; die Planeten bewegen sich nicht auf den perfekten Kreisbahnen himmlischer Sphären; der Mars ist nicht kreuz und quer von Kanälen durchzogen; unser Raum ist nicht von einem lichttragenden Äther durchdrungen, durch dessen unsichtbare Wellenbewegungen sich das Licht fortpflanzt. Andererseits beschreiben wir heute den leeren Raum als in vier (oder mehr!) Dimensionen gekrümmt, und sogar das schlichte Vakuum soll es in mehreren sehr exotischen Varianten geben. Es scheint, als seien die schrillen Ideen von gestern die wissenschaftlichen Fakten von heute – und umgekehrt.

Allein in den vergangenen paar Jahren hat die Naturwissenschaft ein gerüttelt Maß an weithin publizierten Irrwegen hinter sich gebracht, alle miteinander ziemlich typische Beispiele für den langsamen Zickzackweg der Naturwissenschaft in Richtung Wahrheit:

Eine Gruppe von Astronomen meinte, das auf dem Mond entdeckte »Eis« sei gar keines, sondern vielleicht die falsche Interpretation eines Zufallsignals – viel Lärm um nichts.

Einige »neue« Planeten, die man in der Umlaufbahn anderer Sterne entdeckt hatte, verblaßten schnell, sobald die Wissenschaftler die Daten genauer untersuchten.

Hausgroße Schneebälle aus dem Weltraum, die man gesichtet hatte, schlugen hohe Wellen, schmolzen aber schon recht bald zu nichts dahin.

An einem Teilchenbeschleuniger in Europa wurde ein neues Teilchen namens »Leptoquark« entdeckt, doch inzwischen sieht es ganz so aus, als sei dieses Teilchen nur ein Stückchen Hintergrundrauschen gewesen.

Zwei Physiker verkündeten in einer renommierten Physikzeitschrift, der leere Raum winde sich wie ein Korkenzieher um eine bisher unbekannte Achse, und wegen dieser mysteriösen Schraubenbewegung hätte das Universum eine Unter- und eine Oberseite. Diese Entdeckung hielt genauerer Untersuchung nicht stand – und wieder einmal kamen Naturwissenschaftler in den Ruf, oben nicht von unten unterscheiden zu können.

Und dann war da noch der berühmte Asteroid, der geradewegs auf die Erde zusauste – oder auch nicht.

Diese Art von wissenschaftlichem Stolpern ist nicht nur unvermeidlich, sondern sogar notwendig. »Wenn Menschen sehr schwierige Dinge versuchen, dann muß man damit rechnen, daß ab und zu einige Resultate verworfen werden müssen«, meint der Astrophysiker Roger Blanford von Caltech. »Wenn die Leute sehr konservativ wären – wenn sie immer nur veröffentlichen würden, was sie erwartet hatten –, dann würde es nur sehr wenige neue Entdeckungen geben.« Sich irren, das ist sicher nicht das Schlimmste, was einem Wissenschaftler in seinem Leben zustoßen kann. »Sich nicht einmal mehr irren«, wie der Physiker Wolfgang Pauli einmal gesagt hat, das ist viel schrecklicher, denn es bedeutet, daß die Idee es nicht einmal wert ist, in Frage gestellt zu werden.

Weswegen sollte Einstein sich also nicht geirrt haben?

Irgendwann wird Einstein ganz bestimmt widerlegt werden. Oder zumindest in dem Sinne für »falsch« gelten, wie er selbst bewiesen hat, daß Newtons Ideen »falsch« waren. Aber »falsch« ist hier natürlich ein völlig unangebrachtes Wort. Die Frage des Mädchens erinnerte mich an ein Gespräch, das ich einmal mit Philip Morrison vom MIT geführt habe. Es ging darum, ob einige aktuelle Ansichten über das Universum »richtig« oder »falsch« seien. Er erwiderte mir: »Wenn ich sage, daß die Theorie nicht richtig ist, dann meine ich damit nicht, daß sie falsch ist. Ich meine etwas zwischen richtig und falsch.«

Leider ist das Terrain zwischen richtig und falsch den meisten von uns nicht besonders vertraut, besonders wenn es um die Naturwissenschaften geht. Die Aussage: »Es ist eine wissenschaftliche Tatsache« gilt uns als beinahe synonym mit: »Das ist absolut wahr.« Einer Gesellschaftstheorie die eine oder andere Grauschattierung beizumischen, das ist die eine Sache, aber jeder weiß doch, daß wissenschaftliches Wissen schwarzweiß, entweder richtig oder falsch ist – so lautet jedenfalls der populäre Irrtum. Es stellt sich jedoch heraus, daß in der Wissenschaft nur sehr wenig je völlig falsch ist und daß nichts in der Naturwissenschaft je komplett richtig ist. Nehmen Sie zum Beispiel Isaac Newton. Es gibt keinen Zweifel, daß Einstein Newton widerlegt hat. Newton hatte Raum und Zeit für absolut erklärt, und Einstein hat bewiesen, daß sie es nicht sind. Newton hat die Schwerkraft niemals als unsichtbare Krümmung des Raums gesehen. Newton hat nicht gewußt, daß Masse eine Form der Energie ist oder daß sich die Trägheit einer Masse ins Unendliche steigert, wenn man sich der Lichtgeschwindigkeit nähert.

Und doch kann man mit Newtons »falschen« Ideen die Flugbahnen von Raumfähren berechnen und künstliche Satelliten in beinahe perfekte Umlaufbahnen bringen. Äpfel fallen immer noch, und der Mond zieht immer noch nach Newtons Gleichungen seine Kreise. Außerdem funktioniert Newtons Theorie für alle Dinge in unserem täglichen Erfahrungsbereich. Sie fällt nur in sich zusammen, wenn extrem hohe Geschwindigkeiten erreicht werden (in der Nähe der Lichtgeschwindigkeit) und wo die Relativität ins Spiel kommt, oder in unendlich kleinen Größenordnungen, wo Quanteneffekte eintreten, oder in der Nähe von Objekten mit außerordentlich großer Masse wie zum Beispiel schwarzen Löchern. »Die Korrekturen, die Einstein an Newtons Schwerkraftgleichung vorgenommen hat, sind so klein«, schreibt der Philosoph und Schriftsteller Arthur Koestler, »daß sie für den Augenblick nur die Spezialisten etwas angehen.« Einsteins Gleichungen ergeben für die Dinge, mit denen Newton es zu tun hatte, sogar genau die gleichen Werte wie Newtons Gleichungen.

Einstein hat Newton nur in dem Sinne widerlegt, daß er auf Newtons Schultern stand und Dinge sah, die Newton nicht sehen konnte – zum Beispiel, was unter (für uns) außerordentlichen Bedingungen mit Zeit und Raum passiert. Zum größten Teil hat Einstein bewiesen, daß Newton *richtig* gedacht hat, da er ja seine Theorie auf den Fundamenten von Newton aufbaute. Einstein nahm Newtons Ideen und dehnte sie bis an vorher undenkbare Grenzen, brachte sie in eine neue Dimension, machte sie breiter, kühner, komplizierter. Einstein fügte Newtons Denken Neues hinzu, genau wie die Physiker von heute zu Einsteins Denken Neues hinzufügen. Einstein kletterte bis ganz oben auf Newtons Gerüst und sah die Dinge aus einer besseren Perspektive. Wäre das Gerüst nicht so stark gewesen, Einstein wäre auf die Nase gefallen.

Die Konzepte richtig und falsch erweisen sich als überraschend unwissenschaftliche Beschreibungen von Ideen, insbesondere von naturwissenschaftlichen Ideen. Kaum je werfen revolutionäre Konzepte die alte Denkweise über das Undenkbare völlig über den Haufen. Der Physiker Hendrik Casimir geht sogar so weit, zu behaupten, daß keine vernünftige Theorie je ganz widerlegt wird: »Es gibt kein Stadium der ›Widerlegung‹, sondern nur einen langen Prozeß der Abgrenzung und Einschränkung«, schreibt er in seinem Buch *Haphazard Reality*. »Wenn eine Theorie einmal das technische Stadium erreicht hat, wird sie nicht widerlegt, sondern es werden lediglich die Grenzen ihrer Anwendbarkeit festgelegt. Außerhalb dieser Grenzen müssen neue Theorien geschaffen werden.«

Oder wie es der Physiker David Bohm formuliert: »Es hat sich gezeigt, daß die Vorstellung von der absoluten Wahrheit mit dem tatsächlichen Fortschreiten der Wissenschaft nur schwer zu vereinbaren ist [...] Wissenschaftliche Wahrheiten sollte man besser als Beziehungen sehen, die in einem eingeschränkten Bereich ihre Gültigkeit haben.«

Neue Gedanken weiten alte Vorstellungen aus, verallgemeinern sie, verfeinern, polieren und verändern sie, aber kaum je verwerfen sie die alten Vorstellungen in Bausch und Bogen. Einige »falsche« Ideen sind Irrtümer oder falsch nur in dem Sinne, daß sie ungeschickt formuliert wurden. Von einigen stellt sich heraus, daß sie nicht so sehr »falsch« sind als vielmehr unnötig oder irrelevant. So haben zum Beispiel wie beim lichtführenden Äther oder James Clerk Maxwells »Räder und Rollen im Raum« oder bei der Vorstellung, Wärme sei eine Flüssigkeit, neue Theorien diese Hilfskonstruktionen überflüssig gemacht. Aber die Irrtümer, die den meisten »falschen« Ideen in der Wissenschaftsgeschichte zugrundeliegen, sind Unterlassungssünden: Diese Ideen sind »falsch«, weil sie etwas außer acht ließen, weil sie einen Teil der Natur nicht sahen, der unsichtbar blieb, weil sie die Verbindung zwischen bestimmten Dingen nicht bemerkten, die an der Oberfläche nicht das geringste miteinander zu tun haben. »Falsch« bedeutet eher »begrenzt«.

Jahrhundertelang haben die Leute sich darüber die Köpfe zerbrochen, ob die Wellentheorie oder die Teilchentheorie des Lichts korrekt ist. Aber es stellte sich heraus, daß Licht sowohl das eine wie das andere ist: zum Teil Welle, zum Teil Teilchen. Beide Theorien sind richtig, aber nur begrenzt anwendbar. Eine korrekte Theorie muß beide Aspekte enthalten.

Heutzutage führen Kosmologen erhitzte Debatten darüber, ob das Universum »abgeschlossen« (wie eine Kugel) oder »offen« (wie eine Trompete) sei. Während ein geschlossenes Universum irgendwann einmal unter seinem eigenen Gewicht zusammenbrechen wird, dehnt sich ein offenes Universum ewig weiter aus. In einem Vortrag, den der britische Physiker Stephen Hawking kürzlich in Caltech hielt, schlug er vor, das Universum könne gleichzeitig offen und geschlossen sein, je nachdem, wie man es in acht Dimensionen aufteilt.

Sogar die Vorstellung von der Erde als flache Scheibe war zum größten Teil das Ergebnis einer begrenzten Sicht auf unseren großen, kugelförmigen Planeten. Die Erde *erscheint* ja doch ziemlich flach, wenn man durch die Stadt spaziert. Aber die lokal begrenzte Sichtweise ist ja immer ein wenig eingeschränkt, und die Erde sieht erst richtig rund aus, wenn man sich weit genug von diesem Standpunkt entfernt. Heute haben die meisten Leute die kugelförmige Erde in Farbe und in ihrer wahren Form auf den Bildern gesehen, die uns die Satelliten aus der Umlaufbahn senden. Und doch konnten vor Hunderten, ja Tausenden von Jahren Leute wie Kolumbus und Eratosthenes die Erde aus dem gleichen Blickwinkel sehen, nur durch die Kraft ihrer Vorstellung! Physikalisch oder intellektuell ist der Unterschied zwischen dem Erdball und der flachen Scheibe zunächst ein Unterschied im Blickwinkel: ein weiter Blickwinkel gegen einen beschränkten Blickwinkel. Auch das Raum-Zeit-Kontinuum sieht gekrümmt aus, wenn man mit den Messungen ein genügend großes Gebiet überstreicht. Und Quantenmechanik und Relativitätstheorie bieten im Vergleich mit der klassischen Sichtweise lediglich eine erweiterte Sicht der Dinge.

Einstein hat es einmal so beschrieben, daß die Konstruktion einer neuen Theorie nicht so sei, als risse man eine alte Scheune ein, um einen neuen Wolkenkratzer zu errichten. Vielmehr sei es, als klettere man auf einen Berg, um einen besseren Blick zu bekommen. Wenn man sich dann umschaut, sieht man immer noch die alte Theorie – den Ausgangspunkt der Wanderung. Sie ist noch nicht aus dem Blickfeld verschwunden, aber sie sieht kleiner aus und scheint nicht mehr so wichtig wie früher.

Und doch ist es albern, sich zu freuen (oder darum zu sorgen), daß Newton oder Einstein nicht recht haben könnten. *Natürlich* hatten sie nicht recht. Weder Einstein noch Newton konnten jedes unlösbare Rätsel auflösen oder jede mögliche Konsequenz aller ihrer Schlußfolgerungen vorhersehen. Sie konnten (und wollten) nicht für sich in Anspruch nehmen, daß sie allwissend und allsehend waren. Leute, die behaupten, diese Art von Fähigkeit zu haben, haben in der Naturwissenschaft nichts zu suchen, denn richtig und falsch sind in diesem Sinne keine Fragen für die Naturwissenschaft, sondern für Dogmatiker!

Tatsächlich beweist die Naturwissenschaft niemals, daß irgend etwas völlig richtig sein kann, denn es ist ja noch so viel übrig, was man herausfinden könnte. »Jedes Stück, jeder Teil der ganzen Natur ist immer nur eine *Näherung* an die vollständige Wahrheit«, meint Richard Feynman (seine Hervorhebung). »Tatsächlich ist alles, was wir wissen, nur eine Art Näherung, denn *wir wissen, daß wir noch nicht alle Gesetze kennen*. Deswegen müssen wir Dinge lernen, nur um sie gleich wieder zu verlernen oder, was wahrscheinlicher ist, zu korrigieren.«

Wie Sir James Jeans es formuliert hat: »In der richtigen Wissenschaft kann man eine Hypothese nie beweisen. Wenn spätere Beobachtungen sie widerlegen, dann wissen wir, daß sie falsch ist, aber wenn zukünftige Beobachtungen sie bestätigen, dann können wir immer noch nicht sagen, daß sie richtig ist, da sie immer noch durch spätere Beobachtungen widerlegt werden könnte.«

Sicher, Naturwissenschaftler sind auch nur Menschen und haben daher genauso viel Spaß am »Rechthaben« wie wir alle. Aber von Aristoteles bis Einstein haben gerade die größten Denker ihre Thesen sehr viel vorsichtiger vorgebracht, als es allgemein bekannt ist. Newton zum Beispiel hat seine Theorie der Schwerkraft selbst nie für »richtig« gehalten. Einstein bemerkte zum zweihundertsten Todestag Newtons: »Ich muß betonen, daß Newton sich der Schwächen in seinem Gedankengebäude weit mehr bewußt war als Generationen von gelehrten Naturwissenschaftlern, die auf ihn folgten. Diese Tatsache hat immer meine höchste Bewunderung hervorgerufen.«

Politikern, Journalisten und Sozialwissenschaftlern fällt es schwer, andere dafür zu bewundern, wenn sie ihre Fehler zugeben. Im Gegenteil: Das Eingeständnis von bestimmten Fehlern innerhalb einer Politik oder Theorie gilt häufig als Beweis dafür, daß das Ganze völlig jeglicher Grundlage entbehrt. Wenn man sich auf die Metaphysik verlegt, dann kann es leicht zur Obsession werden, die Schuld für das »Falsche« und die Meriten für das »Richtige« zuzuweisen.

Ob wissenschaftliche Ideen richtig oder falsch sind, gerät erst dann in den Dunstkreis des Dogmas, wenn diese Gedanken ins Reich der Philosophie abwandern. Kein Wunder: Ideen als eindeutig richtig oder falsch zu klassifizieren, das ist wissenschaftlich vielleicht nicht sonderlich nutzbringend, aber für einen Philosophen ungeheuer attraktiv. Niemand hängt gerne intellektuell in der Luft. Und so wird die langsame Evolution wissenschaftlicher Theorien zu einer Reihe revolutionärer Entdeckungen umgeschrieben.

»Wissenschaftliche Revolutionen werden nicht von Wissenschaftlern *gemacht*«, schreibt Casimir. »Sie werden *post factum erklärt*, oft von Philosophen und Wissenschaftshistorikern [...] Die allmähliche Entwicklung neuer Theorien wird als Revolution betrachtet, und zwar von denjenigen, die an die uneingeschränkte Anwendbarkeit einer physikalischen Theorie glauben und sie zum Rückgrat einer ganzen Philosophie machen [...] Die Physik darf sich darüber geschmeichelt fühlen, aber man sollte sie nicht für die unvermeidlichen Enttäuschungen verantwortlich machen.«

Sogar in der Naturwissenschaft sind natürlich einige Gedanken richtiger als andere. Aber woher soll man wissen, welche? Die richtigen Ideen scheinen immer diejenigen zu sein, die zu weiteren Untersuchungen führen, zu ganz neuen Kategorien von Fragen, zu einer noch leidenschaftlicheren Wissenssuche. Die richtigen Theorien öffnen einem gewöhnlich die Augen, die falschen verschließen sie. In diesem Sinne hatte Newton recht, aber jemand wie Aristoteles zum Beispiel nicht, denn (wie George Gamow es formuliert) »seine

Vorstellung von den Bewegungen der irdischen Gegenstände und der Himmelskörper hat den Fortschritt der Wissenschaft wohl mehr behindert als gefördert.« Galileo (wie viele andere mit ihm) hat zum Beispiel ein Leben lang versucht, Aristoteles' falsche Vorstellungen von der Unveränderbarkeit des Himmels, vom geozentrischen Universum und so weiter zu widerlegen.

Aber selbst diese Interpretation muß sich Fragen gefallen lassen. Eine der »falschesten« Ideen des Aristoteles war seine Behauptung, daß alle Körper von Natur aus irgendwann zum Stillstand kommen, sobald sie nicht mehr von einer Kraft angeschoben werden. Aber in einem Abschnitt, den ich zu meiner Überraschung in einem Physikbuch fand, schreibt David Gioancoli:

Der Unterschied zwischen den Ansichten Galileos und Aristoteles' über die Bewegung ist nicht, daß der eine recht hatte und der andere nicht ... Aristoteles hätte argumentieren können, daß die Reibung immer vorhanden ist, zumindest in gewissem Maße, und daß sie daher ein natürlicher Teil der Umgebung ist. Deswegen ist es auch natürlich, daß die Körper in den Ruhezustand zurückkehren, wenn sie keine Kraft mehr anschiebt ... Vielleicht liegt der wahre Unterschied zwischen Galileo und Aristoteles in der Tatsache, daß Aristoteles' Ansicht eine beinahe abschließende Aussage war; man konnte nicht darüber hinaus. Die von Galileo geäußerte Ansicht konnte man ausbauen, so daß sie viele weitere Phänomene umfaßte.

Richtige Ideen sind wie Samenkörner, die zu noch richtigeren Gedanken aufblühen, während falsche Ideen oft steril sind und keine Früchte tragen. Als Newton die richtige Vorstellung von der Schwerkraft hatte, erklärte er damit sehr viel mehr als nur den fallenden Apfel oder die Umlaufbahn des Mondes. Er verknüpfte das gesamte Universum mit einer einzigen kosmischen Kraft, die später den Astronomen die Möglichkeit gab, die Bewegungen und Massen aller Sterne und Planeten zu verstehen.

Viele Wissenschaftler meinen, daß diese möglichen *Verbindungen* einen hervorragenden Hinweis auf die Richtigkeit einer Theorie geben – insbesondere, wenn es um die Ziehung von Grenzen zwischen der Naturwissenschaft und den sogenannten Pseudowissenschaften wie zum Beispiel der Astrologie geht. Die Vorstellung, daß die Position der Planeten unser tägliches Leben beeinflussen könnte, paßt einfach mit nichts zusammen, was wir heute über Schwerkraft oder andere Aspekte der Natur wissen. Jede Idee, die völlig ohne Zusammenhang zum Rest des Wissens zu sein scheint, sollte man zumindest mit äußerster Vorsicht genießen.

Schließlich ist es vielleicht weniger wichtig, recht zu haben, als viele Leute meinen. Denn eine gut ausgedachte falsche Idee ist auch eine Grundlage für Vergleiche, ein Ausgangspunkt für richtige Ideen. Sogar die allgegenwärtige Billardkugel ist als Modell genau aus dem Grund unersetzlich, weil sie so offensichtlich falsch ist: »Wir wissen von Anfang an, daß das Modell im strengen Wortsinn falsch ist, weil es unmöglich richtig sein kann«, sagt B.K. Ridley. »Und deswegen kann man gleich in jedem einzelnen Fall damit beginnen, festzustellen, wie falsch es in diesem speziellen Zusammenhang ist.«

Victor Weisskopf erzählt in diesem Zusammenhang gern die Geschichte von einem ungeduldigen deutschen Touristen, der sich genervt erkundigt, warum die Österreicher sich überhaupt die Mühe machen, einen Zugfahrplan zu veröffentlichen, wenn die österreichischen Züge doch nie pünktlich sind. Der österreichische Schaffner antwortet: »Wenn wir keinen Fahrplan hätten, könnten wir nicht sagen, wieviel Verspätung wir haben.«

Viele wissenschaftliche Modelle, meint Victor Weisskopf, sind wie österreichische Fahrpläne. (Victor Weisskopf darf diese Geschichte erzählen, weil er in Wien geboren ist und noch immer die österreichische Staatsbürgerschaft hat.) Manche Theorien sind zum Teil falsch, manche sogar sehr falsch. »Aber das Interessante ist doch, sich darüber klar zu werden, *wie* und *warum* sie falsch sind«, meint er. »Man braucht immer Fahrpläne.«

Kapitel 3
Sachen sehen

Wir sind inzwischen richtig gut darin geworden, Dinge aus etwas herauszusehen, das eigentlich wie Rauschen aussieht.

Der an der University of Florida tätige Astronom Robert Peña während der zusammen mit der UCLA-Astronomin Andrea Ghez durchgeführten Beobachtungen mit dem Keck-Teleskop auf Mauna Kea, Hawaii

Und manchmal haben wir ganz schön viel Phantasie.

Andrea Ghez

Vor vielen Jahren, als ich anfing, in die Alice-im-Wunderland-Welt der Teilchenphysik einzutauchen – jenes subatomare Wolkenkuckucksheim, das von Quarks und Gluonen, seltsamen und verzauberten Wesen, bewohnt ist –, fragte ich meinen Freund, den Physiker, wie jemand nur an diese anscheinend so kurzlebigen Objekte glauben könne, die niemand je wirklich sehen kann. Und er antwortete: »Das hängt alles davon ab, was du mit sehen meinst.«

Wie viele Menschen verspüre auch ich immer eine gewisse Skepsis, wenn ich höre, wie Physiker im Brustton der Überzeugung behaupten, sie hätten Teilchen »gesehen«, die sich für den milliardsten Teil einer Sekunde in eine kurzlebige Existenz gestürzt haben, oder riesige Quasare, die sich 10 Milliarden Lichtjahre von uns entfernt am äußersten Rand von Raum und Zeit herumtreiben.* Ich weiß ganz genau, daß die Physiker so etwas natürlich nicht gesehen haben. Quarks und Quasare sind für das bloße Auge unsichtbar. Allerhöchstens haben die Leute eine Delle auf einer Kurve gesehen, in der das

* Quasar ist eine Abkürzung für »quasi-stellar« – einen Quasistern. Quasare sind die Quelle ungeheurer Mengen von abgestrahlter Energie, die sich weit in Raum und Zeit von uns entfernt finden. Über ihre genaue Natur ist noch nichts bekannt.

Verhältnis verschiedener Teilchensorten wiedergegeben ist, die bei irgendeinem subatomaren Zusammenstoß entstanden sind. Oder den schwachen Fingerabdruck, den 10 Milliarden Jahre alte Photonen in einem Silizium-Detektor hinterlassen haben. Öfter ist eine solche »Sichtung« in Wirklichkeit eine Schlußfolgerung, die jemand nach vielen Stunden Computerberechnungen und langen Reihen von Folgerungen und Annahmen gezogen hat. Kaum die Art von Ereignis, die einem den triumphierenden Schrei »Heureka« auf die Lippen brächte (oder auch nur ein »Land in Sicht!«). Manchmal sind die Dinge, von denen die Wissenschaftler behaupten, sie gesehen zu haben, so weit von den »wirklichen« Quarks und Quasaren entfernt, daß man sich fragt, wieso sie (oder wir) überhaupt ihren Augen trauen.

Die Physiker »sehen« exotische Teilchen, indem sie sie mit anderen Teilchen bombardieren und dann die Muster analysieren, die entstehen, wenn diese Teilchen abprallen und auf elektronische Detektoren auftreffen. Der erste Mensch, der den Atomkern »gesehen« hat, benutzte dabei ungefähr die gleiche Methode, außer daß hier der verwendete elektronische Detektor das menschliche Auge war. Während des Ersten Weltkriegs ließ Ernest Rutherford einen Teilchenstrahl, den ein radioaktiver Felsbrocken aussandte, auf eine dünne Goldfolie auftreffen. Die meisten Teilchen gingen einfach durch die Folie. Aber einige wurden – zu Rutherfords großer Überraschung – in sehr großen Winkeln gestreut, manche sogar direkt *nach hinten zurück* reflektiert. »Das war beinahe so glaubwürdig«, meinte Rutherford, »als hätte man mit einer 15-Zoll-Granate auf ein Papiertuch gezielt und die Granate wäre zurückgekommen und hätte einen getroffen.« Rutherford schloß aus diesem Phänomen, daß die Masse im Atom nicht gleichmäßig verteilt war, wie man bis dahin gedacht hatte, sondern eher in einer Art Mini-Sonnensystem angeordnet, wobei beinahe die gesamte Masse in einer kleinen, zentralen atomaren »Sonne« konzentriert war. Die meisten Teilchen gingen geradewegs durch die Folie hindurch, weil in den Goldatomen sehr wenig war, das sie hätten treffen können. Wenn ein Teilchen jedoch zufällig auf einen Kern traf, dann konnte es rückwärts reflektiert werden wie ein Ball, der gegen eine Backsteinmauer prallt.

Heute »sehen« die Physiker alle Arten von Teilchen, indem sie alle möglichen Targets mit allen möglichen anderen Teilchen bombardieren und dann hochkomplizierte elektronische Geräte benutzen, um die Resultate zu analysieren. In Wirklichkeit besteht allerdings gar kein so großer Unterschied, ob man in ein Atom hineinsieht oder ob man einen Freund oder ein Gebäude sieht. Es *scheint* nur unwirklich und abstrakt, weil die Einzelheiten des Vorgangs uns nicht so vertraut sind. Man kann ja die Art und Weise, wie wir in unserem Alltag Dinge »sehen«, auch kaum »direkt« nennen.

Die Buchseite vor mir sehe ich zum Beispiel, weil die schnell vibrierenden Atome im Glühfaden der Glühbirne an der Zimmerdecke und in der an die 150 Millionen Kilometer entfernten Sonne draußen vor dem Fenster Ströme von Lichtteilchen namens Photonen aussenden, von denen einige gerade jetzt auf die schwarz-weiße Oberfläche des Papiers

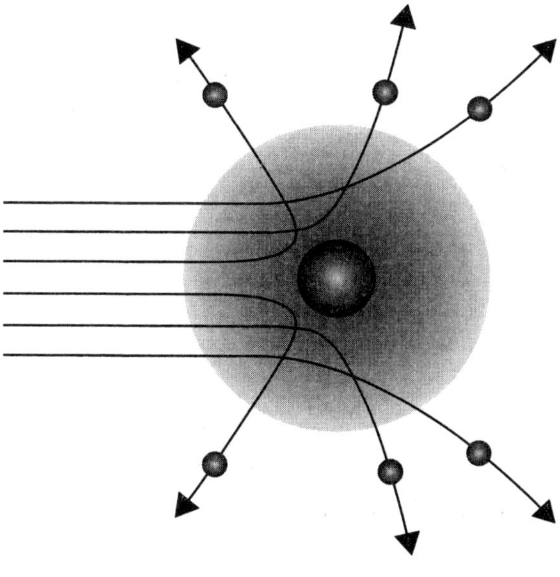

Wie Rutherford den Nucleus sah

auftreffen. Einige dieser Photonen stoßen (genau wie in den Atomzertrümmerungsanlagen der Physiker) mit den Molekülen der Druckerschwärze zusammen und werden absorbiert; andere treffen auf das Pigment des Papiers und werden in Richtung auf meine Augen reflektiert. Wenn sie meine Pupille durchdringen, werden sie dort von einer Linse gebündelt und auf einen lichtempfindlichen Schirm (meine Netzhaut) weitergeleitet, einen komplizierten elektronischen Detektor, der Informationen über die Energie der Photonen, ihre Frequenzen und ihre Bahnen in Form von digitalen Bits an mein Gehirn übermittelt. Mit Hilfe langwieriger Berechnungen und einer langen Kette von Folgerungen und Annahmen kommt mein Gehirn dann zu dem Ergebnis, daß dieses Lichtmuster für gedruckte Wörter steht, die eine ungefähre Übersetzung der flüchtigen Gedanken eines Autoren darstellen.

Natürlich sind meine Augen, genau wie Teilchendetektoren und Teleskope, nur auf einen außerordentlich schmalen Teilbereich von Informationen eingestellt, die aus der Außenwelt hereindringen. Die Pupille ist nur ein winziges Bullauge in einem Meer von Strahlung. In einem Universum, in dem es vor Bildern nur so wimmelt, stehen wir Menschen zum größten Teil im Dunkeln. Das menschliche Auge reagiert nur auf elektromagnetische Schwingungen aus dem Bereich zwischen 0,00007 und 0,0004 Zentimetern Wellenlänge. Und doch werde ich, während ich dies hier tippe, von allen möglichen anderen elektromagnetischen Wellen getroffen, die so klein sind wie Atome oder so groß wie Berge, die von den äußersten Ecken des Universums kommen oder aus meinem eigenen Körper oder von einem 30 Kilometer entfernten Rundfunksender. Ich weiß, daß diese Signale vorhanden sind, im gleichen Raum mit mir, denn wenn ich das Radio oder den Fernseher einschalte, kann ich sie plötzlich hören oder sehen, genauso wie Bilder plötzlich vor mir »erscheinen«, sobald ich die Augen öffne. Wenn ich andere Detektoren hätte (einen Teil der Infrarotstrahlung kann ich zumindest als Wärme auf der Haut spüren), könnte ich auch alle möglichen anderen Signale wahrnehmen. Und doch wandern wir jeden Tag durch dieses dichte Netz von Strahlungsinformation, ohne uns nur im geringsten über seine Existenz bewußt zu sein.

Strahlung ist nur eine Informationssorte, für die wir zum größten Teil blind sind. Wir sind taub für den größten Teil der Geräusche, die um uns sind. Unsere chemischen Sinne (Tastsinn und Geruchssinn) sind außerordentlich begrenzt, wenn man sie mit denen einer Pflanze, einer Zelle oder eines Hundes vergleicht. Wir können nicht einmal den Unterschied zwischen heiß und kalt besonders gut wahrnehmen: mit verbundenen Augen kann ein Mensch nicht unterscheiden, ob er sich an einem heißen Bügeleisen oder an Trockeneis verbrannt hat. Sogar unsere Wahrnehmung von Kräften ist durch unsere Größe stark beschränkt. Wir können zwar die Anziehungskraft der Schwerkraft leicht verspüren, sind aber völlig unempfindlich für das Ziehen und Schieben des Luftwiderstandes und der Oberflächenspannung, die im Leben von Zellen und Fliegen eine größere Rolle spielen. Wir müssen die Luft nicht aus dem Weg schieben, um uns durch sie hindurch bewegen zu können, wie das eine Mücke tun muß. Andererseits ist im Verhältnis die elektrische Kraft der Kohäsion für ein kleineres Lebewesen so viel stärker, daß eine Fliege die Schwerkraft völlig ignorieren und die Wände hoch laufen kann. Man kann wohl mit einiger Berechtigung sagen, daß wir ziemlich engstirnig (oder doch zumindest eng-sinnig) sind.

Die Naturforscherin Loren Eiseley schreibt, wie sie einmal im Wald ein Spinnennetz gefunden hat. Die Spinne ist auf ihr eigenes zweidimensionales Universum beschränkt, nimmt die Pflanzen und Menschen ringsum überhaupt nicht wahr, nicht einmal den Bleistift, mit dem Eiseley sie aus ihrem Netz holt: »Spinnengedanken in einem Spinnenuniversum – empfindlich für einen Regentropfen und für das Flattern eines Nachtfalters, aber für nichts, was darüber hinausgeht, nicht vorbereitet auf das Unerwartete, auf den aus der Außenwelt eindringenden Bleistift.«

Auch wir leben in einem Spinnennetz – einem dreidimensionalen Spinnennetz, das wir uns in dem von uns nicht wahrgenommenen Zusammenhang unseres vierdimensionalen Raums gewebt haben – und wir fangen gerade eben erst an, uns des riesigen Universums draußen bewußt zu werden. Unsere Wahrnehmung von Raum und Zeit ist zum größten Teil auf Dinge aus unserer eigenen Erfahrung beschränkt, auf Dinge unserer eigenen relativen Größe. Wir finden es beinahe unmöglich, Zahlen zu begreifen, die viel größer sind als die, zu denen wir mit zehn Fingern und Zehen hinzählen können. Oder Zeiträume, die viel größer sind als unsere eigene Lebenszeit. Es erfordert eine gewaltige Phantasieanstrengung, wenn wir über unser eigenes Spinnennetz hinausblicken wollen.

Aus unserer Spinnenperspektive gesehen ist die Welt eindeutig eine flache Scheibe. Und sie bewegt sich eindeutig nicht. Wahrscheinlich war Galileo der erste, der den Gedanken vorbrachte, daß man nicht nur durch Experimente feststellen kann, ob man sich bewegt oder nicht. Man stelle sich vor, daß man sich in einer abgeschlossenen Kabine auf einem sich bewegenden Schiff befindet, sagte er. Dort lasse man kleine fliegende Lebewesen wie Mücken herumfliegen, beobachte Fische, die in einem Glas herumschwimmen, werfe Gegenstände hin und her, lasse Dinge zu Boden fallen. Ganz gleich, wieviele Experimente man macht, »man wird weder in der Lage sein, den geringsten Unterschied bei all den oben aufgeführten Effekten zu erkennen, noch kann man an einem von ihnen ermessen, ob sich das Schiff bewegt oder nicht.«

Was wir als »Bewegungslosigkeit« empfinden, ist am Äquator in Wirklichkeit eine schnelle Drehung um die Erdachse mit der atemberaubenden Geschwindigkeit von 1600 Kilometern pro Stunde. Außerdem saust die gesamte rotierende Erde auch noch um die Sonne, und zwar mit einer Geschwindigkeit von beinahe 32 Kilometern pro Sekunde! Das Sonnensystem selbst bewegt sich mit 192 Kilometern pro Sekunde relativ zum Zentrum unserer Galaxie. Und unsere Galaxie – die Milchstraße – rast mit 80 Kilometern pro Sekunde auf die Nachbargalaxie Andromeda zu (aus deren Sicht gesehen). Und das ist noch längst nicht alles: Wenn man von einem weit

Wellenlänge von Licht in Metern

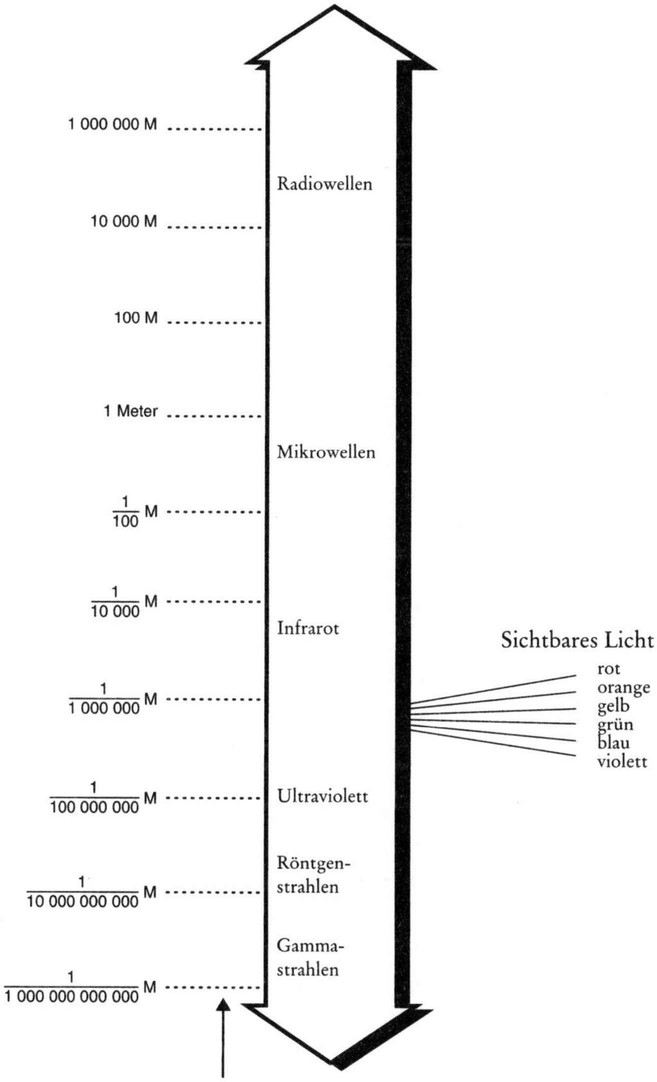

Mit jeder kurzen Linie erhöht sich die Wellenlänge der Strahlung um das Zehnfache.
Das sichtbare Licht ist nur ein kleines Scheibchen aus dem Spektrum der elektromagnetischen Strahlung.

entfernten Quasar auf die Erde blickte, könnte man wahrnehmen, daß wir mit 264 000 Kilometern pro Sekunde – beinahe Lichtgeschwindigkeit – von ihm wegrasen.

Was Galileo damals fand, als er sich aus seinem Spinnennetz befreite, war das, was später Einstein noch verfeinern und als Relativitätstheorie formulieren sollte. Einstein begriff, daß es noch andere Dinge gibt, die wir nicht wahrnehmen können, zum Beispiel, daß Raum und Zeit elastisch sind. Wir waren der Täuschung aufgesessen, daß wir unsere eigene euklidische dreidimensionale Geometrie auch für die Geometrie des Universums hielten. Einstein war buchstäblich »von Sinnen«. Er begriff nämlich, daß es völlig irrelevant ist, ob unsere eigenen groben Meßinstrumente (die Sinne) die geringe Zunahme der Masse eines Gegenstandes, der sich immer schneller bewegt, nun feststellen können oder nicht. Das liegt nur daran, daß unsere Meßinstrumente eben begrenzt sind. Heute schieben Teilchenbeschleuniger routinemäßig Teilchen beinahe bis zur Lichtgeschwindigkeit an und können dabei feststellen, daß deren Masse auf das über Vierzigtausendfache ihrer Ausgangsmasse angewachsen ist!

Zu all den Dingen, die wir nicht sehen *können*, gesellen sich noch die Dinge, die wir nicht sehen *wollen*, weil wir uns entschieden haben, sie zu ignorieren. Im Augenblick habe ich zum Beispiel beschlossen, das Geräusch meines Atems, das Gefühl des Rings an meinem Finger, den Anblick der Brille direkt vor meiner Nase, ja sogar den der Nase selbst zu ignorieren. Die Blende einer Kamera und die Pupille sind nicht dazu da, Informationen hereinzulassen, sondern dazu, welche auszublenden. Wer je eine Kamera in der Hand hatte, weiß, daß zuviel Information einen genauso blind machen kann wie zuwenig. Wenn Sie sich alle neun Sinfonien von Beethoven gleichzeitig anhören wollten, würden Sie nur Krach hören.

Die Entscheidung darüber, was man aufnimmt und was man ausblendet, ist aber eine gefährliche Angelegenheit – insbesondere, da sie meist unbewußt abläuft. Kürzlich saßen in meinem Wohnzimmer vier Leute direkt unter einer laut schlagenden alten Uhr. Um fünf nach drei fragte ich sie, ob die

Uhr schon geschlagen hätte. Zwei Personen behaupteten steif und fest, ja, sie habe geschlagen, zwei jedoch bestanden auf dem Gegenteil.

Unsere Augen löschen automatisch riesige Füße und unscharfe Bilder, die dem objektiveren Auge der Kamera völlig klar erscheinen. Ablenkungen aller Art löschen Unmengen von Informationen aus – schon allein deswegen machen wir einen Unterschied zwischen »zuhören« und »hören«. Es ist eine physikalische Tatsache, daß man nicht zwei Gesprächen gleichzeitig folgen kann und nicht mehr als einen winzigen Bruchteil seines Blickfeldes scharf sehen kann.

Einer der wichtigsten Vorgänge bei jeglicher Art von Wahrnehmung ist das Trennen der Information vom bloßen »Rauschen«. Und genau das ist offensichtlich eine der größten Fehlerquellen. Es gibt ein ganz einfaches, aber verblüffendes Bild, auf dem zwei einander gegenüberliegende menschliche Profile plötzlich aussehen wie eine Vase, die genauso schnell wieder zu den beiden Profilen »umklappen« kann. Gleichzeitig kann man Vase und Profile nicht sehen, denn man kann nicht gleichzeitig Vordergrund und Hintergrund (oder Information und »Rauschen«) sehen. Was immer gerade Hintergrund ist, wird unsichtbar, als wäre es gar nicht da, auch wenn Sie geradewegs darauf schauen.

Meistens ist das, was auf diese Art verschwindet, das, woran wir uns gewöhnt haben – unsere Nase oder unsere Brille, aber auch Sonnenuntergänge oder der Lärm, den unsere Kinder machen. Ständig eintreffende Signale ermüden unsere Sinne, legen unsere Reaktionsfähigkeit lahm. Hunde schlafen bei allen möglichen Alltagsgeräuschen tief und fest, horchen aber sofort auf, sobald sie den leisen Tritt eines Eindringlings hören. Eltern schnarchen in tiefstem Schlummer – trotz jaulender Sirenen und Müllautos vor dem Haus – und schrecken doch beim leisesten Wimmern ihres Neugeborenen sofort aus dem Schlaf.

Diese »Verkümmerung« der Sinne ist größtenteils angelernt. Manchmal erfolgt sie aber auch automatisch. Bestimmte Signale überfordern unsere Sinne tatsächlich so sehr, daß wir nicht mehr in der Lage sind, sie wahrzunehmen. Das geläufigste Beispiel dafür ist vielleicht das »Nachbild«. Wenn man lange auf eine helle Lichtquelle starrt, dann sieht man in der Regel, wenn man die Augen abwendet, eine Weile nur noch dieses Bild vor Augen. Das Nachbild ist dunkel, wo das ursprüngliche Bild hell war, denn es entspricht jenen Stellen auf der Netzhaut, wo die Sensoren vom Licht »ausgebleicht« sind. Einige Augenblicke lang können sie nicht mehr reagieren. Sie können keine Signale von der Art »hier weiße Wand« oder »hier blauer Himmel« mehr ans Gehirn schicken. Der Rest der Netzhaut reagiert ganz normal, man sieht also einen normalen Hintergrund mit einem dunklen Abbild des ursprünglichen hellen »Blitzes«.

Manche Maler arbeiten bei der Farbgebung ihrer Bilder bewußt mit diesem Nachbild. Denn wenn die Augen einer Farbe müde geworden sind, sehen sie die Komplementärfarbe. Starren Sie zum Beispiel einmal ungefähr fünfzehn Sekunden lang auf einen leuchtend roten Farbfleck auf einem Gemälde oder an einer Wand. Dann ermüden die Rot-Sensoren in Ihrem Auge. Wenn Sie nun auf eine weiße Wand blicken, schicken Ihre Augen die folgende Botschaft ans Gehirn: weiß *minus* rot. Da weiß minus rot grün ergibt, ist grün die Farbe, die Sie jetzt sehen. (Wenn Sie auf einen grünen Fleck starren, sehen Sie später rot, wenn Sie auf die weiße Wand blicken. Und so weiter und so fort.)

Ihre Bewegungssensoren funktionieren ziemlich ähnlich. Wenn Sie sich im Zimmer in einer bestimmten Richtung um Ihre eigene Achse drehen, dann sind Ihre Bewegungssensoren schon bald unfähig, auf die ständig eintreffenden Signale zu reagieren: Sie schicken keine Meldungen mehr ans Gehirn, daß Sie sich im Uhrzeigersinn drehen. Die Drehung im Uhrzeigersinn wird so zum Synonym für »Stillstand«. Wenn Sie jetzt aufhören, sich zu drehen, dann reagieren die überanstrengten Bewegungssensoren mit dem Signal: »Kein Stillstand mehr, Drehung in die umgekehrte Richtung«. Sie haben das Gefühl, sich (im Stand) entgegen dem Uhrzeigersinn zu drehen. Wenn Sie etwa fünfzehn Sekunden lang von oben auf einen Wasserfall blicken und dann den Blick auf festen Boden richten, kann es sein, daß der Boden zu Ihnen »hinauffällt«, ein Phänomen, das man passenderweise als »Wasserfalleffekt« bezeichnet.

Ermüdung der Sinne führt manchmal dazu, daß man das *Gegenteil* von den Signalen wahrnimmt, die eigentlich eintreffen.

Menschen sind hervorragende Wissenschaftler (oder hervorragende Eltern, Schriftsteller, Ärzte oder Schreiner), wenn sie eine besondere Begabung dafür haben, die wichtigen Dinge im Blick zu behalten – wenn sie das Signal vom Rauschen trennen können, aber auch wissen, daß etwas, das wie Rauschen klingt, durchaus das leise Flüstern wichtiger Informationen enthalten kann.

Die Meßinstrumente der Naturwissenschaft haben unsere Sinne ungeheuer erweitert. Der Physiker David Bohm kommt sogar zu dem Schluß, daß »die Naturwissenschaft *hauptsächlich* eine Methode ist, unseren Sinneskontakt mit der Welt zu erweitern«, daß es ihr Sinn sei, »unser Bewußtsein und Verständnis für einen ständig größer werdenden Teil der Welt zu fördern, mit der wir es zu tun haben«. Die Technik hat uns den Blick auf riesige neue Territorien beschert, hat uns bisher unerforschte Bereiche der Zeit, des Raums und der Temperatur erschlossen. Für moderne Teleskope und Teilchenbeschleuniger wimmeln Radiowellen und Gammastrahlen, die für uns unsichtbar sind, nur so von Bildern. Die Zahl der sogenannten Elementarteilchen ist so explosionsartig angestiegen, weil die Instrumente, mit denen wir diese Teilchen »sehen« können, so viel besser geworden sind. Das gleiche gilt für die Zahl der Sterne am Himmel und für so seltsame neue Tierchen im galaktischen Zoo wie die Pulsare und Quasare und die Planetensysteme, die vielleicht um andere Sterne als unsere Sonne kreisen. Wir können weit in den Weltraum hinausblicken, in der Zeit zurückschauen, wir können einen Einblick in unsere eigene genetische Struktur bekommen. Wir können herausfinden, woraus die Sterne bestehen und wie ein Virus aussieht. Wir können Dinge messen, die kleiner und größer, kälter und heißer, schneller und langsamer sind als alles, was wir je »gesehen« haben. Mit Hilfe von Hochleistungscomputern können Wissenschaftler bis zum Ende des Universums extrapolieren oder bis zum Anfang aller Zeiten zurückrechnen oder bis in den Mittelpunkt der Erde. Sie können »sehen«, was geschieht, wenn Chemikalien miteinander reagieren, wenn Teilchen zusammenstoßen oder Hurrikane entstehen.

»Wie reich wir sind«, schreibt Guy Murchie, »daß wir aus dem Blickwinkel der modernen Naturwissenschaft in diese Welten hineinsehen können [...], daß wir uns nicht wie die Menschen früherer Zeiten fragen müssen, ob die Sterne Juwelen sind, die auf das Tuch des Himmels aufgenäht sind, oder kleine Gucklöcher in der Hülle des Himmels!«

Unsere Sicht des Universums ändert sich teilweise deswegen so schnell, weil unsere Sehmöglichkeiten so schnell besser werden. Das ist einer der Gründe dafür, daß naturwissenschaftliche Ideen heutzutage scheinbar so kurzlebig sind. Je mehr wir sehen, desto mehr korrigieren wir unsere Ansichten. »Ältere Beschreibungen des Universums sind menschenzentriert und beruhen auf der physikalischen Größe und den Fähigkeiten des Menschen«, schreibt Richard Gregory in seinem wunderbaren Buch über die Wahrnehmung *The Intelligent Eye*. Die vorwissenschaftliche Philosophie beruhte nur auf der menschlichen Wahrnehmung. Heute wissen wir, daß vieles geschieht, was wir nicht sehen können, *außer* durch die Brille der Naturwissenschaft. »Die schlichte Tatsache, daß es Sterne gibt, die für das bloße Auge unsichtbar sind«, schreibt Gregory, »hat es unwahrscheinlich gemacht, daß dem Himmel keine andere Rolle zukommt, als einen Hintergrund für das menschliche Drama abzugeben.«

Wissenschaftliche Wahrnehmung hat eine ganz andere Autorität als persönliche Wahrnehmung, weil man sie leichter mit anderen teilen kann. Es ist eine Art zu sehen, auf die sich viele Menschen einigen können – zumindest können sie sich darüber einigen, wie man darüber denken sollte. Doch der Vorgang ist im Grunde der gleiche: Wissenschaftler »sehen«, indem sie Daten sammeln, messen, Annahmen machen und ihre Schlüsse ziehen. »Elementarteilchen scheinen gewöhnlichen Menschen nicht real, weil man sie nicht auf normale Art und Weise wahrnimmt«, erklärt die Physikerin Vera Kistiakowsky von MIT. »Etwas wie die Astronomie *scheint* wirklicher zu sein, weil man Sterne mit eigenen Augen sehen kann. Aber selbst die Astronomie arbeitet heutzutage zum größten Teil nur noch mit Schlußfolgerungen. Jede Wissenschaft hat mit der Interpretation von Sekundärinformationen zu tun.«

Jegliche *Wahrnehmung* hat mit der Interpretation von Sekundärinformationen zu tun. Wir sehen immer sehr viel mehr als zum Auge durchdringt. Die Lichtmuster, die sich auf dem winzigen Sichtschirm in unserem Auge bilden, stehen auf dem Kopf, sind voller Lücken und Flecken und arg verzerrt. Der größte Teil des Sehens spielt sich im Kopf ab. Wenn ich meinen Augen Glauben schenken würde, dann würden die Menschen, wenn sie sich von mir wegbewegen, wirklich zur Größe von Däumelinchen zusammenschrumpfen. Mehr noch, alles, was ich sehe, würde mir vorkommen, als spielte es sich in meinem Körper ab. Denn unser Gehirn vollführt eine unglaubliche Großtat: Es projiziert das, was wir »da draußen« sehen, von der Netzhaut hinten im Auge auf irgendeinen Ort im Raum. Nicht nur das Sehen, sondern *alle* unsere Sinneswahrnehmungen finden innerhalb unseres Körpers statt. Und doch schreiben wir diese Eigenschaften Gegenständen zu, die außerhalb unseres Körpers existieren. Wir sagen, daß Eiskrem süß schmeckt oder der Tisch sich hart anfühlt, während doch eigentlich *wir* es sind, die schmecken und fühlen.

Galileo erkannte, daß Eigenschaften wie Farbe und Geruch sich »kaum mehr einem externen Objekt zuschreiben lassen als das Kitzeln oder der Schmerz, die einem bei der Berührung dieses Gegenstandes entstehen«. Nicht die Feder oder die Nadel kitzelt oder verletzt uns, sondern die Interpretation eines elektrischen Signals in unserem Gehirn.

»Wir alle leben unser mentales Leben in einem Gefängnis, aus dem es kein Entrinnen gibt«, schreibt Sir James Jeans. »Das ist unser Körper. Die einzige Kommunikation mit der Außenwelt erfolgt über unsere Sinnesorgane – Augen, Ohren usw. Sie sind die Fenster, durch die wir auf die Außenwelt schauen und Wissen über diese Welt sammeln können.«

Unsere neu entdeckten wissenschaftlichen Sinne sind noch

eine Stufe weiter von der direkten Interpretation entfernt. Die Bilder von Quasaren, die man zum Beispiel mit Hilfe der Very Long Baseline Interferometry erhält, sind komplizierte Muster, die sich aus Informationen ergeben haben, die von bis zu 10 000 Kilometer voneinander entfernten Antennen separat gemessen, mit Atomuhren synchronisiert und von Computern zusammengesetzt wurden. Es sind keine »Bilder« im üblichen Wortsinn, sondern vielmehr Interferenzmuster, vergleichbar etwa den sich schnell verändernden Moireemustern, die man sieht, wenn sich zwei Fliegengitter oder Netzgardinen überlappen – Sekundärmuster, die sich aus der Kombination zweier (einzeln nicht wahrgenommener) Muster ergeben.

Die menschliche Wissenschaft erfährt die Welt nicht mehr auf dem Weg über die menschlichen Sinne. Tatsächlich steht ein großer Teil der heutigen wissenschaftlichen Erkenntnisse in direktem Widerspruch zu unseren Sinnen. Deswegen fällt es uns so schwer, Konzepte wie die Quantenmechanik oder die Krümmung des Raums zu akzeptieren. Die Bilder und Klänge und die Gegenstände und Bewegungen in unserer Umgebung sind eben nicht in winzige Quanten aufgespalten wie die Einzelbilder eines Films. Der Raum um uns herum scheint sich weder zu verbiegen noch zu verändern noch sonstwie zu krümmen. »Das hat zu einer sehr seltsamen Situation geführt«, schreibt Gregory. »In gewisser Weise können die Physiker heute ihren eigenen Gedanken nicht mehr trauen.« Und doch, betont er, müssen wir lernen, mit den »nicht auf Wahrnehmung beruhenden Konzepten« der Physik zu leben. »Es bleibt die Frage: Inwieweit ist das menschliche Gehirn in der Lage, mit Konzepten zu funktionieren, die jenseits jeglicher Sinneserfahrung sind?«

Die Antwort muß sein, daß es mehr als eine gültige Art gibt, die Dinge zu sehen. Wenn wir Bachs Musik mit eigenen Ohren und dann noch einmal mit (anderen) elektronischen Detektoren »hören«, bekommen wir grundverschiedene Signaltypen. Beide Wahrnehmungsarten sind gleich unmittelbar (oder mittelbar). Es gibt viele mögliche Fenster, durch die man die Wirklichkeit betrachten kann. So hatte ja auch eine der radikalsten Vorstellungen Einsteins mit den vielfachen Wirklichkeiten von Raum und Zeit zu tun: Der Raum und die Zeit, die wir wahrnehmen, hängen von der Methode ab, mit der wir sie messen, von unserem Standpunkt. »Der Raum besitzt keine objektive Wirklichkeit, außer als eine Ordnung oder Anordnung von Gegenständen, die wir in ihm wahrnehmen«, schreibt Lincoln Barnett, »und die Zeit existiert nicht unabhängig, sondern nur als Ordnung von Ereignissen, die wir mit ihr festlegen.«

Schließlich ist die Wahrnehmung auch ein sehr *aktiver* Vorgang. Wir sitzen nicht nur herum und warten, daß die Information auf uns niederregnet. Wir gehen in die weite Welt hinaus und holen sie uns. Und dabei verändern wir sie, schaffen sie sogar. Einer der seltsamsten Aspekte daran, wie Physiker heute Elementarteilchen »sehen«, ist, daß sie diese Teilchen oft aus der Energie anderer Teilchen schaffen, um sie sichtbar zu machen. Aber wie Philip Morrison anmerkt, kann man die schnell rotierenden Blätter eines Ventilators auch erst wahrnehmen, wenn man das Ding anhält oder einen Stein darauf wirft. Man kann Radiowellen nicht wahrnehmen, indem man seine Hand hereinhält, sondern nur, wenn man einen Empfänger so einstellt, daß er in Resonanz mit dem Eingangssignal schwingt. Die Schallwellen, die aus Ihrem Radio kommen, werden genauso während des Vorgangs der Wahrnehmung »geschaffen« wie die Teilchen in einem Teilchenbeschleuniger.

Was wir sehen, hängt davon ab, wonach wir suchen. Und es hängt von unserem Standpunkt ab. Aus dem Flugzeug sieht ein Haus ganz anders aus als von der Haustür dieses Hauses oder aus dem Fenster eines schnell vorüberfahrenden Autos. Ein Baby erkennt ein von oben gesehenes Spielzeug nicht als das gleiche Spielzeug wieder, weil es ganz anders aussieht, wenn man es von der Seite anblickt. Der rotierende Schatten eines dreidimensionalen Gegenstandes kann eine erstaunliche Vielfalt verschiedener Formen annehmen. Was ist die »richtige« Perspektive? Wahrscheinlich ist die einzige falsche Perspektive diejenige, die darauf besteht, daß es nur eine Perspektive gibt. So wie das Baby mit dem Spielzeug lassen wir uns vielleicht täuschen und halten ein und dieselbe Sache für zwei verschiedene. Raum und Zeit, Energie und Materie, Wellen und Teilchen, alles verschiedene Aspekte einer und derselben Sache.

Das Sammeln, Ordnen und Sortieren von Informationen aus der Außenwelt ist jedoch nur der erste Schritt. Immer müssen wir auch noch die Entscheidung treffen: Was ist es? Was bedeutet die Information? Meson oder Proton? Straßenlaterne oder Mond? Schatten oder Einbrecher? Planet oder Stern? Ein kleines lichtschwaches Objekt, das man aus der Nähe betrachtet, sieht genauso aus wie ein großes, lichtstarkes Objekt, das man aus der Ferne sieht. Strecken Sie Ihren Daumen in die Höhe, um die Größe eines Hauses weit draußen vor dem Fenster zu schätzen. Das Haus scheint vielleicht nicht größer als Ihr Daumennagel. Woher wissen Sie dann, daß es nicht wirklich so winzig ist? »Wenn ein Meteor von der Größe einer Erbse durch die Luft fliegt«, schreibt Jeans, »sendet er die gleichen elektrischen Signale an unser Gehirn wie die Sonne, die millionenfach weiter weg ist. Unsere Vorfahren kamen also zu dem Schluß, der kleine Meteor müsse wirklich ein Stern sein, und so bezeichnen wir ihn auch heute noch als »Sternschnuppe«.

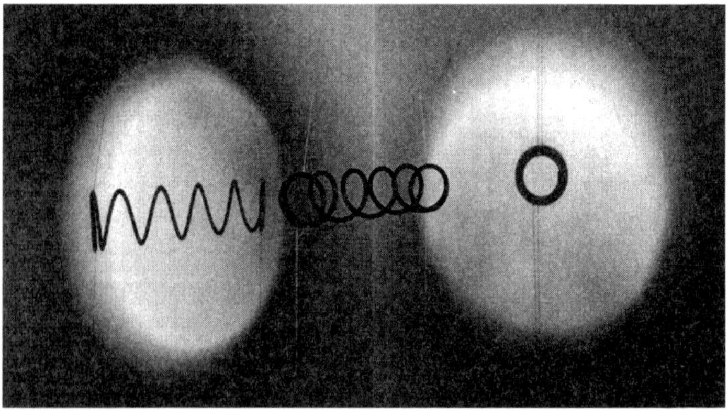

Der eine Schatten der Spiralfeder ist ein Kreis, der andere eine Welle. Wenn man die Feder nur über ihren Schatten wahrnehmen könnte, käme man zu dem Schluß, daß es sich um zwei verschiedene Gegenstände handeln muß.

Man hat keine andere Möglichkeit herauszufinden, was sich hinter einem befindet, als sich umzudrehen. Und doch sind wir nicht sonderlich überrascht, dort tatsächlich etwas vorzufinden. Man hat keine Sicherheit, ob auch der nächste Schritt auf festen Boden treffen wird, und doch ist man zuversichtlich, daß es so sein wird. Manchmal werden wir aber an der Nase herumgeführt: Das Stückchen Flaum, das ein paar Meter vor unserer Nase vorbeischwebt, sieht aus wie ein Flugzeug, das Kilometer über uns im Himmel fliegt (und umgekehrt). Und doch erzielen wir meist erstaunlich akkurate Ergebnisse, wenn wir Größen in unserer vertrauten Welt einschätzen und uns dort bewegen.

Das Schlüsselwort ist »vertraut«. Wie Richard Gregory betont hat, geht es bei der Wahrnehmung darum, die Gegenwart in Bildern zu sehen, die noch aus der Vergangenheit abgespeichert sind; es geht darum, den wahrscheinlichsten (d. h. den vertrautesten) Gegenstand auszuwählen, die »offensichtlichste« Antwort auf die Frage: Was ist das? »Daß das Gehirn die wahrscheinlichste Antwort akzeptiert, birgt auch eine Gefahr: Es muß folglich schwierig, wenn nicht sogar unmöglich sein, sehr ungewöhnliche Gegenstände zu sehen«, merkt Gregory an. Und wenn es bei der Wahrnehmung darum geht, mit Hilfe unseres beschränkten Repertoires an Antworten aus der Vergangenheit einen Sinn in der Welt zu finden, fragt er, »was geschieht dann, wenn wir mit etwas wirklich Einzigartigem konfrontiert werden?«

Die Antwort ist: Wir sehen es nicht. Im 17. Jahrhundert zeichnete der niederländische Naturwissenschaftler Christian Huygens detaillierte Bilder des Planeten Saturn, wie er ihn durch seine selbstgebauten Teleskope sehen konnte. Aber nie erkannte er die ungewöhnlichen Muster als die uns inzwischen vertrauten Ringe. Er konnte die Ringe nicht sehen, weil er sie nicht *erwartete*. »Wir glauben nicht nur, was wir sehen«, schreibt Gregory, »in gewissem Maße sehen wir auch, was wir glauben ... Es ist furchterregend, wie weit die Konsequenzen unserer Ansichten reichen.«

Gregory ist bei weitem nicht der einzige Wissenschaftler, der zu diesem Ergebnis gelangt ist. »Jeder Mensch buchstabiert aus dem uralten Alphabet der Natur nur die Geheimnisse heraus, für die in seinem tiefsten Wesen die Fähigkeit zur Entschlüsselung angelegt ist.« So tut Sir Peter Medawar in seinem Buch *Ratschläge für einen jungen Wissenschaftler* die Vorstellung ab, daß man wissenschaftliche Entdeckungen nur dadurch macht, daß man »sich einfach umschaut«.

Ich persönlich halte es für eine krasse Fehleinschätzung, daß alle Entdeckungen auf diese Art gemacht werden. Ich glaube, Pasteur und Fontenelle wären mit mir einer Meinung gewesen: Der Verstand muß auf der richtigen Wellenlänge eingestellt sein. Mit anderen Worten: alle Entdeckungen dieser Art beginnen als heimliche Hypothesen – d.h. als vorgefaßte Meinungen oder phantasievolle Erwartungen darüber, wie die Natur der Welt ist, und nicht als bloße passive Assimilation von Sinneswahrnehmungen [...] Die Wahrheit ist *nicht* [seine Hervorhebung] bereits in der Natur vorhanden und wartet nur darauf, sich uns zu enthüllen [...] Jede Entdeckung, jede Erweiterung unseres Verständnisses beginnt als vorgefaßte Meinung, als kreative Vorstellung davon, was die Wahrheit sein könnte.

Tatsächlich ist es ja auch oft schwierig, das Bild der »wirklichen« Welt von den Vorstellungen zu unterscheiden, die wir auf die Welt projizieren. Wieviel entdecken wir eigentlich wirklich über das Universum, und wieviel projizieren wir? Oft ist uns gar nicht klar, was wir tun. So beklagte sich zum Beispiel ein Zuhörer nach einer Vorlesung über Astronomie hinterher bitterlich, der Vortragende habe zwar wunderbar erklärt, wie die Naturwissenschaftler Größe und Temperatur der Sterne bestimmen, aber kein Wort darüber verloren, wie sie die *Namen* der Sterne entdeckt hätten.

Wahrnehmungen sind bestenfalls gute Schätzungen. Es sind Abkürzungen, die wir brauchen, damit uns die Informationen, die aus der Außenwelt auf uns hereinfluten, nicht völlig zuschütten, doch sie sind niemals (unbedingt) die Wahrheit. Es bleibt uns nichts anderes übrig, als Bücher nach ihren Umschlägen zu beurteilen, denn wir haben weder die Zeit noch die Möglichkeit, in jedes einzelne Buch hineinzusehen. Wenn wir ein Gesicht aus einem Fenster herausschauen sehen, gehen wir davon aus, daß auch ein Körper damit verbunden ist; wir nehmen auch an, daß etwas, das aussieht wie ein Baum oder ein Segelschiff oder ein Stern, aller Wahrscheinlichkeit nach dieser Gegenstand *ist*. Wir erkennen Muster, die uns vertraut scheinen, in einer großen Vielzahl völlig verschiedener Zusammenhänge wieder. Sogar ein Kind scheint instinktiv zu wissen, daß ein Bernhardiner genauso zur Kategorie der »Wauwaus« gehört wie ein Pekinese. Aber es ist wichtig, daß wir uns immer daran erinnern, daß *wir* die Entscheidung getroffen haben, zwei so unterschiedliche Lebewesen beide als »Hund« zu klassifizieren, genauso wie wir sowohl ein Tier im Zoo als auch ein Sternbild als »Bär« bezeichnen. *Wir* sehen den »Mann« im Mond.

»Wir dürfen nicht glauben, daß es so etwas wie Rohdaten der Wahrnehmung gibt, und daß die durch unsere Wahrnehmung gelieferten ›Fakten‹ feste Bausteine für das Fundament allen Wissens sind«, schreibt Gregory. »Jegliche Wahrnehmung ist von Theorien gesteuert.«

Wir sehen, was vertraut ist, und wir sehen, was wir sehen wollen, und das ist oft ein und dasselbe. Wenn sich Menschen unterhalten und später völlig verschiedene Meinungen darüber vertreten, was tatsächlich gesagt wurde, dann haben sie tatsächlich völlig unterschiedliche Dinge »gehört«, sagt die heutige Gedächtnisforschung. »Erinnerungen sind keine wortwörtlichen Aufzeichnungen«, meint dazu der Psychologe Daniel Schacter von der Harvard University. »Eher eine Art [sich langsam entwickelnde] Skulptur.« Laboruntersuchungen haben ergeben, daß wir beim Erinnern konsequent Wertungen vornehmen. So ist die Erinnerung oft so angelegt, daß sie unser Ego bestärkt, wie die Gedächtnisexpertin Elizabeth Loftus von der University of Washington festgestellt hat: »Wir erinnern uns, daß wir mehr für wohltätige Zwecke gespendet haben, als wir tatsächlich gegeben haben; daß wir öfter mit dem Flugzeug unterwegs waren; daß unsere Kinder früher laufen und sprechen konnten, als es tatsächlich der Fall war; daß wir öfter zur Wahl gegangen sind.«

Was wir zu sehen lernen, ist auch durch unsere Kultur festgelegt. Das gilt sogar für Dinge, die wir mit den angeblich so objektiven Augen der Naturwissenschaft sehen. Die meisten Menschen, die das erstemal durch ein Mikroskop schauen, haben Probleme, überhaupt etwas zu sehen – außer ihren Wimpern und irgendwelchen zufälligen Lichtklecksen. Sie müssen erst lernen, eine Amöbe zu sehen – genauso wie man ihnen Rassenvorurteile erst »beibringen« muß.

Kultur beeinflußt auch, was Wissenschaftler »sehen«, und zwar so stark, daß eine hell leuchtende Supernova, die im Jahre 1054, am Höhepunkt christlicher Frömmigkeit in Europa, auftauchte, in keiner einzigen europäischen Chronik verzeichnet ist, obwohl sie viele Monate lang am Himmel strahlte. Sie wurde nicht aufgezeichnet, weil man sie nicht für wichtig hielt. Sie wurde so wirkungsvoll aus der Geschichte herausgefiltert wie das Schlagen der Wohnzimmeruhr aus dem Gedächtnis meiner Besucher.

Galileo bekam erste Probleme, als er die Stirn hatte, eine solche Supernova zu sehen. »Die Erscheinung eines neuen Sterns an einem Himmel«, schreibt George Gamow, »der gemäß der Philosophie des Aristoteles und den Lehren der Kirche völlig unveränderlich zu sein hatte, schuf Galileo viele Feinde unter seinen wissenschaftlichen Kollegen und in den hohen Rängen der Kirche.« Galileos Teleskop enthüllte (unter anderem), daß Venus und Merkur (genau wie der Mond) manchmal sichelförmig sind, woraus man schließen mußte, daß auch sie sich um die Sonne herum bewegen. Aber was er sah, war »mehr, als die Heilige Inquisition erlaubte. Er wurde verhaftet und lange in Einzelhaft gefangengehalten.«

Wir brauchen nicht in die Geschichte zurückzuschauen, um Beispiele für diese Art von kultureller Konditionierung zu finden. Wer würde es für möglich halten, daß zivilisierte Menschen in ihrer Kultur so sehr an Räume mit ausschließlich rechten Winkeln gewöhnt sind, daß sie eher glauben, eine Person vor ihren Augen zusammenschrumpfen zu sehen, als davon auszugehen, daß ein Raum einmal eine andere Form annimmt? Genau das geschieht jedoch in dem »verzerrten Raum«, den der Psychologe Adalbert Ames erfunden hat.

Dieser Raum ist so schief, daß ein Mensch, der ihn durch einen schmalen Schlitz anschaut (wodurch die Tiefenwirkung ausgeschaltet wird), eine Entscheidung über seine Wahrnehmung treffen muß: Entweder schrumpfen und wachsen die Leute, während sie sich in diesem Raum bewegen, oder der Raum hat nicht die übliche rechtwinklige Form. Und immer entscheiden sich die Betrachter für die rechten Winkel. Sogar unsere Einschätzung, daß Objekte, die sich in einiger Entfernung befinden, nicht tatsächlich kleiner werden, ist in gewissem Maße kulturell bedingt. Ein Psychologe, der dem Exploratorium in San Francisco einen Besuch abstattete, erzählte den Angestellten dort von einem im Wald lebenden Pygmäenstamm, der keinerlei Erfahrung damit hatte, Gegenstände in weiter Entfernung zu sehen. Eines Tages erspähte dieser Stamm auf einer weit entfernten Ebene eine Herde von Rindern oder ähnlichen Tieren – und ging natürlich von der Annahme aus, daß es sich um kleine Lebewesen, vielleicht von der Größe einer Ameise, handeln mußte. Stellen Sie sich den Schrecken der Pygmäen vor, als die winzigen Geschöpfe beim Näherkommen zu riesiger Größe anwuchsen!

Es macht Spaß, sich mit optischen Täuschungen zu amüsieren. Aber Täuschungen können auch ent-täuschend sein. Normalerweise ist die einzige Täuschung, die vorliegt, eine Abweichung von unserer gewohnten Sichtweise, ein Widerspruch zu unserer vorgefaßten Meinung über die Wirklichkeit. Die Erwartung bestimmter Wahrnehmungen macht es uns nicht nur unmöglich, die Form von Dingen korrekt zu sehen, sie kann uns auch dazu verführen, »unmögliche« Dinge zu sehen. Ein gutes Beispiel hierfür ist das »unmögliche Dreieck«, eine Konstruktion aus drei dicken Balken, die in rechten Winkeln zusammengenagelt sind. Natürlich kann kein Dreieck drei rechte Winkel enthalten, aber das unmögliche Dreieck ist kein gewöhnliches zweidimensionales Dreieck. Seine drei Balken sehen nur aus einem bestimmten Blickwinkel aus wie ein Dreieck. Das Dreieck ist nur so lange unmöglich, wie wir darauf bestehen, es als das altvertraute Dreieck zu sehen, anstatt als die wenig vertraute Konstruktion, die es tatsächlich ist. Diese Form erscheint uns unmöglich, *»obwohl sie existiert«*, sagt Gregory.

Wir tun Wirkliches als unmöglich ab und erfahren das Unmögliche, obwohl es nicht wirklich sein kann. Wenn man eine Hand in Eiswasser steckt und eine in heißes Wasser, danach beide Hände in eine Schüssel warmes Wasser taucht, dann fühlt sich die eine Hand heiß und die andere kalt an, obwohl sich beide in Wasser der gleichen Temperatur befinden. Wenn man andererseits Metall und Styropor der gleichen Temperatur berührt, fühlt sich das Metall wesentlich kälter an. Was Sie spüren, erscheint Ihnen »unmöglich«, aber nur weil Ihr Temperaturverständnis unvollständig ist.

Intellektuelles Wissen allein verändert unsere Wahrnehmung nicht. Das »unmögliche Dreieck«, der »verzerrte Raum«, das Experiment mit dem heißen und kalten Wasser

Das unmögliche Dreieck erscheint uns nur deswegen unmöglich, weil wir darauf bestehen, es als die vertraute Form zu sehen, die wir »Dreieck« nennen. Was wirklich unmöglich ist: Völlig unvertraute Gegenstände zu sehen.

können uns auch dann noch in die Irre führen, wenn wir begriffen haben, wie sie funktionieren. Wir sehen die Sonne immer noch »aufgehen« und »untergehen«. Wir sehen die Sterne an einem flachen Himmel hängen, betrachten die Erde als platt. Wir sehen den Mond als eine etwa dreißig Zentimeter breite und anderthalb Kilometer entfernte Scheibe, obwohl wir wissen, daß er eine Kugel von 3 200 km Durchmesser ist und sich 380 000 km von uns entfernt befindet. Schauen Sie sich einmal die Sonne an, und versuchen Sie sich vorzustellen, daß sie ein 150 Millionen Kilometer entfernter Stern ist. Es ist schlicht unmöglich. »Es kostet ungeheure Anstrengung, das sinnlich wahrgenommene und das intellektuelle Wissen miteinander zu vereinbaren«, schreibt Gregory. »Wenn die Empiriker des 18. Jahrhunderts das gewußt hätten, hätte die Philosophie vielleicht einen völlig anderen Verlauf genommen. Zweifellos hätten sich auch Konsequenzen für die politische Theorie und für unsere Denksysteme ergeben.«

Speziell der Mond ist »ein Geschenk des Himmels für das Studium der Wahrnehmung«, meint Gregory. Die Fehleinschätzung seiner Größe und Entfernung, wie sie uns unsere Sinneswahrnehmung vortäuscht, liegt in der Größenordnung von Millionen. Aber wirklich überraschend ist, fährt er fort, eigentlich nur, daß wir dem Mond überhaupt eine Größe und eine Entfernung zuschreiben! Wir haben dafür keinerlei Bezugssystem. Wir haben keinerlei Erfahrung mit Objekten, die so groß und so weit entfernt sind. Woher wissen wir also, wie hell Sterne sind, wie groß Quasare, wie weit entfernt die Galaxien sind? Die Antwort ist: als Ergebnis einer langen Reihe von Annahmen und Vermutungen. Wenn auch nur eine dieser Vermutungen ein bißchen verkehrt ist, dann werden die Schlußfolgerungen, die wir daraus ziehen, sehr falsch.

Tatsächlich sieht der Mond, wie beinahe jeder weiß, am Himmel verschieden groß aus, und auch unsere Annahmen über seine Entfernung von der Erde ändern sich. Am Horizont wirkt der Mond größer, als wenn er hoch oben am Himmel steht. Dafür gibt es keine allgemein akzeptierte Erklärung. Eine Theorie vermutet, die »Zimmerdecke« des Himmels erscheine uns irgendwie näher als der weit entfernte Horizont. Wenn ein Objekt uns näher ist, müßte es also kleiner sein, um in unseren Augen ein gleich großes Bild zu erzeugen. Ein Basketball am anderen Ende des Zimmers und ein Tischtennisball auf Armeslänge erscheinen auf der Netzhaut als gleich große Bilder. Wenn Sie nicht wüßten, wie groß der Basketball ist, würden Sie ihn doch automatisch für größer als den Tischtennisball halten, einfach, weil er weiter weg ist. Wenn wir also davon ausgehen, daß der Mond am Horizont weiter entfernt ist, sehen wir ihn auch automatisch als größer an.

Außerdem haben wir einen Haufen Erfahrungen gesammelt, die uns gelehrt haben, daß alle Dinge, die an uns vorbeifliegen – Planeten, Flugzeuge, Vögel – immer kleiner werden, je weiter sie in die Ferne weichen. Wenn sie in einer solchen Situation *nicht* kleiner zu werden scheinen, dann kann das eigentlich nur daran liegen, daß sie tatsächlich größer werden! So geht es uns auch mit dem Mond. Er wird natürlich nicht wirklich größer. Doch er scheint in die Ferne zu weichen. Weil sein Bild aber nicht kleiner wird, können wir nur annehmen, daß er größer wird.

Wenn Ihnen das unglaublich erscheint, dann versuchen Sie es einmal mit einem einfachen Experiment. Wenn Sie das nächste Mal ein helles Licht blendet, schauen Sie anschließend gleich auf Ihre Hand. Dort sehen Sie wahrscheinlich ein kleines Nachbild des überhellen Gegenstandes auf der Handfläche. Wenn Sie nun auf eine einige Meter entfernte Wand schauen, dann auf eine noch weiter entfernte Wand, so erscheint Ihnen das Nachbild immer größer. Es hilft, wenn Sie ein bißchen zwinkern, um das Nachbild im Blick zu erhalten: Ihr Gehirn versucht nämlich, dieses »zusätzliche« Bild zu löschen, indem es das Nachbild zur Seite schiebt, doch mit einem Zwinkern können Sie es wieder »aufrufen«. Die Größe des ersten Bildes ist auf Ihrer Netzhaut »eingebrannt« und bleibt gleich. Aber Ihr Gehirn vergrößert das Bild automatisch, je nachdem, welche Annahmen es über die Entfernung des »Objektes« macht, von dem dieses Bild erzeugt wird.

Auch die Größe des Mondes können Sie verändern, indem

Sie einfach ihren Blickwinkel wechseln. Wenn Sie einen »großen« Mond am Horizont sehen, schauen Sie ihn einfach mal »auf dem Kopf« an – zum Beispiel zwischen den Beinen hindurch –, so daß Sie die Perspektive des Horizonts verlieren. Dann sieht er plötzlich wieder »ganz klein« aus. So müssen wir oft die Dinge auf den Kopf stellen, um sie wieder in der richtigen Perspektive zu sehen.

Unsere sinnliche Wahrnehmung hat auch andere Grenzen: Manche haben etwas damit zu tun, daß wir Teil der Natur sind, die wir beobachten. (Wie klar kann man zum Beispiel über das Denken nachdenken?) Andere haben damit zu tun, daß man etwas, das man sich nah genug ansieht, immer ein wenig stört. Verhaltensforscher haben ständig mit diesem Problem zu kämpfen, Physiker allerdings auch. Es gibt keine Möglichkeit, gleichzeitig die genaue Position und die Geschwindigkeit eines subatomaren Teilchens zu »sehen«, denn wenn man den einen Aspekt mißt, stört man automatisch den anderen. Wenn wir subatomare Dinge betrachten, meinte Lincoln Barnett, sind wir in einer ähnlichen Lage wie der Blinde, der die Form und Struktur einer Schneeflocke ertasten will. Sobald er sie mit den Fingern oder der Zunge berührt, zerschmilzt sie.

Manche haben aus diesen Beschränkungen unserer Wahrnehmungsfähigkeit die Interpretation abgeleitet, daß eine objektive Wirklichkeit »nicht wirklich existiert« – was immer das auch heißen mag. Auf der Welt gibt es ja schließlich noch viele andere wichtige und wunderbare Dinge, die sich jeglicher Messung entziehen. Liebe zum Beispiel. Aber auch Haß, Humor und beinahe alle anderen Gefühle, angefangen davon wie man mit dem Anblick von Blut umgehen kann bis hin zu der mysteriösen Reaktion auf eine Folge von Geräuschen, die wir Musik nennen.

Auf jeden Fall mißt jeder dem Wort »Wirklichkeit« eine andere Bedeutung bei. Der Physiker Max Born hat das einmal so formuliert: »Für die meisten Menschen sind die wirklichen Dinge diejenigen, die ihnen wichtig sind. Die Wirklichkeit eines Künstlers oder Dichters läßt sich nicht mit der eines Heiligen oder Propheten vergleichen, auch nicht mit der eines

Geschäftsmannes oder Beamten oder mit der eines Naturphilosophen oder Wissenschaftlers.«

Das heißt nicht, fährt Born fort, daß unsere Sinneswahrnehmungen eine Art »permanente Halluzination« sind. Im Gegenteil, wir können uns oft allem Anschein zum Trotz auf eine objektive Wirklichkeit einigen: »Dieser Stuhl hier sieht bei jeder Kopfbewegung, bei jedem Augenzwinkern anders aus. Und doch nehme ich ihn als den gleichen Stuhl wahr. Wissenschaft ist die Bemühung, solche unveränderlichen Größen zu konstruieren, wo sie nicht ganz so offensichtlich sind.«

Unsere wissenschaftliche Wahrnehmung der Wirklichkeit wächst und wird sicherer, genau wie ein Baby sich in seiner alltäglichen Wirklichkeit immer besser und sicherer zurechtfindet. Wir stellen nicht nur Hypothesen auf, wir *überprüfen* sie auch (das sollten wir zumindest tun!). Wenn das gleiche oft genug passiert, schenken wir unseren Theorien immer mehr Vertrauen. Wenn die Rassel jedesmal auf den Fußboden fällt, nachdem sie vom Tisch gerollt ist, dann ist das wahrscheinlich kein Zufall. Wenn das, was wir sehen, auch noch durch unseren Geruchssinn, unser Gehör oder unseren Tastsinn bestätigt wird, um so besser. Und wenn auch andere Leute das gleiche wie wir registrieren, um so überzeugter sind wir. Wir können die subjektiven Aspekte der Wahrnehmung nicht ganz eliminieren, wohl aber unter Kontrolle halten. »Es ist unmöglich, einer anderen Person zu erklären, was ich meine, wenn ich sage ›Dieser Gegenstand ist rot‹«, schreibt Born. »Oder ›Dieser Gegenstand ist heiß.‹ Ich kann höchstens herausfinden, ob andere Leute die gleichen Dinge rot oder heiß nennen. Ziel der Wissenschaft ist, eine engere Beziehung zwischen Worten und Tatsachen herzustellen.«

David Bohm kam zu dem Schluß, daß das, was wir wahrnehmen, das *Unveränderliche* ist, das, was sich unter veränderten Bedingungen nicht ändert. Das Baby lernt die Flasche korrekt wahrzunehmen, wenn es begreift, daß die Flasche sich nicht verändert, wenn es sie aus verschiedenen Blickwinkeln betrachtet. Die Erkenntnis, daß sich die Lichtgeschwindigkeit nie ändert, hat zur Entwicklung von Einsteins spezieller Relativitätstheorie geführt. Die überraschende Schlußfolgerung, daß Raum und Zeit relativ sind, ergab sich aus der wesentlich grundlegenderen Einsicht, daß die Naturgesetze (wie die Lichtgeschwindigkeit) unter allen Bedingungen unverändert bleiben.

Wenn wir eine Verbindung zwischen unseren Wahrnehmungen und unseren Überzeugungen beobachten können, gewinnen diese Überzeugungen an Kraft. Je mehr Fäden wir knüpfen können, je enger sie miteinander verstrickt sind, desto unwahrscheinlicher wird es, daß uns eine größere Sache durchs Netz unserer Wahrnehmung geht. Nicht nur die Rassel fällt auf den Boden, auch der Mond fällt auf die Erde und die Erde auf die Sonne; Flüsse und Regen und Kaltluft bewegen sich zum Zentrum des Planeten. Das Konzept der Schwerkraft wird immer stärker, je mehr Phänomene man damit erklären kann. Obwohl die Astrophysiker und Elementarteilchen-Experten viele Dinge nicht »sehen« können (nicht einmal in der Theorie), fassen sie doch immer mehr Vertrauen zu ihren Lösungen für die Rätsel der Natur, weil immer mehr kleine Steinchen ins Muster passen. Wäre eine grundlegende Idee wirklich grundfalsch, so schreibt Victor Weisskopf, »dann wäre unsere Interpretation des weiten Feldes atomarer Phänomene nichts als ein Netz aus Irrtümern, und nur der pure Zufall wäre die Grundlage für den erstaunlichen Erfolg dieser Interpretation«.

Die uns angeborene Beschränkung unserer Wahrnehmung ist so notwendig, wie sie manchmal irreführend ist. Es hat also keinen Zweck, sie sich vom Hals zu wünschen. Wir müssen einfach damit leben, wie es der britische Astronom Sir Arthur Eddington formuliert hat, daß jedes echte Naturgesetz rational denkenden Menschen völlig irrational vorkommt. Wir können allerdings tun, was auch die Naturwissenschaftler machen, um den Fehler möglichst klein zu halten: Wir können versuchen, unser »Meßinstrument« besser kennenzulernen, seine Eichung, seine Position, seine Grenzen, seinen Bezugsrahmen – kurz, seine Funktionsweise.

Das heißt, wir können unseren Wahrnehmungsapparat besser kennenlernen. Wahrnehmung ist nicht mehr die simple

Angelegenheit, die sie zur Zeit eines Galileo war, als man das Universum noch für ein Objekt hielt, das es zu inspizieren galt. Heute sehen wir uns selbst als Teil dieses Universums, und jede gültige Beobachtung muß in Rechnung stellen, wie unser angeborener Sinnesapparat funktioniert. In den Worten von Niels Bohr: Wissenschaft ist ein faszinierendes Abenteuer, bei dem wir nicht nur Zuschauer, sondern auch Handelnde sind.

Kapitel 4

Die naturwissenschaftliche Ästhetik

> Poeten sagen, die Wissenschaft beeinträchtige die Schönheit der Sterne – einfacher Klumpen von Gasatomen. Nichts ist »einfach«. Auch ich kann die Sterne in einer Wüstennacht sehen und sie fühlen. Aber sehe ich weniger oder mehr? Die Unendlichkeit des Himmels regt meine Phantasie an – gebunden an dieses Karussell können meine kleinen Augen Licht einfangen, das eine Million Jahre alt ist. Ein unendliches Muster, von dem ich ein Teil bin, vielleicht wurde meine Substanz von irgendeinem vergessenen Stern ausgespien, so wie der dort speit. Oder betrachten wir sie mit dem größeren Auge von Palomar, wie sie auseinandereilen von irgendeinem gemeinsamen Ausgangspunkt, an dem sie vielleicht alle zusammen waren. Welches ist das Muster, oder die Bedeutung, oder das Warum? Es schadet dem Geheimnis nicht, wenn man ein wenig darüber weiß. Denn weit wunderbarer ist die Wahrheit, als es die Künstler der Vergangenheit ahnten. Warum sprechen die Poeten der Gegenwart nicht davon? Welche Männer sind Poeten, die von Jupiter wie von einem Mann reden können, die aber schweigen, wenn er eine riesige rotierende Kugel von Methan und Ammoniak ist?

Diese poetische Passage stammt ausgerechnet aus der Fußnote eines Physikbuchs – genauer gesagt aus Band I der *Vorlesungen über Physik* von Richard Feynman. Sie ist ein außerordentlich schlagkräftiges Argument dafür, daß Wissenschaft die ästhetische Betrachtung der Natur sogar noch *überhöht und steigert.* Die Wissenschaft beraubt die Natur keineswegs all ihrer Gefühlsinhalte und Schönheit und läßt nur noch eine nackte Formelsammlung übrig. Im Gegenteil, ein wissenschaftliches Verständnis der Natur kann unsere Ehrfurcht nur vertiefen, unser Gefühl für die Geheimnisse der Natur nur steigern.

Naturwissenschaft und Kunst scheinen vielleicht seltsame Partner zu sein, aber sie leben nun schon so lange zusammen, wie Menschen versuchen, in der Welt einen Sinn zu finden. Robert Root-Bernstein, der Verfasser des Buches *Discovering*, ist in unzähligen Studien zu dem Ergebnis gelangt, daß Wissenschaftler und Künstler einander mehr ähneln als anderen Berufsgruppen, etwa Kaufleuten oder Rechtsanwälten.

Es überrascht also niemanden, daß Künstler und Naturwissenschaftler sich zu ähnlichen Themen hingezogen fühlen. Die Natur – auch die menschliche Natur – birgt unendlich viele Geheimnisse, die für beide Gruppen interessant sind. Ein Baum ist ein fruchtbares Betätigungsfeld für Botaniker *und* Dichter. Maler, Psychologen, Bildhauer und Physiker untersuchen gleichermaßen die Beziehung zwischen Mutter und Kind und die Struktur der menschlichen Gestalt. Sowohl Mathematiker als auch Künstler fasziniert die Symmetrie der Schneeflocke, die Sinuskurve und das Spiralwachstum von Muscheln. Physiker, Philosophen und Komponisten erkunden die Ursprünge des Universums, die Natur des Lebens und die Bedeutung des Todes.

Und doch: wenn es um die Vorgehensweise geht, sagt man uns, hört die Ähnlichkeit sofort auf. Künstler nähern sich der Natur mit dem Gefühl, Naturwissenschaftler verlassen sich auf strikte Logik. Kunst beschwört Emotionen herauf, Naturwissenschaft ergibt nüchternen Sinn. Für Kunst wie auch für Kindererziehung und Anteilnahme am Wohl der Gesellschaft braucht man angeblich ein warmes (wenn nicht gar blutendes) Herz. Wissenschaft, Jurisprudenz und industrielle Produktion gelten dagegen als rational, objektiv und logisch. Wissenschaftler haben gefälligst nur zu denken, Künstler nur zu fühlen.

Nichts könnte weiter von der Wahrheit entfernt sein. Ein Dichter ohne jegliche Disziplin wäre ein jammervoll schlechter Dichter, und kein Naturwissenschaftler, der sich nur stur »an die wissenschaftliche Methode« gehalten hat, ist je besonders weit damit gekommen. Auch wenn es aus irgendeinem Grund die Leute vor den Kopf stößt: Naturwissenschaftler äußern sich genau so leidenschaftlich über ihre Arbeit wie Künstler.

Zum Beispiel Charles Darwin. Während er auf den Galapagos-Inseln nach den Beweisen suchte, die schließlich zu seiner Theorie der natürlichen Auslese führen sollten, war er alles andere als kühl und distanziert. »Ich bin ein Glücksspieler und liebe das wilde Experimentieren«, schrieb er. »Ich habe schreckliche Angst [...] ich verlasse mich blind auf eine Art Instinkt und kann, weiß Gott, kaum je einen vernünftigen Grund für meine Bemerkungen vorbringen [...] Die Natur ist völlig pervers und macht einfach nicht, was ich will. Ich wünschte, ich hätte es nur mit meinen guten alten Flußkrebsen zu tun und nicht mit ständig neuen Dingen.«

Solche Leidenschaften tobten auch in den frühen Tagen der Quantendebatte. Albert Einstein sagte, er wäre lieber Schuster oder Croupier in einem Spielkasino geworden als Physiker, wenn man wirklich auf die klassische Vorstellung von Ursache und Wirkung verzichten müsse. Er begründete seine Einwände mit einer »inneren Stimme« und schrieb an Born, »die Theorie erreicht zwar viel«, brächte uns aber »dem Geheimnis des ›Alten‹ keinen Schritt näher.« Niels Bohr nannte Einsteins Einstellung »grauenvoll« und beschuldigte ihn des »Hochverrats«. Ein anderer Physiker, der viel zur Quantentheorie beigetragen hat, Erwin Schrödinger, meinte: »Wenn es bei dieser verdammten Quantenspringerei bleiben muß, dann tut es mir leid, daß ich je mit dieser Sache zu tun hatte.« Der Physiker Enrico Fermi brachte ähnliche Gefühle zum Ausdruck, als er in den frühen 50er Jahren angesichts der großen Zahl von Elementarteilchen die Hände über dem Kopf zusammenschlug: »Wenn ich die Namen all dieser Teilchen behalten könnte, hätte ich genauso gut auch Botaniker werden können.« Etwas positiver äußerte sich P. A.M. Dirac über »den aufregendsten Augenblick in meinem Leben«, als er die Gleichung aufstellte, die letztlich zur Entdeckung der Antimaterie führte. Einstein bezeichnete das Universum als ein »großes, ewiges Rätsel«, das »wie eine Befreiung lockte«. Kaum der Stoff, aus dem der leidenschaftslose Wissenschaftler der gängigen Klischeevorstellungen gemacht ist.

George Sartin schreibt in seiner *History of Science*: »Es fließen in der Geometrie genauso viel Blut und Tränen wie in der Kunst [...] Es wäre außerordentlich unklug, wollte man behaupten, daß ein gutes Gedicht oder eine wunderschöne Statue menschlicher sei oder einen mehr inspirierte als eine wissenschaftliche Entdeckung. Alles hängt davon ab, welche Beziehung man zu diesen Dingen herstellen kann.«

Trotzdem haben sich die Dinge anders entwickelt. Aus der Forderung, Wissenschaftler hätten bei ihrer Arbeit objektiv zu sein, leiten wir heute ab, sie sei ihnen folglich *gleichgültig*. »Was für einen seltsamen Irrtum hat man den Leuten da vermittelt«, hat mein Freund, der Physiker, einmal gesagt. »Man hat ihnen gesagt, daß man nur dann diszipliniert genug sein kann, um die Wahrheit zu erkennen, wenn einem diese Wahrheit gleichgültig ist. Doch eigentlich ist doch die Suche nach der Wahrheit nur dann sinnvoll, wenn es einem keineswegs egal ist, wie diese aussieht.«

Von großen Künstlern und großen Wissenschaftlern weiß man, daß sie bei ihrer Arbeit *beide* Vorgehensweisen berücksichtigen. Künstler brauchen eine wissenschaftliche (zumindest jedoch technische) Kenntnis der verwendeten Materialien – der Farben, des Papiers, des Marmors, der Linsen, Saiten, Computer und so weiter. Ein Musiker weiß unter Umständen genauso viel über Resonanz, Akustik und Harmonien wie ein Physiker, ein Photograph genauso viel über die Eigenschaften des Lichtes. Sogar der Inhalt einer künstlerischen Arbeit hat eine naturwissenschaftliche Weltsicht zur Grundlage. Schließlich hieß die Naturwissenschaft vor nicht allzu langer Zeit noch »Naturphilosophie«. Wie alle anderen Formen der Wahrnehmung wird auch Kunst in einem kulturellen Zusammenhang geschaffen, und ein großer Teil dieses Zusammenhangs hat sich aus der Sichtweise der Menschheit auf die physikalische Welt ergeben.

Wissenschaftler wiederum verlassen sich für jene entscheidenden Höhenflüge der Phantasie, die man Einsichten nennt, auf eine beinahe künstlerische Vorgehensweise. Sonst müßten sie auf immer und ewig bei der Sichtweise der Vergangenheit verharren. Wissenschaft allein führt uns schnurstracks zu den Grenzen unserer Fähigkeit, uns das Unbekannte vorzustellen (oder gar zu erkennen). »Das ist die große Stärke der Kunst«, schreibt Richard Gregory: Bilder können uns »die

Dinge anders sehen lassen, indem sie die Annahmen verändern, die wir über Gegenstände machen«. Sie können unser Repertoire möglicher Wirklichkeiten vergrößern.

»Wenn wir feststecken«, schreibt Richard Feynman, »liegt es immer nur daran, daß die Methoden, die wir benutzen, die gleichen sind wie eh und je. Neue Pläne, neue Entdeckungen kommen aber auf völlig andere Weise zustande. Die Geschichte nutzt uns hier also nicht besonders viel.« Mit logischen Folgerungen kommt man in einer geradlinigen logischen Gedankenkette immer nur zum nächsten Schritt, und das ist in der Naturwissenschaft oft eine Sackgasse. Feynman schließt daraus: »Eine neue Idee ist äußerst schwer auszudenken. Sie fordert einem eine gewaltige Phantasieleistung ab.«

Welche Richtung der nächste entscheidende geistige Höhenflug nimmt, wird häufig von der Vorstellung bestimmt, die sich Naturwissenschaftler von Schönheit machen. Einsteins höchstes Lob für eine Theorie war nicht etwa, daß sie gut, sondern daß sie schön war. Seine vernichtendste Kritik war: »Oh, wie häßlich!« Er hat oft vom *ästhetischen* Reiz von Ideen gesprochen und geschrieben. »Die reine Logik würde nur zu Tautologien führen«, schrieb der französische Mathematiker Henri Poincaré. »Sie könnte nichts Neues schaffen; Naturwissenschaft kann sich nicht nur aus Logik allein entwickeln.«

Poincaré beschreibt die Rolle der Ästhetik in der Naturwissenschaft als die eines »zarten Siebs«, das Aufschlußreiches von Irreführendem, Signale von Ablenkungen scheidet. Die Wissenschaft ist kein Buch mit vielen langen Faktenlisten. Die beobachteten Fakten müssen zu Theorien gewoben werden wie Teppiche, die aus vielen dünnen Fäden gewirkt sind. Wer weiß, wann (und wie) die richtige Verbindung hergestellt ist? Manchmal ist der nützlichste Maßstab ein ästhetischer. Schrödinger hat seine erste Fassung der berühmten Wellengleichung nicht veröffentlicht, weil sie nicht zu den damals bekannten Fakten paßte. »Ich glaube, aus dieser Geschichte können wir etwas lernen«, kommentierte Dirac in einem inzwischen berühmten Zitat. »Nämlich, daß es wichtiger ist, daß Gleichungen schön sind, als daß sie zu den Experimenten passen [...] Es scheint, daß man auf dem sicheren Weg zum Erfolg ist, wenn man sich nur darum bemüht, in den Gleichungen Schönheit zu verwirklichen, und wenn man dazu vernünftige Ansichten hat.«

Wegen genau dieses ästhetischen Empfindens bestehen Wissenschaftler und andere Leute darauf, daß eine Idee richtig »aussieht« oder sich »falsch anfühlt«. Der Physiker Andrew Strominger, der sich weit aus dem Fenster lehnt, wenn es um die Verknüpfung des elfdimensionalen Raums mit schwarzen Löchern geht, sagt, daß er sich oft davon beeinflussen läßt, was »richtig riecht«. Er versucht bei seiner Arbeit herauszuschnüffeln, welches die ästhetischste Antwort auf eine Frage ist: »[Andere Physiker] sagen vielleicht, wenn A und B erfüllt sind, folgt daraus C. Und dann machen sie sich daran, das zu beweisen. Ich sage: Mann, wäre das nicht toll? Und mach mich daran, das zu beweisen.«

Weinberg formuliert das so: »Der Schönheitssinn eines Physikers soll auch einen Nutzen haben – er soll ihn nämlich dabei unterstützen, Ideen herauszufiltern, die uns die Natur erklären helfen.«

Manchmal kann die Verbindung zwischen Kunst und Natur sogar noch direkter sein. Von Niels Bohr wissen wir, daß er vom Kubismus fasziniert war – besonders von dem Aspekt, »daß ein Gegenstand verschiedenes darstellen konnte, sich wandeln konnte, daß man ihn als Gesicht, als Bein, als Obstschale sehen konnte«, wie einer seiner Freunde später erklärte. Bohr entwickelte die Philosophie der Komplementarität, die erklärte, daß ein Elektron sich je nach Perspektive wandeln konnte, daß man es als Welle oder Teilchen sehen konnte. Wie der Kubismus ermöglicht es auch die Komplementarität, daß widersprüchliche Sichtweisen im gleichen natürlichen Rahmen nebeneinander existieren.

Manche Leute fragen sich, wieso sich Künste und Naturwissenschaft überhaupt so weit voneinander entfernen konnten. Das Bild von Einstein mit der Geige ist uns beinahe so vertraut wie das Bild von Leonardo da Vinci mit seinen technischen Erfindungen. Einem Gerücht zufolge muß man, wenn man ein Streichquartett braucht, nur vier Mathematiker ins gleiche Zimmer sperren. Sogar Feynman hat Bongotrommel gespielt. (Allerdings fiel ihm auf, daß man ihn zwar immer als den »Physiker, der Bongotrommeln spielt« bezeichnete, daß aber bei den wenigen Gelegenheiten, an denen man ihn bat, die Bongotrommel zu spielen, niemand es für notwendig erachtet hat, darauf hinzuweisen, daß er auch theoretische Physik betrieb – was er auf die Tatsache zurückführte, daß die Leute den Künsten doch weit mehr Respekt zollen als der Naturwissenschaft.) Doch soll Feynman auch gesagt haben, die einzige Eigenschaft, die Kunst und Naturwissenschaft miteinander gemeinsam hätten, sei die freudige Erwartung, die Künstler wie Physiker beim Anblick eines leeren Blattes Papier empfinden.

Leider sind die Definitionen von Kunst und Wissenschaft seit der Zeit, als die Naturwissenschaft noch Naturphilosophie hieß, entschieden enger geworden. Der Gesellschaftstheoretiker Sir Geoffrey Vickers sagt in Judith Wechslers ausgezeichneter Essaysammlung *On Aesthetics in Science*, vor dieser unnatürlichen Trennung habe noch jeder gewußt, daß Wissen auch Kunst ist, daß Verständnis großes Geschick erfordert, daß sowohl Kunst als auch Naturwissenschaft Prozeß *und* Ergebnis sind. Der Begriff Naturwissenschaft wurde erst gegen Ende des 19. Jahrhunderts auf seine gegenwärtige eng gefaßte Bedeutung zusammengestutzt, als man unter diesem Begriff nur noch »eine Methode zur Überprüfung von Hypothesen« verstand, die sich auf Experimente stützt. Die Durchführung von Experimenten zur Überprüfung von Theorien hat wenig mit Kunst zu tun. Aber Vickers hegt den Verdacht, daß der Unterschied tiefer geht. Die Leute würden gern glauben, daß Naturwissenschaft ein rationaler Vorgang ist, daß sie beschreibbar ist. Intuition kann man nicht beschreiben, und sie sollte daher an einen Ort außerhalb der Naturwissenschaft verbannt werden. »Unsere Kultur hat nämlich irgendwie den völlig unbewiesenen und unwahrscheinlichen Gedanken hervorgebracht, daß alles, was wirklich ist, auch vollständig beschreibbar sein muß«, schreibt Vickers. »Und deswegen ist sie nicht willens, die Existenz der Intuition zu akzeptieren.«

Natürlich gibt es grundlegende Unterschiede zwischen Kunst und Naturwissenschaft. Die Naturwissenschaft wird in der Universalsprache der Mathematik formuliert; sie ist – weit mehr als Kunst – eine Wahrnehmung, die von der ganzen Welt geteilt wird. Wissenschaftliche Erkenntnisse lassen sich durch die gute alte wissenschaftliche Methode testen. Und Wissenschaftler müssen ihre Arbeit möglichst leidenschaftslos betreiben – zumindest so weit, daß ihre Leidenschaften die Ergebnisse der Experimente nicht beeinflussen. Manchmal läßt sich das jedoch nicht vermeiden. »Große Denker stehen den Tatsachen niemals passiv gegenüber«, meint Gould. »Deswegen unterlaufen den großen Denkern auch große Irrtümer.«

Die Geschichte der Naturwissenschaft scheint eine Geschichte dieser Irrtümer zu sein – hauptsächlich weil diejenigen, die entdeckt haben, wie die physikalische Welt funktioniert, dabei mindestens genauso sehr von Emotionen wie von Gedanken getrieben waren, genauso sehr von Überzeugungen wie von logischen Schlußfolgerungen. Johannes Kepler hat bewiesen, daß die Umlaufbahnen der Planeten die Form von Ellipsen und nicht von Kreisen hatten, wie bis dahin alle gedacht hatten, und schuf dadurch die Grundlage für Newton und Einstein. Aber Kepler selbst hat nie die Vorstellung aufgegeben, daß die Umlaufbahnen der sechs bekannten Planeten in fünf vollkommene geometrische Festkörper eingeschlossen waren. Wir würden seine Ansichten zur Astronomie heute wohl kaum logisch nennen. Kepler verstieg sich sogar zu der Behauptung, die Umlaufbahnen außerhalb der Erdumlaufbahn hätten »es in ihrer Natur, aufrecht zu stehen«, während diejenigen innerhalb der Erdumlaufbahn eher schwebten. »Denn«, so erklärte er, »wenn man letztere zwänge, auf der Seite zu stehen, und wenn man erstere dazu brächte, auf einer Kante zu stehen, dann würde in beiden Fällen das Auge vor einem derart häßlichen Anblick zurückschrecken.«

Es bleibt nur noch die Frage: Wenn Wissenschaftler ziemlich häufig einer bestimmten Ästhetik, ihrem Schönheitsempfinden folgen, was bedeutet dann »Schönheit« für einen Wissenschaftler? Offensichtlich meint er damit nicht »hübsch« oder »angenehm anzuschauen«, nicht einmal »inspirierend« im üblichen Sinne. Eine Gleichung oder eine Theorie kann man kaum als etwas Schönes bezeichnen, wenn man bei einer derart engen Definition von Schönheit bleibt. Schönheit hat in der Naturwissenschaft anscheinend eher mit der Vorstellung von *Schlichtheit* zu tun.

»Man kann die Wahrheit an ihrer Schönheit und Schlichtheit erkennen«, schreibt Feynman. »Wenn man es richtig hinkriegt, dann ist es ganz offensichtlich, daß es richtig ist – zumindest, wenn man die nötige Erfahrung hat –, denn normalerweise bekommt man dann dabei mehr heraus, als man hineingesteckt hat ... Unerfahrene, Verrückte und solche

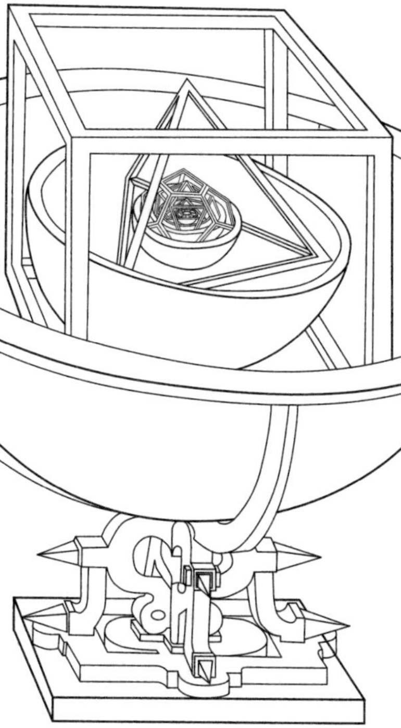

Keplers Modell des Universums, das zeigt, wie er sich die Umlaufbahnen der Planeten in Entsprechung zu bestimmten geometrischen Hüllformen vorstellte. Nachgezeichnet aus dem Mysterium Cosmographicum *(1596, Ausgabe von 1621).*

Leute, die stoßen beim wilden Herumraten auch auf irgendwelche einfachen Sachen, aber denen kann man auf den ersten Blick ansehen, daß sie nicht richtig sind, die zählen also nicht. Andere, noch unerfahrene Studenten, kommen mit ihren Vermutungen auf hochkomplizierte Sachen, und irgendwie sehen die aus, als müßten sie stimmen. Aber ich weiß genau, daß sie nicht stimmen können, denn die Wahrheit stellt sich immer als einfacher heraus, als man vermutet hätte.«

Einfachheit erscheint den Naturwissenschaftlern als schön, weil sie sich wie ein roter Faden ganz durch die Natur zieht und wichtige Ideen hervorzubringen vermag. Von wie vielen Dingen, die in der Vergangenheit gar nichts miteinander zu tun zu haben schienen, hat sich inzwischen herausgestellt, daß sie durch gemeinsame Fäden verknüpft sind, intime Verbindungen zueinander haben? Die Kräfte der Natur, die Elektrizität und der Magnetismus, die fallenden Äpfel und kreisenden Planeten. Wie es die Dichterin Muriel Rukeyser formuliert hat, sind schließlich sogar Inseln »in der Tiefe miteinander verbunden«.

»Einfach und daher schön«, meint Feynman zur Schwerkraft. »Ihre Muster sind einfach. Ich meine damit nicht, daß ihre Wirkung einfach ist – die Bewegung der verschiedenen Planeten und die Störungen, die der eine beim anderen bewirkt, das kann ganz schön kompliziert zu berechnen sein: Es liegt völlig außerhalb unserer Rechenmöglichkeiten, der Bewegung all dieser Sterne in einem globularen Cluster zu folgen. Die Schwerkraft ist kompliziert in ihrer Wirkung, das Grundmuster, das System hinter dem ganzen ist jedoch einfach. Das haben all unsere Naturgesetze gemeinsam. Sie stellen sich alle als ganz einfach heraus.

Der besondere Reiz an höheren Dimensionen ist, daß die Dinge in ihnen einfacher aussehen – ob es nun die vier Raum-Zeit-Dimensionen sind oder die elf Dimensionen der String-Theorie. Ein Cartoon in einer physikalischen Zeitschrift zeigt einen Professor, der zum Entsetzen seiner völlig verwirrten Studenten eine ungeheuer lange und komplizierte Reihe von

Gleichungen an die Tafel schreibt. »Keine Sorge«, versucht er ihre Ängste zu beschwichtigen. »In sechsundneunzig Dimensionen sieht das alles sehr viel einfacher aus.« Diese Schlichtheit entsteht aus einem klaren Verständnis der Sache, aus der Fähigkeit, durch alle Ablenkungen hindurchzuschauen und sich auf die wichtigsten Elemente zu konzentrieren, viele scheinbar unzusammenhängende Dinge mit einer einzigen »einfachen« Idee zu erklären. Laut Weinberg ist die Schönheit in der Physik »ein Gefühl der Unvermeidlichkeit ... ein Gefühl, daß sich nichts an der Arbeit mehr ändern ließe«.

Die Natur scheint aus Mustern aufgebaut zu sein. Die Suche nach diesen Mustern ist die Hauptbeschäftigung von Künstlern und Naturwissenschaftlern gleichermaßen. »Was an der Naturwissenschaft schön ist, ist das gleiche, was auch an Beethoven schön ist«, sagt Weisskopf. »Wir stehen einem dichten Nebel von Ereignissen gegenüber, und plötzlich sieht man eine Verbindung. Und die bringt einen Komplex menschlicher Belange zum Ausdruck, der uns tief im innersten Herzen berührt, der Dinge miteinander verknüpft, die man schon immer in sich hatte, aber nie vorher miteinander in Verbindung gebracht hatte.«

Schließlich hat die Verbindung zwischen Naturwissenschaft und Kunst auch mit der Motivation der Akteure zu tun. Als der Metallurge Cyril Stanley Smith von MIT sich für die Geschichte seines Faches zu interessieren begann, stellte er zu seiner Überraschung fest, daß er das älteste Wissen über Metalle und ihre Eigenschaften bei den Gegenständen in Kunstmuseen finden konnte. »Langsam dämmerte mir, daß das kein Zufall war, sondern eine logische Konsequenz aus der Natur des Entdeckungsprozesses«, schreibt er. »Denn Erkenntnis ist ein Ergebnis ästhetisch motivierter Neugier und kaum je das Resultat praktischer Zielstrebigkeit.«

Kapitel 5

Natürliche Ergänzungen

Wir können nicht gleichzeitig den künstlerischen Gehalt einer Beethovensonate erfahren und uns über die neurophysiologischen Vorgänge in unserem Gehirn Gedanken machen. Aber wir können vom einen zum anderen umschalten.

Victor Weisskopf

Weisskopf erzählt gern von einem Gespräch, das vor vielen Jahren die Nobelpreisträger Felix Bloch und Werner Heisenberg miteinander geführt haben sollen. Die beiden berühmten Physiker gingen am Strand spazieren, und Bloch fragte Heisenberg – so lautet jedenfalls die Geschichte – zur Bedeutung einiger neuer Theorien aus, die mit der mathematischen Struktur des Raumes zu tun hatten. Nach einer Weile antwortete Heisenberg: »Der Raum ist blau, und es fliegen Vögel darin herum.«

Diese Geschichte ist besonders nett, weil sie so gut beschreibt, was die meisten Physiker für den tiefsinnigsten Beitrag der Quantentheorie halten, jenes ungeheuer erfolgreichen Gedankensystems, das das Atom und alles, was sich aus Atomen zusammensetzt, erklären kann. Dieser Beitrag war keine Entdeckung im normalen Sinn: kein Teilchen, kein neues Himmelsobjekt oder Ereignis, nicht einmal eine neue Theorie oder Gleichung. Der wichtigste Beitrag war vielmehr eine philosophische Sichtweise, die es den Naturwissenschaftlern erlaubte, über den Wust von Paradoxen hinwegzusehen, der die moderne Physik nahezu undurchdringlich zu machen schien. Es war die Vorstellung von der Komplementarität. Die Geschichte von Bloch und Heisenberg erfaßt jedenfalls das Wesen der Komplementarität genau: daß man von ein und demselben Gegenstand auf zwei sehr unterschiedliche Arten sprechen kann, und daß etwas, was in dem einen Zusammenhang sehr sinnvoll ist, in dem anderen überhaupt keinen Sinn ergibt.

Komplementäre Ideen sind gegensätzliche Ideen, die gemeinsam viel mehr ergeben als die bloße Summe der Teile. Sie ergänzen einander wie Tag und Nacht, wie männlich und weiblich. Komplementäre Ergänzungen sind notwendig, damit wir das gesamte Spektrum des Verstehens erhalten, genau wie man ja die gesamte Farbpalette benötigt, um weißes Licht zu bekommen (und tatsächlich heißen ja auch zwei Farben Komplementärfarben, wenn sie einander zu weiß ergänzen). Die komplementären Ergänzungen sind das Yin und Yang der Naturwissenschaft. Oder, wie es der Physiker Emilio Sengrè geschrieben hat: »Ganz besonders schön ist an der Naturwissenschaft, daß Sichtweisen, die diametral entgegengesetzt scheinen, sich später, aus einer weiteren Perspektive beide als richtig erweisen.«

Die Komplementarität ist beinahe bei allen der Top-Favorit, wenn die Frage auf die »Früchte der Gefühle« in der Wissenschaft kommt. Kein Wunder: Das Leben – wie auch die Naturwissenschaft – wimmelte ja nur so vor ungelösten – und unlösbaren – Paradoxen. Teilchen sind Wellen und Wellen sind Teilchen. Als Mensch sind Sie ein Krümel kosmischer Staub im Materialwert von etwa 2 Mark, der sich irgendwo am finstersten Rand einer ganz gewöhnlichen Galaxie herumtreibt, und doch sind Sie der Mittelpunkt Ihrer eigenen Welt und für Ihre Familie und Ihre Freunde eine Kostbarkeit von unschätzbarem Wert. An dem einen Tag mag uns die Menschheit als Gipfel alle wunderbaren Dinge erscheinen, großzügig, weise und umsichtig; und am nächsten als stumpfsinnige Bestie. Die Wahrheit ist natürlich, daß wir sowohl Schöne als auch Biest sind – so wie Energie nur eine andere Sichtweise der Materie ist.

Der dänische Physiker Niels Bohr war der Vater der Komplementarität. Für ihn war sie eine Methode, die prinzipiellen Begrenzungen für präzise Messungen in atomaren Größenordnungen in den Griff zu bekommen. So kann man zum Beispiel im Reich der Quanten nicht einfach die Position eines Teilchens festnageln, ohne dabei die Information über seine Bewegungen zu verlieren. Ebensowenig kann man seine Bewegungen messen, ohne sich dafür eine Ungewißheit über seine Lage im Raum einzuhandeln. Bohr hat formuliert, daß zur Wirklichkeit eines Teilchens *komplementäre* Beschreibungen notwendig sind, mehr als ein Standpunkt eben. Es ist gleichgültig, daß man Bewegung und Position eines Teilchens nicht gleichzeitig messen kann. Man kann auch nicht beide Seiten einer Münze gleichzeitig sehen. Solange die Leute darauf bestehen, sich die subatomare Welt durch ihre Alltagsbrille anzuschauen (haben sie überhaupt eine andere Wahl?), werden sie sich wohl eine Dimension nach der anderen ansehen müssen. »Zweck unserer Beschreibung der Natur«, sagt Bohr, »ist nicht, das wahre Wesen der Phänomene zu enthüllen, sondern so weit wie irgend möglich Beziehungen zwischen den mannigfachen Aspekten der Erfahrung herzustellen.«

Die Vorstellung von der Komplementarität reicht weit über die Unschärfe bei Messungen hinaus. Sie hilft uns auch die Dualität Welle/Teilchen des Lichtes zu erklären. Um die Jahrhundertwende waren die Physiker nach jahrzehntelangen Diskussionen und Experimenten endlich davon überzeugt, daß Licht eine Welle sein mußte. Es ließ sich an Kanten beugen oder wurde gebrochen, so wie eine Welle im Ozean sich an einem Riff bricht. Zwei Lichtstrahlen erzeugten die helldunklen Interferenzmuster, die sich herausbilden, wenn Wellen einander verstärken oder gegenseitig auslöschen. Und dann kam Einstein und zeigte, daß das Licht wie ein Teilchenregen einfiel. Das Licht war »gequantelt«. Die Dinge schienen so widersprüchlich, daß sich ein Physiker zu der Anmerkung bemüßigt fühlte, das Licht benehme sich eben montags, mittwochs und freitags übereinstimmend mit der Quantentheorie und dienstags, donnerstags und samstags nach der Wellentheorie. Und sonntags?

Allen schien völlig klar, daß das Licht nicht *sowohl* Welle *als auch* Teilchen sein konnte. Das Konzept Welle ist so verschieden vom Konzept Teilchen, »wie die Bewegung der Wellen auf einem See sich von einem Fischschwarm unterscheidet, der in die gleiche Richtung schwimmt«, sagt Weisskopf. Ein Teilchen ist wie eine Pistolenkugel – ein solides, endliches Objekt, das einen bestimmten Platz in Raum und Zeit einnimmt.

Eine Welle ist eher eine Bewegung – eine kontinuierliche, abstrakte Form. Wenn die Wellentheorie stimmte, dann mußte die Teilchentheorie falsch sein. Wenn das eine die Wahrheit war, dann mußte das andere per Definition Ketzerei sein.

Natürlich hat sich herausgestellt, daß beide recht hatten. Wellen und Teilchen sind nur komplementäre Arten, die Natur des Lichtes zu beschreiben, so wie Position und Bewegung komplementäre Aspekte der Teilchen sind. Nicht nur Licht, sondern alle Energie und Materie und Strahlung zeigen die gleiche seltsame Dualität. Elektronen lassen sich beugen wie Lichtstrahlen und erzeugen die gleichen Interferenzmuster, wenn man sie durch mehrere Schichten ausgerichteter Moleküle in einem Kristall fallen läßt.

Was an der Komplementarität für uns so schwer zu verdauen ist, ist die Tatsache, daß die verschiedenen Aspekte, die notwendig sind, um ein Ding »ganz« zu machen, einander auch wechselseitig ausschließen können – wie zum Beispiel Wellen und Teilchen. Und doch sind die komplementären Ergänzungen viel mehr als die physikalische Version des berühmt-berüchtigten »einerseits/andererseits«. Wenn Sie sich die eine Seite einer Münze anschauen, dann sind Sie nicht in der Lage, gleichzeitig die andere Seite zu sehen, doch die ungesehene Seite erscheint Ihnen deswegen nicht unmöglich oder absurd, hat auch beileibe nicht aufgehört zu existieren. Wellen und Teilchen scheinen jedoch völlig miteinander unvereinbar zu sein. Sie ergeben im gleichen Zusammenhang keinen Sinn, und es ist schwierig, sich vorzustellen, daß sie beide das gleiche Ding beschreiben sollen.

Der Trick an der Komplementarität ist, daß man wissen muß, wann man welchen Standpunkt einnehmen muß. Denn, wie es J. Robert Oppenheimer aufgezeigt hat: »Je besser die eine Sichtweise eine bestimmte Situation beschreibt, desto unangemessener ist die andere.«

Die Aussage, daß der »Raum blau ist«, wäre als Beschreibung einer mathematischen Beziehung kaum angebracht – aber andererseits wäre eine Gleichung wohl auch kaum die passende Beschreibung für das Gefühl, das man bei einem Strandspaziergang an einem Sommertag für den Himmel entwickelt. Je teilchenhafter sich ein Teilchen benimmt, desto weniger wellenhaft benimmt es sich – genau wie die Bewegung eines Teilchens um so mehr verschwimmt, je klarer seine Position festgelegt ist (und umgekehrt).

In Extremfällen zerstören wir dadurch, daß wir uns auf einen Aspekt einer Situation konzentrieren, den anderen völlig. Dieses Prinzip wird in der berühmt-berüchtigten Heisenbergschen Unschärferelation ausgedrückt. Werner Heisenberg sah das Problem selbst folgendermaßen: Wenn man gleichzeitig die exakte Position und die exakte Bewegung eines Elektrons messen will, bekommt man Schwierigkeiten. Um es zu »sehen«, muß man es irgendwie beleuchten. Wenn man Licht von niedriger Energie benutzt, um die Bewegung des Elektrons nicht zu stören, dann ist die Wellenlänge des Lichts so lang, daß sich die Position des Elektrons nicht genau definieren läßt (etwa so, als wäre man auf einen Kamm mit zu groben Zacken angewiesen). Wenn man andererseits Licht von hoher Energie benutzt (also einen feineren Kamm), kann man zwar die Position des Elektrons akkurat bestimmen, aber das Licht versetzt dann dem Elektron einen solchen Stoß, daß es seine Bewegung verändert.

Einstein hat die Unschärferelation nie gemocht, weil er den Gedanken nicht ertragen konnte, daß es Dinge gibt, die man nicht messen kann. Aber was Einstein als intellektuelle Sackgasse betrachtete, sahen Bohr und andere als Entdeckung eines philosophischen Schatzes. Die Antworten waren nur deswegen begrenzt, weil die Fragen unangemessen waren. »Die Heisenbergsche Unschärferelation ist ein Warnschild, das uns mitteilt: ›Nur bis hierher normale Sprache verwenden‹«, meint Weisskopf. »Wenn man in atomare Größenordnungen vorstößt, bekommt man Probleme.«

Die Unschärferelation ergibt sich – anders ausgedrückt – vielleicht hauptsächlich daraus, daß wir eine Metapher am falschen Ort verwendet haben. In atomaren Größenordnungen ergeben Konzepte wie »Ort« und »Bewegung« vielleicht einfach keinen Sinn mehr. Sir James Jeans sagt in diesem Zusammenhang: »Es ist wahrscheinlich genauso sinnlos, sich darüber zu unterhalten, wieviel Raum ein Elektron einnimmt, wie sich darüber den Kopf zu zerbrechen, wieviel Raum Furcht, Angst oder Ungewißheit einnehmen.«

Die Unschärferelation ist also gar nicht so unheimlich, wie sie auf den ersten Blick erscheint. Sie bedeutet nur, daß man das Stück Kuchen nicht chemisch analysieren und auch noch essen kann. Denn wenn man den Kuchen erst einmal in seine chemischen Bestandteile zerlegt hat, damit man ihn analysieren kann, hat er sich in etwas ganz anderes verwandelt. »Jeder Eingriff, den man bei einer Messung vornimmt, um zu beobachten, was in der Welt der Atome vor sich geht«, schreibt J. Robert Oppenheimer, »schafft ... eine neue, einzigartige, nicht völlig vorhersehbare Situation.«

Ein Quantenzustand behält seinen Charakter nur solange bei, wie er ganz und vollständig bleibt – genau wie die Arabeske einer Primaballerina oder das Lied eines Vogels. Das soll nicht heißen, daß man diese Dinge nicht in einzelne Noten oder Teilbewegungen oder Moleküle zerlegen kann. Nur sind die Beobachtung eines Tieres in der freien Wildbahn und das Sezieren im Labor komplementäre Arten, die Natur zu erforschen.

Die »eingebaute« Dualität bedeutet auch, daß jeder Blick auf die physikalische oder menschliche Natur, der eine »Seite« als Dogma betrachtet und die andere als Ketzerei, wahrscheinlich falsch ist, zumindest jedoch gefährlich. Weisskopf weist darauf hin, daß die Vorherrschaft einer Idee unweigerlich zu Mißbrauch führt – ob es nun religiöse Dogmen im Mittelalter oder der übergroße Einfluß der Technik in unserer Zeit ist. »Immer wenn eine Denkweise mit aller Macht entwickelt wird und das gesamte Spektrum menschlichen Verhaltens abdecken will, werden andere Arten zu denken vernachlässigt«, meint er. »Das liegt an der übergroßen menschlichen Sehnsucht nach klaren, allgemeingültigen Prinzipien, die ein für allemal Antworten auf alle Fragen geben. Weil aber menschliche Probleme stets mehrere Aspekte haben, gibt es keine Allzweck-Antworten.« Die korrekte Antwort ist nicht »entweder/oder«, sondern »alles oben Gesagte« oder zumindest jedes einzelne des oben Gesagten zur rechten Zeit.

Der Computerwissenschaftler Joseph Weizenbaum, der

Professor am MIT ist, hat sich ziemlich ähnlich zur Gefahr unserer übergroßen Abhängigkeit von Computern geäußert. Die Liebesaffäre unserer Gesellschaft mit dem Computer, sagt Weizenbaum, ist ein Symptom dafür, daß die naturwissenschaftliche Denkweise »imperialistische Züge« annimmt. Das heißt nicht, daß das naturwissenschaftliche Denken schlecht ist, nur, daß es gefährlich wird, wenn es alle anderen Denkansätze verdrängt. Er meint: »Wenn man die große Depression der 30er Jahre verstehen will und sich nur die Statistiken des Arbeitsministeriums anschaut und keine Romane von Autoren wie John Dos Passos liest, weil Romane nicht wissenschaftlich sind, dann ist das sehr schlimm – denn aus den Romanen kann man viel Tieferes herauslesen.«

Jahrhundertelang diskutierten die Menschen darüber, ob das Licht im wesentlichen ein Teilchen oder eine Welle ist. Heute scheint diese Debatte so überflüssig wie die Frage, ob der Raum blau ist oder ob er mathematische Eigenschaften hat. Jede Aussage ist – im richtigen Zusammenhang – richtig. Das heißt nicht, daß die ganze Wahrheit irgendwo zwischen den beiden Sichtweisen liegt: Die Komplementarität ist kein Kompromiß. Es ist mit ihr eher wie mit den verschiedenen Seiten einer Schachtel oder den verschiedenen Aspekten eines Problems. Was man sieht, hängt davon ab, welche Seite der Schachtel man anschaut, und deswegen zeigt sich das Licht – ja, alle Energie und Materie – in manchen Experimenten als Teilchen und in anderen als Welle.

So macht es uns die Komplementarität leichter, die Beschränkungen unserer Wahrnehmung, aller Messungen und unseres Vorstellungsvermögens für die unsichtbare Welt zu akzeptieren. Jede Sichtweise hat ihre Beschränkungen. Wie das Bild, das durch einfallende Lichtstrahlen auf der Netzhaut des Auges entsteht, sind alle Modelle und Wahrnehmungen flache, auf wenige Dimensionen reduzierte Darstellungen der Wirklichkeit. Genau wie die Wissenschaft und die Kunst fügt auch jede komplementäre Sichtweise und Interpretation der Welt ein lebenswichtiges Element hinzu, das die anderen nicht liefern können.

Ein Mikroskop erhöht die Fähigkeit, Dinge zu sehen, allerdings auf Kosten des größeren Zusammenhangs. Wenn Sie ein Lebewesen unter dem Mikroskop betrachten, können Sie seine einzelnen Zellen und Membranen besser erkennen. Aber selbst dann, betont Weizenbaum, »wäre es nicht besonders sinnvoll zu sagen, daß das, was Sie sehen, in irgendeiner Weise dem wahren Wesen dieses Organismus gleicht«.

Die Komplementarität zu akzeptieren bedeutet, sich mit dem Gedanken anzufreunden, daß eine richtige Ansicht nicht notwendigerweise die einzig richtige ist, sondern auch das genaue Gegenteil stimmen kann – Wahrheit ist nicht das Gegenteil von Ketzerei (oder umgekehrt). Wenn die Menschheit zu dem Schluß käme, daß die Naturwissenschaft wie eine Einbahnstraße zur einzig wahren richtigen Antwort führt, dann läge darin eine tiefe Ironie. Max Born hat geschrieben: »Dieses Lockern aller Denkregeln ist wohl der größte Segen, den die moderne Naturwissenschaft uns beschert hat [...] Der Glaube, daß es nur eine Wahrheit gibt und daß man selbst im Besitz dieser Wahrheit ist, scheint mir die tiefste Wurzel allen Übels auf der Welt zu sein.«

Teil II

Was die Welt bewegt

Es hat keinen Sinn, Materie und Felder als völlig verschiedene Dinge zu betrachten [...] Was auf unsere Sinne als Materie wirkt, ist in Wirklichkeit eine Konzentration von Energie auf vergleichsweise kleinem Raum.

Einstein und Infeld, Die Evolution der Physik

Kapitel 6

Kräfte und Pseudokräfte

Wer auf einer präzisen Definition der Kraft besteht, bekommt niemals eine!

Richard Feynman, Vorlesungen über Physik

Nirgendwo hat sich physikalisches Vokabular so sehr in die Alltagssprache gedrängt wie im Bereich der Kräfte – der Einflüsse, die die Menschen dazu treiben, bestimmte Dinge zu tun, oder die sie in festgefahrenen Spuren immer weiterlaufen lassen. Wir sagen, daß Menschen von bestimmten Ideen angezogen werden, daß sie dem Erfolgsdruck ausgesetzt sind, daß die Trägheit sie lähmt, daß es Reibung zwischen Gruppen oder Organisationen gibt. Wir beschreiben Menschen als anziehende, kraftvolle, abstoßende, ja sogar elektrisierende Persönlichkeiten. Wir reden davon, daß wir zu bestimmten Handlungen getrieben werden, daß uns bestimmte Orte, Menschen, Jobs anziehen. Und meistens glauben wir zu wissen, wovon wir reden.

Andererseits sind Physiker gewöhnlich ein wenig vorsichtiger, wenn sie von Kräften sprechen. J. Robert Oppenheimer hat darauf hingewiesen, daß sogar Newton, der wahrscheinlich mehr Formeln über Kräfte aufgestellt hat als irgend jemand sonst, nie richtig verstanden hat, was Kräfte wirklich sind. »Waren sie etwas ... das sich von einem Ort zum anderen ausbreitete, das nur von einem Augenblick zum nächsten wirkte, zwischen bestimmten Punkten, oder waren sie eine Eigenschaft, die als Ganzes vorlag, eine Wechselwirkung, die dazu bestimmt war, zwischen weit voneinander entfernten Körpern zu existieren? Newton sollte diese Frage nie beantworten.«

Zu Newtons Lebzeiten war das große philosophische Geheimnis der Kräfte die Frage, wie sie von einem Ort zum anderen kamen. Wie konnten sie über eine große Entfernung hinweg wirken? Insbesondere durch den leeren Raum? Wie konnte man ein Ding dazu bringen, sich zu bewegen, ohne es zu berühren, es mit einem Stock anzuschieben oder mit einem Seil zu ziehen?

Mitte des 19. Jahrhunderts sprach der britische Experimentator Michael Faraday davon, es könnte sein, daß diese Kräfte von irgendetwas übermittelt würden, das sich wie Gummischläuche von einem Pol eines Magneten zum anderen oder zwischen zwei elektrischen Ladungen spannte. Er spekulierte sogar, ein ähnlicher Mechanismus könnte auch für die Übertragung der Schwerkraft verantwortlich sein. Der Schotte James Clerk Maxwell brachte diese Gedanken in die präzise Form der Gleichungen, die die elektromagnetischen Kraftfelder beschreiben. Ein Feld ist eine Art ausgedehnte Aura, die einen Körper umgibt. Über dieses Feld verbreitet sich seine Kraft, auf andere Dinge Einfluß zu nehmen. Man könnte das durchaus mit den Sphären politischen Einflusses vergleichen.

Heute reden die Naturwissenschaftler eher davon, daß Kräfte von speziellen Teilchen übermittelt werden. Diese Kraftteilchen manifestieren sich auch in den Energieschüben, die entstehen, wenn in den riesigen Teilchenbeschleunigern andere Teilchen zusammenprallen. Das vertraute Photon, das Lichtteilchen, ist auch ein solches Kraftteilchen. Bei allem Gerede über »Kraftteilchen« fragt man sich, ob es überhaupt noch einen Unterschied gibt zwischen der Materie selbst und dem Ziehen und Schieben, das diese Materie hin- und herzerrt.

1983 fand man in der Europäischen Kernforschungsanlage CERN in der Schweiz zwei dieser Kraftteilchen – das W- und das Z-Teilchen, die für die sogenannte schwache Wechselwirkung des radioaktiven Zerfalls verantwortlich sind. Diese Entdeckung wurde auf der Titelseite der *New York Times* begeistert begrüßt und in den populären Wissenschaftszeitschriften diskutiert. Aber Menschen, denen die Kräfte des Windes und der Gezeiten, der Federn und Hämmer, des Feuers und der Chemie, der Muskeln und des Düsenantriebs, der Reibung, der Magneten und der Schwerkraft und der statischen Elektrizität vertraut sind, scheint das alles, gelinde gesagt, sehr verwunderlich. Ein Freund sagte nach der Lektüre eines solchen Artikels verzweifelt zu mir: »Ich wünschte, jemand würde mir diese Kräfte einmal so erklären, daß ich einen Zusammenhang zu der Kraft sehe, die ich spüre, wenn ich mir die Zehe stoße.«

Leider wissen die Leute sicherlich eine Menge darüber, was Kräfte *machen*, weitaus weniger jedoch über ihre Funktionsmechanismen. Es ist leicht, das *Was* zu beschreiben; wesentlich komplizierter wird es, wenn man das *Wie* und *Warum* entwirren will.

In gewissem Sinne ist es völlig egal, ob eine Kraft über ein Feld oder über ein Teilchen zu wirken scheint, ob sie ein diskretes Ereignis oder eine Eigenschaft des Raums ist. Das sind alles nur Bilder, auf denen bestimmte Denkweisen basieren. Wichtig ist, was tatsächlich passiert. Und siehe da, auch die Begriffe, mit denen man Kräfte beschreibt, haben sich verändert, seit die Quantenmechanik aufgetaucht ist. Die Kräfte zwischen Teilchen werden heute wesentlich genauer als »Wechselwirkungen« bezeichnet. Wenn zwei Teilchen miteinander in Wechselwirkung treten, dann tauschen sie Energie und/oder Impulse aus. Genau das passiert auch, wenn Sie sich die Zehe stoßen. Die Energie aus Ihrem Frühstücksei (die von der Sonne stammt, auf dem Umweg über das Huhn, das das Ei gelegt hat, nachdem es das Korn gegessen hatte, in dem das Sonnenlicht absorbiert ist) wird in die elektrische Energie der Nerven umgebaut, die wiederum in die kinetische Energie (Bewegungsenergie) Ihrer Muskeln umgewandelt wird. Wenn Sie nun mit der Zehe an die Türschwelle stoßen, dann wird ein Teil dieser Energie mit der Türschwelle ausgetauscht. Die Energie Ihres Fußtritts heizt ein paar Moleküle in der Schwelle auf, und die Schwelle ihrerseits gibt einen Teil dieser Energie in Form des Drucks auf Ihre Zehe zurück, den Sie wiederum als Schmerz empfinden.

Kräfte sind offensichtlich sehr reale und wichtige Dinge. Aber wenn wir versuchen, sie mit den Metaphern unseres Alltags zu erklären, geraten wir meist in Bedrängnis. Ein Kraftteilchen schiebt ebensowenig andere Teilchen hin und her, wie Teilchen mit »Charm« wirklich charmant sind. Genau genommen ist Kraft nichts anderes als eine Übertragung von Energie und Impuls. Zwei Objekte treten miteinander in Wechselwirkung, und danach ist für sie nichts mehr so wie zuvor. Was dabei passiert, ist nicht leicht zu beschreiben. In Bertrand Russells Formulierung ist eine Kraft so etwas Ähnliches wie ein Sonnenaufgang – eine zweckmäßige Art, etwas zu beschreiben. Eine Kraft erzwingt genauso wenig, daß etwas geschieht, wie die Sonne buchstäblich aufgeht. Elektrizität »ist kein Gegenstand wie die St. Paul's Kathedrale; sie beschreibt vielmehr, wie die Dinge sich verhalten. Sobald wir beschrieben haben, wie Dinge sich verhalten, wenn sie elektrisch geladen sind, und unter welchen Umständen sie elektrisch geladen werden, dann haben wir alles erzählt, was es zu sagen gibt.«

Mit anderen Worten: Kräfte beschreiben in Wirklichkeit nur, wie sich Dinge verhalten, wenn sie miteinander *verbunden* sind. Trägheit, Aktion und Reaktion, relative Kräfte und grundlegende Kräfte, sie alle setzen nur einen Teil des Universums mit einem anderen in Beziehung. Und es hat sich inzwischen herausgestellt, daß es wirklich wichtig ist, *wie* wir sie beschreiben.

Sir Arthur Eddington weist auf den Unterschied hin, der sich aus verschiedenen Beschreibungsweisen ergeben kann. Er erzählt von zwei ganz besonderen Fischen namens Isaac und Albert. Es waren zwei Plattfische, die in einem zweidimensionalen Ozean herumschwammen. Isaac schaute sich die Bewegung der anderen Fische ringsum an und stellte fest, daß einige von ihnen merkwürdig von ihren normalerweise geraden Pfaden abwichen. Er entdeckte, daß die »Kraft«, die hinter diesen gekrümmten Pfaden steckte, ein anderer, größerer Fisch, ein Sonnenfisch war, der die anderen Fische zu sich hinzog. Guy Murchie gibt den Rest der Geschichte folgendermaßen wieder:

Damit konnte er die seltsamen Kurvenbewegungen hinreichend erklären. Also scherte sich niemand weiter um die geringere Anziehungskraft eines kleinen Mondfisches, der in der Nähe seine Kreise zog, oder um die vielen festen Seesterne, die im Hintergrund hockten und leuchteten. Das einzige Murren kam von ein paar alten Karpfen, die nicht recht einsehen wollten, warum der Sonnenfisch aus so großer Entfernung einen solchen Einfluß haben sollte, obwohl sie vermuteten, daß sich dieser Einfluß irgendwie durchs Wasser ausbreitete.

Dann kam Albert, der behauptete, die Fische würden gar nicht durch *Kräfte* zum Sonnenfisch hingezogen, sondern seien vielmehr gezwungen, immer in Kurven um den Sonnenfisch herumzuschwimmen, weil dieser oben auf einem riesigen Berg saß (oder schwamm). Natürlich konnten die anderen Fische diesen großen Berg gar nicht bemerken, weil ein Berg dreidimensional ist und sie selbst zweidimensionale Wesen waren. Genauso wenig sind wir als dreidimensionale Geschöpfe in der Lage, die Krümmung unseres Raumes wahrzunehmen, der ja die vierte Dimension, die Zeit, umfaßt. Und ebenso führt die Geometrie der Raum-Zeit – die »Berge«, die durch die Anwesenheit einer Masse aufgeworfen werden – zu den von uns zuvor als »Kräfte« beschriebenen Effekten wie der Schwerkraft.

Ein Plattfisch namens Albert sah, daß es in der Struktur des Raumes einen unsichtbaren Berg gab.

Wie sich herausstellt, kann man die winzigen Unterschiede, die sich ergeben, wenn entweder Isaac oder Albert recht hat, genau berechnen und messen. In verschiedenen umfangreichen Tests wurde Alberts Theorie bestätigt. Es ist also entscheidend, ob die verschiedenen Bestandteile der Natur durch Felder, durch Kräfte, durch Teilchen und/oder durch die Geometrie zusammengehalten werden. Der echte Isaac schrieb im Jahre 1686 in seinen *Principia*:

Viele Gründe veranlassen mich zu der Vermutung, [daß alle natürlichen Phänomene] vielleicht [...] von gewissen Kräften abhängen, durch die die Partikel der Körper aus bisher nicht bekannten Ursachen entweder zueinander hingezogen werden und sich dann zu regelmäßigen Figuren zusammenfügen oder durch die sie voneinander abgestoßen werden und voneinander weichen. Da diese Kräfte unbekannt sind, haben die Philosophen die Suche nach der [wahren] Natur bisher vergeblich betrieben. Ich hoffe jedoch, daß die hier niedergelegten Prinzipien ein wenig Licht darauf werfen oder eine wahrhaftere Methode der [Natur]philosophie hervorbringen.

An den Sternen zerren

Was für ein bemerkenswerter Gedanke, daß man beim Laufen mit seinen Muskeln gegen den Einfluß von Galaxien ankämpfen muß, die so weit entfernt sind, daß sie selbst für die stärksten Teleskope kaum sichtbar sind!

K.P. Ridley, Time, Space and Things

Eine der rätselhaftesten Kräfte, mit denen man es in der Physik zu tun haben kann, ist technisch gesehen eigentlich gar keine Kraft. Es ist der Widerstand gegen eine Kraft, die *Trägheit*. Trägheit ist einfach der Widerstand gegen eine Bewegungsänderung. Eine Bowlingkugel ist schwerer zu werfen als ein Tennisball, denn sie hat eine viel größere Trägheit. Trägheit ist der Unwillen, sich herumschubsen zu lassen, die Neigung, so weiterzumachen wie bisher – oder wenn man im

Stillstand ist, einfach so stehen zu bleiben. Man könnte sie auch als Macht der Gewohnheit, als täglichen Trott bezeichnen. Aber wie man sie auch immer nennen mag, streng genommen ist sie keine Kraft. Newton hat Kraft als eine Wirkung definiert, die auf einen Körper ausgeübt wird, um seinen Zustand zu verändern; er sagte, die Trägheit sei ein Maß für den *Widerstand* gegen diese Änderung. In diesem Sinne scheinen Kraft und Trägheit Gegensätze zu sein.*

Und doch fühlt sich die Trägheit genau wie eine Kraft an, wenn zum Beispiel Ihr Auto plötzlich gebremst wird und die »Trägheitskraft« dazu führt, daß Sie die Bewegung fortsetzen – durch die Windschutzscheibe. Kraft und Trägheit mögen gegensätzlichen Ursprungs sein, in ihrer Wirkung sind sie oft identisch.

Newton nannte die Trägheit »die aller Materie innewohnende Kraft«. Je mehr Materie da ist, desto mehr Trägheit enthält sie also. Sie können das Tischtuch mit einem Ruck wegziehen, weil die Trägheit die schweren Gläser und das Tafelsilber fest auf dem Tisch hält. Es erforderte den brillanten Scharfblick Galileos, die Trägheit überhaupt zu erkennen. Vorher hatte Aristoteles (in Übereinstimmung mit einigen anderen) angenommen, die natürliche Neigung aller Dinge sei, irgendwann zum Stillstand zu kommen, und deswegen müßten die Planeten (und andere Dinge) ständig angeschoben werden, damit sie sich weiter bewegten. Galileo erkannte, daß der Urzustand der Dinge auch die Bewegung sein konnte.

Die Annahme des Aristoteles war eine sehr naheliegende Vorstellung. Schließlich kommen Autos, Leute und sogar ausgebüchste Rollschuhe irgendwann einmal zum Stillstand, wenn nicht irgend etwas oder irgend jemand ihnen wieder Energie zuführt. Tatsächlich verfällt *alles* in unserer Alltagswelt schließlich und endlich in diesen »natürlichen« Urzustand der Ruhe. Was Aristoteles außer acht ließ, war eine versteckte Kraft, die hinter dieser Verlangsamung steckt: die Rei-

* Natürlich hat Newton auch erkannt, daß dieser Widerstand selbst eine mächtige Kraft war, und zwar in seinem berühmten Naturgesetz von actio gleich reactio.

bungskraft. (Und wenn man Reibung mit zum natürlichen Zustand der Dinge zählt, dann hatte Aristoteles schließlich doch recht!)

Viele Leute machen sich nicht klar, daß man genauso viel Energie braucht, um etwas anzuhalten, wie, um es in Bewegung zu setzen. Raumsonden, die auf ferne Planeten geschickt werden, müssen nicht nur genug Treibstoff mitnehmen, um an einen bestimmten Ort zu gelangen, sie brauchen auch genug Energie, um die Bremsung für eine weiche Landung zustande zu bringen. Ohne Reibung bewegen sich die Gegenstände einfach immer weiter, bis irgend etwas kommt, das sie entweder anhält oder zurückprallen läßt. Und diese Widerborstigkeit der Materie erkannte Galileo als Trägheit. Der einzige Grund, warum es kein Perpetuum Mobile gibt, ist, daß diese Widerborstigkeit überall im Universum existiert, sogar im Weltraum, wo die mittlere Teilchendichte etwa ein Atom pro Kubikmeter beträgt.*

Newton baute später diesen Gedanken aus, indem er explizit die Vorstellung aufnahm, daß für alles, was sich *nicht* weiterbewegte, eine Art Kraft nötig war, die es abbremste. Er erkannte, daß der Mond einfach weiterfliegen würde – tangential immer weiter weg –, wenn ihn nicht irgendeine Kraft zur Erde hinzöge. Dabei handelt es sich natürlich um die Schwerkraft. Aber was ist die Kraft, die dahintersteckt, daß Dinge einfach in einer bestimmten Bewegung verharren? Die Kraft, die den Mond (und alles mögliche andere) bewegen könnte, einfach immer weiter zu fliegen? Die ein Jojo in gerader Linie wegfliegen läßt, wenn Sie es um den Kopf schwingen und dann loslassen? Keiner weiß es. »Der Grund, warum die Dinge sich immer weiter bewegen würden, ist noch nicht gefunden. Das Gesetz der Trägheit hat keinen uns bekannten Ursprung«, schreibt Feynman. Die gute alte Trägheit stellt sich als eines der tiefsten Geheimnisse der Natur heraus.

Es gibt jedoch einen Hinweis auf die Quelle der Trägheit.

* Das Pulsieren der elektrischen und magnetischen Felder, aus dem das Licht entsteht, kommt einem Perpetuum Mobile schon ziemlich nah. Bis es ein Bild auf der Netzhaut Ihres Auges erzeugt, kann das Licht von einem Stern schon einige Millionen Lichtjahre zurückgelegt haben.

Und dieser Hinweis stammt aus der berühmten (aber nicht belegten) Geschichte, wonach Galileo auf den Schiefen Turm zu Pisa geklettert sein soll und von dort zwei Bälle heruntergeworfen habe, einen schweren und einen leichten. Der schwere und der leichte Ball trafen praktisch gleichzeitig auf dem Boden auf. Selbst wenn die Geschichte nicht stimmt, ihre Aussage ist richtig. Viele Naturwissenschaftsmuseen zeigen inzwischen ihren Besuchern anhand einer Vakuumröhre, daß eine Feder und eine Münze mit gleicher Geschwindigkeit zu Boden fallen. In luftgefülltem Raum ist das natürlich nicht so, denn dort erfährt die relativ große Oberfläche einer Feder einen größeren Widerstand als eine relativ kompakte Münze. Aber Sie können Ihre Freunde und Nachbarn (oder zumindest jeden durchschnittlich begabten Sechsjährigen) verblüffen, indem Sie ein Stück Papier und einen kleinen Stein fallen lassen, um festzustellen, was zuerst am Boden auftrifft (klar, der Steinbrocken, aber nicht wegen seines größeren Gewichts, wie Sie gleich sehen werden). Jetzt machen Sie das Experiment noch einmal, knüllen aber erst das Papier fest zu einem Ball zusammen. Jetzt sollten Papier und Stein ungefähr gleichzeitig unten ankommen, was beweist, daß Gewicht keine Rolle spielt. Vom Schiefen Turm zu Pisa aus würde dieses Experiment allerdings wahrscheinlich nicht funktionieren, weil das dicke Luftkissen zwischen der Spitze des Turms und dem Boden den Fall abbremsen würde, aber im durchschnittlichen Wohnzimmer klappt es ziemlich gut, und im Vakuum natürlich ganz hervorragend.

Aber *warum* funktioniert es? Schwere Gegenstände und leichte Gegenstände fallen im Vakuum deswegen gleich schnell, weil zwar die Schwerkraft auf die schweren Dinge stärker wirkt, diese aber gleichzeitig auch eine größere Trägheit haben und sich stärker *wehren*. Das erklärt auch, warum ein Pendel, an dessen Ende ein schweres Gewicht hängt, genauso schnell schwingt wie ein Pendel mit einem leichten Gewicht, oder warum ein schwerer Gegenstand (zum Beispiel ein Satellit) sich mit der gleichen Geschwindigkeit um die Erde bewegt wie ein leichterer Gegenstand (zum Beispiel der Astronaut an Bord). Für den Astronauten und sein Raumschiff wird die Anziehung der Schwerkraft in Richtung Erde aufgrund ihrer durch die Trägheit begründete Neigung, geradeaus weiter in den Weltraum hinaus zu fliegen, genau aufgehoben. Wenn Sie also einen Bleistift fallen lassen, während Sie in einem Raumschiff um die Erde kreisen, müssen Sie sich keine Sorgen machen, daß er auf den Boden fällt. Er kreist weiter mit, »schwebt« genau da weiter, wo er gerade war.

Einstein hielt es für eine seltsame Koinzidenz, daß die Schwerkraft und die Trägheit einander so exakt aufheben. Er hat eigentlich nie geglaubt, daß es Zufall war. Vielmehr hat er nach dem Grund gesucht und ist zu dem Schluß gekommen, daß die Erdanziehung gar keine Kraft ist, sondern auf der (von uns nicht wahrgenommenen) Krümmung des uns umgebenden Raumes beruht. Das ist die Grundlage für seine allgemeine Relativitätstheorie. Und das »Sprungbrett« für diese brillante Erkenntnis, schreibt Lincoln Barnett, war nichts anderes als »Newtons Trägheitsgesetz, das [...] besagt, daß ›jeder Körper im Zustand der Ruhe oder der gleichförmigen, geradlinigen Bewegung verharrt, es sei denn er wird durch von außen einwirkende Kräfte dazu gezwungen, diesen Zustand zu ändern‹«. Sogar die Gleichung, die die Atombombe zündete ($E = mc^2$) – und die für die Flamme jedes Streichholzes und das Feuer aller Sterne und Kerzen verantwortlich ist –, erschien zum ersten Mal in einem wissenschaftlichen Aufsatz mit dem Titel »Hängt die Trägheit eines Körpers von seinem Energiegehalt ab?« Das Problem der Trägheit ist also mehr als nur geheimnisvoll, es ist auch sehr tiefgreifend.

Tatsächlich könnte sich herausstellen, daß die Trägheit nichts anderes ist als die Gesamtheit der Anziehung sämtlicher Materie im ganzen Kosmos. Wenn das so ist, dann ist es eben nicht nur ein dummer Betonpfeiler im Parkhaus, der mit Ihrer Stoßstange kollidiert, sondern das Gewicht sämtlicher Sterne des Universums. Wir müßten also jedesmal, wenn wir einen Schritt machen, wenn wir mit dem Auto losfahren oder eine Rakete in den Weltraum schicken, uns gegen alle Sterne des Universums stemmen.

Diese bezaubernde Vorstellung ist in Physikerkreisen als

Machsches Prinzip bekannt, nach dem österreichischen Physiker und Philosophen Ernst Mach, der es vor über hundert Jahren aufstellte. Es geht davon aus, daß der Widerstand gegen Bewegungsänderung auf die Gravitationswechselwirkung aller Materieteilchen [des Universums] mit allen anderen Materieteilchen zurückgeht. Jedes Teilchen, jeder Stern, jede Begonie, jedes Auto wird durch die Schwerkraft von jedem anderen Materieteilchen angezogen, in einem dichten, undurchdringlichen Netz aus Gravitation. Wenn Sie versuchen, ein schweres Sofa zu verschieben, dann stören Sie den gesamten, durch die Gravitation verknüpften Kosmos. Kein Wunder, daß Sie sich dabei so anstrengen müssen!

Bis in jüngster Zeit war sich niemand ganz sicher, ob das Machsche Prinzip wirklich mit Einsteins erstaunlich erfolgreicher Theorie der Gravitation vereinbar war. Laut Einstein sind Raum und Zeit in einem einheitlichen Gewebe miteinander versponnen, das von sehr schweren Gegenständen verzerrt und sonstwie gestört wird. Stellen Sie sich einen Elefan-

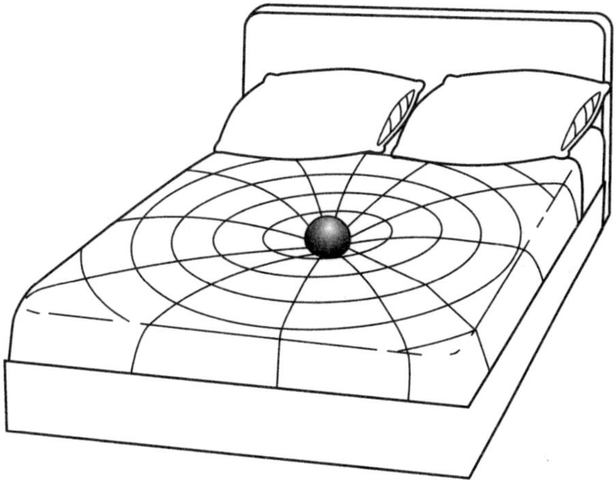

Einsteins allgemeine Relativitätstheorie beschreibt die »Kraft« der Gravitation als die unsichtbare Geometrie des Raumes. In dieser zweidimensionalen Analogie sehen wir, wie wir uns die Krümmung der Raumzeit um einen schweren Stern herum vorstellen können, nämlich ähnlich wie die Oberfläche eines Wasserbettes, auf dem eine schwere Kugel liegt.

ten vor, der sich auf einem Wasserbett niederläßt, dann wissen Sie ungefähr, was mit der Raumzeit passiert, wenn ein wirklich riesiges Objekt in der Nähe auftaucht, zum Beispiel ein Stern oder ein schwarzes Loch. Wenn Machs Vorstellungen stimmen, dann ziehen massive Objekte, die sich drehen, bei dieser Bewegung die Raumzeit hinter sich her. Anders ausgedrückt: wenn sich der Elefant herumwälzt, dann zerrt er die Gummihaut des Wasserbetts mit.

Ende 1997 hat man in der Nähe von Objekten, die sogar noch größer sind als Elefanten, nämlich schwarze Löcher und kollabierte Sterne, tatsächlich Hinweise auf diesen Zerr-Effekt in der Raumzeit gefunden. Wenn sie zutreffen, sind das gute Nachrichten für Herrn Mach. Laut Luigi Stella, der behauptet, in der Umgebung kollabierter Sterne Zeichen für diesen sogenannten Mitschleppeffekt (»frame dragging«) gesehen zu haben, »zeigt uns [diese Entdeckung], daß [Einsteins Theorie der Gravitation] mit dem Machschen Prinzip vereinbar ist«.

Es ist auch eine gute Nachricht für diejenigen unter uns, die eine Verbindung zum Rest des Universums suchen. Wie bei einer Fliege, die in einem Spinnennetz gefangen ist, hat alles, was wir tun, Einfluß auf das gesamte Universum.

Zurückschlagen

> Man kann nicht härter geschlagen werden, als man zurückschlägt. Man kann nur zurückbekommen, was man selbst ausgeteilt hat. Und man kann nur berühren, wenn man selbst berührt wird.
>
> *Paul Hewitt, Conceptual Physics*

Die Frage meines Freundes habe ich immer noch nicht beantwortet, die Frage nach der »Kraft, wenn ich mir die Zehe stoße«. In gewissem Sinn ist die Kraft, die er spürt, die kombinierte Kraft sämtlicher Masse-Anziehung im gesamten Universum – die Trägheit. Nur gilt die Trägheit nicht als Kraft. Und die Türschwelle leistet nicht nur *Widerstand* gegen die Bewegung, wenn Sie sich die Zehe stoßen. Sie schlägt tatsächlich zurück! Das läßt sich leicht durch die Tatsache beweisen, daß gestoßene Zehen auch gequetschte und schmerzende Zehen sind. Irgend etwas hat eine Kraft auf sie ausgeübt. Tatsächlich können Sie überhaupt nur laufen, weil die Erde Sie anschiebt, wenn Sie sich von ihr abstoßen. Auch ein Auto können Sie nur fahren, weil die Straße die Räder genauso stark anschiebt, wie sich die Räder von der Straße abstoßen. Die Erde bewegt sich nur deswegen nicht nach hinten (zumindest nicht viel), wenn Sie sich von ihr abstoßen, weil sie eine viel größere Masse hat.

Das ist der Kerngehalt von Newtons berühmtem Gesetz der Aktion und Reaktion. »Wenn ein Körper auf einen zweiten eine Kraft ausübt, übt auch der zweite eine gleich große, entgegengesetzte Kraft auf den ersten aus.« Kräfte kommen immer als Paare daher. Für jede Aktion gibt es eine gleich starke, entgegengesetzte Reaktion. Es ist völlig gleichgültig, was Aktion und was Reaktion ist; manchmal kann man es ohnehin kaum auseinanderhalten. Das Gesetz von Aktion und Reaktion kann jedenfalls Raketen auf den Mond befördern, sogar weit aus dem Sonnensystem heraus transportieren. Wenn Sie einen Ballon mit Luft füllen und loslassen, rast er wie verrückt durchs Zimmer, weil die ausströmende Luft den Ballon anschiebt und herumfliegen läßt. Genauso produziert eine Kugel, die ein Gewehr nach vorne ausstößt, einen Rückstoß, der Sie durchaus zu Boden strecken kann.

Die »Reaktionskraft« wird deutlicher, wenn keine Reibung vorliegt. Wenn Sie mit Muskelkraft an eine Tür hämmern, dann ist es nicht spürbar, daß die Tür zurückhämmert, weil die Reibung sowohl Sie als auch die Tür mehr oder weniger am gleichen Ort verharren läßt. Wenn Sie aber an eine Tür hämmern und dabei Rollschuhe tragen, könnte Sie Ihr Hämmern leicht in eine Rückwärtsbewegung versetzen. Und wenn zwei Leute auf Rollschuhen einen Ball hin und her werfen, dann entfernen sie sich immer weiter voneinander, weil sie jedesmal, wenn sie den Ball werfen, ein kleines Stückchen nach hinten geschubst werden. Diese Regel mit der gleich starken, entgegengesetzten Kraft gilt für alle Kräfte, seien es nun menschliche, kosmische oder mechanische. Die Erde zieht an einem Apfel mit einer Kraft, die genauso groß ist wie die Anziehungskraft, die der Apfel auf die Erde ausübt, und nur in entgegengesetzte Richtung wirkt. Genauso sind die gleich starken, entgegengesetzten Kräfte, die Lichtpartikel namens Photonen hin und her schieben und ziehen, für die Effekte der elektrischen Anziehung und Abstoßung verantwortlich.

Dieses Spiel nach dem Motto »wie du mir, so ich dir« hat die seltsame Konsequenz, daß nichts härter zurückschlagen kann, als man es selber geschlagen hat. Wie es der Physiklehrer Paul Hewitt einmal formuliert hat: Man kann nicht mit einer spürbaren Kraft auf ein Stück Papier einschlagen. Man kann so stark draufhauen, wie man will, man wird doch immer nur ein leises Antippen fühlen. Da das Stück Papier nicht mit fünfzig Pfund Wucht »zurückschlagen« kann, bedeutet das auch, daß Sie es nicht mit dieser Wucht schlagen können.

Natürlich bedeutet eine Reaktion, daß irgendwo eine Kraft existiert, genauso wie der Widerstand gegen Veränderung Rückschlüsse auf eine Kraft zuläßt. Aber welche Kraft ist für diese Reaktion oder diesen Widerstand verantwortlich? Die Physiker bezeichnen eine ganze Kategorie von Kräften als »Pseudokräfte«. Das sind diejenigen Kräfte, die in einem bestimmten Bezugssystem auftreten, in einem anderen aber nicht.

Nehmen Sie zum Beispiel an, daß Sie in einem Raumschiff unterwegs sind, das auf einer Reise zu einem anderen Planeten gerade beschleunigt. Plötzlich lassen Sie Ihre Brieftasche fallen. Wenn Ihr Raumschiff in der Erdumlaufbahn schwebte, würde auch Ihre Brieftasche schweben. Aber da das Raumschiff beschleunigt, überholt der Boden bald die Brieftasche, und sie scheint zu fallen. Vom Standpunkt eines Beobachters, der zum Beispiel auf einem vorüberziehenden Mond sitzt, würde klar werden, daß die Brieftasche am gleichen Ort bleibt, während die beschleunigende Rakete sich ihr nähert.

Aber für die Passagiere des Raumschiffs sieht es so aus, als zöge eine von außen wirkende Kraft – Schwerkraft vielleicht, oder ein Magnet – die Brieftasche nach unten.

Ganz gleich, wie man es sieht, irgendwann einmal trifft die Brieftasche auf dem Boden auf – oder der Boden auf der Brieftasche. »Ob eine Kraft eine Pseudokraft oder eine wirkliche Kraft ist, ist lediglich eine Frage der Sprache«, erklärt der Physiker James Trefil. »Und es ist für physikalische Effekte völlig irrelevant.« Die Geschichte von der fallenden Brieftasche ist so ähnlich wie die Gedankenexperimente, mit deren Hilfe Einstein seine Vorstellung von der Relativität entwickelte – die ja eben nicht aussagt, daß »alles relativ ist«, sondern daß, ganz gleich, wie man die Situation ansieht, das physikalische Ergebnis das gleiche ist. Schwerkraft ist laut Einstein genau so eine Pseudokraft. Aber das hält den Mond keineswegs davon ab, um die Erde zu kreisen, und hindert auch die Äpfel nicht daran, auf den Boden zu fallen.

Ebenso stellt sich heraus, daß der Magnetismus eine *völlig* relative Kraft ist. Magnetismus wird immer von bewegten elektrischen Ladungen erzeugt. Der Magnetismus in einem Stück Eisen wird dadurch hervorgerufen, daß zahllose Elektronen sich rasend schnell in die gleiche Richtung bewegen und wirbeln, genauso wie das Magnetfeld der Erde (höchstwahrscheinlich) dadurch entsteht, daß tief im Inneren ihres

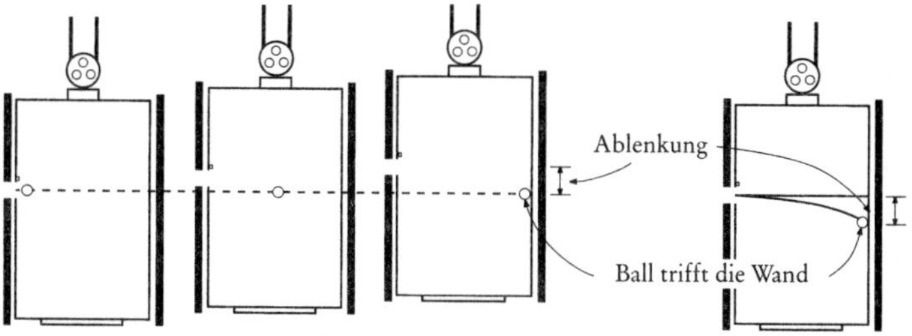

Links: Ein außenstehender Betrachter nimmt einen horizontal geworfenen Ball wahr, der durch das Fenster in geradem Flug die gegenüberliegende Wand ansteuert. Da sich der Fahrstuhl in einer Aufwärtsbewegung befindet, trifft der Ball die Wand an einem tieferen Punkt als bei seinem Eintritt.
Rechts: Für jemanden im Fahrstuhl selbst scheint der durch das Fenster geworfene Ball aufgrund der Schwerkraft herunterzufallen.

metallischen Kerns riesige elektrische Ströme fließen. Jedesmal, wenn ein elektrischer Strom durch einen Draht fließt, baut sich um diesen Draht herum ein Magnetfeld auf. Und doch: wenn Sie es irgendwie schaffen könnten, mit dem Elektron zu reisen, würde diese magnetische Kraft scheinbar verschwinden, genauso wie die Bewegung eines Flugzeugs, das sich mit 800 Stundenkilometern fortbewegt, zu »verschwinden« scheint, wenn Sie an Ihrem Platz sitzen und sich den Film ansehen. Magnetismus ist ein relativer Effekt der Elektrizität, genauso wie die Kraft des »Fahrtwindes« auf Ihrem Gesicht an einem windstillen Tag nur ein relativer Effekt ist, der dadurch entsteht, daß Sie in einem Motorboot sitzen und mit 100 Stundenkilometern übers Wasser flitzen. Diesen Wind nennen Seeleute übrigens »scheinbaren« Wind – eine passende Analogie zur Pseudokraft der Physiker.

Die vier Grundkräfte

Oh! Oh! Oh! Ihr acht farbigen Kerle,
Ihr laßt die Quarks nicht zu Materie werden,
Ihr seid ganz schön raffiniert, doch bald schon
Merken wir, ihr haltet fest im Kern die Massen.

Anonym, zitiert in Frank Wilczek und Betsy Devine, Longing for the Harmonies

Reaktionskräfte, relative Kräfte, sogar Pseudokräfte lassen sich immer über eine der vier sogenannten fundamentalen Naturkräfte erklären. Das sind die gute alte Schwerkraft (die durch bisher nicht nachgewiesene Teilchen namens Gravitonen vermittelt wird), die starke Wechselwirkung (die durch Gluonen übertragen wird, die die Kernbestandteile zusammen»kleben«), die elektromagnetische Kraft (mit den Lichtpartikeln, den Photonen) und die schwache Wechselwirkung (die von W- und Z-Teilchen übertragen wird). Die beiden letzteren hat man auch noch unter einem gemeinsamen Familiennamen als elektroschwache Wechselwirkung zusammengefaßt. Die Wahl dieser vier (oder drei) Kräfte ist nicht willkürlich. Sie hat sich aus einer Vielzahl zum Teil aufsehenerregender Entdeckungen ergeben, die uns gezeigt haben, wie Kräfte wirken und wie sie miteinander in Beziehung stehen. Lange dachte man zum Beispiel, daß mit der Schwerkraft (gravity) eine entgegengesetzte »Leichtkraft« (levity) gepaart ist, die dafür verantwortlich ist, daß bestimmte Dinge (wie zum Beispiel Rauch) nach oben steigen. Benjamin Franklin hatte die großartige Erkenntnis, daß die statische Elektrizität, die überall im Haus kleine Funken sprühen läßt, auch der Stoff ist, aus dem Blitze sind. Erst im 19. Jahrhundert erkannte man, daß Elektrizität und Magnetismus nur verschiedene Aspekte der gleichen Sache sind. Kein Wunder also, daß die Suche nach einer Vereinheitlichung der Kräfte die Physiker immer so fasziniert hat. Bisher waren die Bemühungen erfolgreich und haben uns viele Erkenntnisse geliefert, die die Vermutung nahelegen, daß diese grundlegenden Mysterien sich uns auch in der Zukunft immer weiter enthüllen werden.

Schwerkraft

Die uns allen am besten vertraute Kraft ist natürlich die Schwerkraft. Sie ist der Leim, der uns an die Erde klebt, der die einzelnen Bestandteile der Erde zu deren Zentrum hinzieht und dafür sorgt, daß sich eine kompakte Kugelform ergibt. Sie verhindert nicht nur, daß unsere Möbel davonschweben, sie hält auch die Luft, die Wolken, ja sogar den Mond an ihrem Platz. Sie sorgt dafür, daß Regentropfen und Fußbälle fallen. Sie ist die Kraft, gegen die wir uns morgens anstemmen müssen, wenn wir aus dem Bett steigen, die Kraft, gegen die wir den ganzen Tag ankämpfen müssen. Die Art, wie wir gewachsen sind, ist eine Reaktion darauf, wie die Schwerkraft uns nach unten zieht, das heißt, sie bestimmt unsere Form, ob wir nun Bäume oder Kinder oder Elefanten sind. Die Schwerkraft ist der Hauptmotor der Gezeiten und des Wetters und der Überschwemmungen. Sie liegt sogar den schwarzen Löchern zugrunde. Eine der ersten großen »Vereinheitlichungen« im Bereich der Kräfte war Newtons Erkenntnis, daß die Kraft, die Gegenstände zu Boden fallen läßt, die gleiche Kraft ist, die die Geschehnisse am Himmel steuert. Die Schwerkraft ist eine wahrhaft universale Kraft. Sie ist auch unersättlich: Während eine elektrische Ladung ihren Partner finden und dadurch neutralisiert werden kann, läßt die Schwerkraft nie locker. Und während jedes Atom nur eine begrenzte Anzahl von elektrischen Ladungen anziehen kann, ist die Masse, die ein Stern anziehen kann, unbegrenzt.

Elektrizität

Um 450 v. Chr. dachte Empedokles von Agrigent, daß die Erde aus einer Art Mehl besteht, das mit Wasser zusammengeklebt ist. Er hatte beinahe recht, beinahe vollkommen recht sogar, wenn man das Mehl als Materie und das Wasser als Elektrizität sieht. Die Elektrizität ist lange Zeit völlig unauffällig, bis sie plötzlich in einem Gewitter mit einem Blitzschlag auf sich aufmerksam macht. Aber die elektrischen Kräfte sind wahrhaftig das »Zeug«, aus dem die Materie zusammengesetzt ist.

Wenn Sie sich die Zehe stoßen, dann prallen in Wirklichkeit die äußeren Elektronen, die um die Atomkerne Ihrer Zehe herumschwirren, mit den äußeren Elektronen um die Atomkerne des Holzes zusammen. Also ist die elektrische Kraft die »Kraft, die Sie spüren«, wenn Sie sich die Zehe stoßen. Elektrische Kräfte sind auch dafür verantwortlich, daß Sie sich an Matsch die Zehe nicht stoßen können, denn Elektrizität ist für sämtliche Eigenschaften der Materie verantwortlich: für die Härte von Holz, für die Durchsichtigkeit von Glas, für das Glitzern von Gold. Die Wechselwirkungen der äußeren Elektronen, die um den Atomkern schwirren, sind für alles verantwortlich, vom Feuer bis zum Denken, vom Kochen und der Verdauung bis zum Geruchs- und Geschmackssinn, vom Fließen des Wassers bis zur Reinigungskraft der Seife. Die Elektrizität sorgt dafür, daß klebrige Sachen kleben, sie steckt hinter der Kapillarwirkung, die in Baumstämmen das Wasser nach oben saugt, ebenso wie in den

Venen (und Kapillaren) von Tier- und Menschenkörpern. Sie ist sogar die Grundlage der Reibung. Elektrizität wird noch beeindruckender, wenn man bedenkt, daß jede sich bewegende elektrische Ladung noch eine andere Kraft hervorruft – den Magnetismus. Und daß Elektrizität und Magnetismus zusammen sich ständig wandelnde Wellenzüge produzieren, die mit 300.000 Kilometern pro Sekunde durchs Weltall rasen und alle Arten von Strahlung umfassen, inklusive des sichtbaren Lichtes, der Wärmestrahlung, der Mikrowellen, der Fernseh- und Radiosignale, der Röntgen- und Gammastrahlen.

Stark und schwach

Lange waren die starke und die schwache Wechselwirkung wie Geister in der Flasche verborgen; erst vor ziemlich kurzer Zeit haben sie sich gezeigt. Die starke Wechselwirkung wird auch manchmal nukleare Wechselwirkung genannt, denn sie wirkt innerhalb des Atomkerns und ist für die Kernreaktionen verantwortlich – ihre wichtigste Funktion ist, die einzelnen Bestandteile des Kerns zusammenzuhalten. Wenn die starke Wechselwirkung nicht wäre, gäbe es außer Wasserstoff mit seinem Kern aus einem einzigen Proton keine anderen Elemente. Es gäbe keine Planeten, kein Leben. Die starke Wechselwirkung ist die Kraft, die Atomreaktoren antreibt und Atombomben explodieren läßt, die die Sonne und die Sterne mit Energie versorgt. Als die Physiker immer weiter in den Atomkern vordrangen, entdeckten sie, daß die starke Wechselwirkung wahrscheinlich die ziemlich komplizierte Auswirkung (so kompliziert wie Chemie) einer noch fundamentaleren Kraft ist, die als »Farbkraft« bezeichnet wird, aber natürlich mit den uns sichtbaren Farben überhaupt nichts zu tun hat. Diese Farbkraft wird von den Gluonen übertragen und wirkt zwischen den Quarks. Letztendlich halten also die Gluonen die Quarks und damit die Atomkerne zusammen.

Zur schwachen Wechselwirkung kann man in diesem Zusammenhang nur sagen, daß sie die Kraft ist, die hinter der Radioaktivität und bestimmten Reaktionen in der Sonne steckt. Natürlich hat Radioaktivität ungeheure Konsequenzen. Sie hat die Temperatur der Erde so hoch gehalten, daß Leben existieren kann. Sie hat die zufälligen Mutationen erzeugt, die zur Evolution der Arten führten. In jüngster Zeit hat sich gezeigt, daß die schwache Wechselwirkung viele gemeinsame Wurzeln mit der elektromagnetischen Wechselwirkung hat – durch mathematische Zauberstückchen, die an Maxwells Aufstellung der elektromagnetischen Feldgleichungen vor über einem Jahrhundert erinnern. Diese kürzlich erfolgte elektroschwache Vereinheitlichung hat zur Entdeckung der W- und Z-Teilchen im europäischen Forschungszentrum CERN geführt.

Schon ein kurzer Blick auf diese Kräfte verdeutlicht, warum die Physiker sich so für Vereinheitlichung interessieren. Die Kräfte scheinen nicht das geringste miteinander zu tun zu haben. Die Schwerkraft zum Beispiel funktioniert nur auf eine einzige Weise. Sie zieht alles zu allem hin. Das erklärt, warum im Universum so vieles rund ist. Es macht aber auch verständlich, warum die Schwerkraft sich so bemerkbar macht. In Wirklichkeit ist diese Wechselwirkung trillionenfach schwächer als die elektromagnetische Wechselwirkung. Diese starke elektrische Kraft spüren wir aber normalerweise nicht direkt. Denn der größte Teil des Universums ist elektrisch »ausgeglichen« und daher neutral. Das heißt, im Gegensatz zur Schwerkraft kann Elektrizität sowohl abstoßen als auch anziehen. Im gesamten Universum (speziell auf der relativ ruhigen und kühlen Erdoberfläche) haben sich negativ geladene und positiv geladene Materieteilchen zusammengetan und bilden elektrische neutrale Materie. Wenn man einige dieser Ladungen von den neutralen Atomen wegrubbelt (zum Beispiel, indem man über den Teppichboden schlurft) und ihnen dann die Möglichkeit gibt, wieder zusammenzukommen (zum Beispiel, indem man eine Türklinke anfaßt), kann man kleine Funken erzeugen. Wenn die starken Aufwärtsströmungen in einer riesigen Gewitterwolke die Regentropfen aneinanderreiben (wie die Füße am Teppichboden), dann werden ungeheure Mengen von Elektronen abgespalten.

Wenn die sich wieder mit ihren Kernen zusammenfinden, entstehen größere Funken, die Blitze.

In anderer Beziehung sind sich jedoch die Schwerkraft und der Elektromagnetismus erstaunlich ähnlich. Beide nehmen nach der gleichen Formel an Stärke ab, je weiter sie sich durch den Raum ausbreiten. Beide können zumindest theoretisch bis zum Rand des Universums reichen. Die mysteriöse Farbkraft scheint dagegen unendlich stark *zuzunehmen*, je weiter sie sich von einem Quark entfernt. Je weiter zwei Quarks sich auseinanderbewegen, desto gewaltiger werden sie wieder zueinander hingezogen. So sitzen also Quarks auf ewig in der Falle, und niemals ist ein freies Quark gesichtet worden (und vielleicht kann es auch nie gesichtet werden).

Was noch seltsamer ist: Die bisher wenig verstandene Farbkraft scheint bei sehr kleinen Entfernungen gänzlich zu verschwinden, läßt die Quarks also wie in einem fest verschlossenen Sack frei herumrasseln. Warum sich die Kraft so verhält, wird im Augenblick noch eifrig erforscht. Manche Physiker machen für das eigenartige Verhalten dieser Wechselwirkung sogar die Eigenschaften des Gluonen-Vakuums – des leeren Raums – verantwortlich.

Kräfte wirken nicht nur verschieden, sie machen sich auch in sehr verschiedenen Größenordnungen bemerkbar. Während die Schwerkraft der Erde sehr wohl zur Trägheit eines weit entfernten Sterns beitragen kann (und umgekehrt), erstreckt sich der Wirkungsbereich der extrem begrenzten

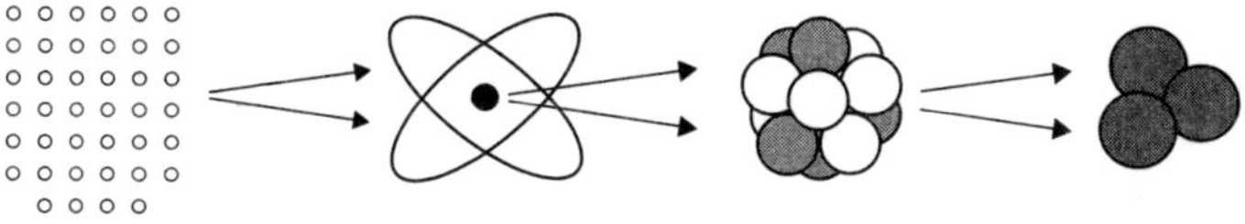

Materie besteht aus Atomen	Atome bestehen aus Kern und Elektronen	Kerne bestehen aus Protonen und Neutronen	Protonen (Neutronen) bestehen aus drei Quarks

Die verschiedenen Schichten in der Struktur der Materie

schwachen Wechselwirkung nur über einen Abstand vom Tausendstel eines Protonendurchmessers. Die Schwerkraft ist gleichzeitig die stärkste und die schwächste Wechselwirkung im Universum, je nachdem, welchen Wirkungsbereich und welche Größenordnung man betrachtet. Sie ist im Leben des Universums, der Menschen und Sterne eine wichtige Kraft, wird aber von Atomen, ja sogar Spinnen, kaum wahrgenommen. Das Leben leichter Gegenstände – vom kleinen Planeten bis hin zum Molekül – wird statt dessen von chemischen Kräften bestimmt: von der Oberflächenspannung, der Kohäsion (Haftung) und der Kapillarität – alles im Grunde elektrische Kräfte. Die starke Wechselwirkung ist innerhalb des Atomkerns eine wichtige Kraft, verschwindet dann aber außerhalb des Kerns beinahe völlig. Sie hat starke, aber sehr kurze Haken, die erst ins Spiel kommen, wenn zwei Kernbestandteile sehr nah beieinander sind.

Was die Sache noch verkompliziert: Kräfte sind wählerisch. Verschiedene Kräfte wirken auf ganz unterschiedliche Dinge. Teilchen, die elektrische Ladung tragen, können nur auf andere elektrisch geladene Teilchen wirken. Gluonen können ihre Farbladung nur zwischen Quarks und anderen Gluonen hin- und hertragen. Die schwache Wechselwirkung ist so spezialisiert, daß sie sogar nur zwischen linksdrehenden Teilchen und rechtsdrehenden Antiteilchen wirkt. Dagegen wirkt sich die Schwerkraft auf wirklich *alles* aus. Der Ursprung der Schwerkraft ist die Masse selbst, und alles ist Masse, wenn auch vielleicht nur in Form von Energie (denn genau das bedeutet Einsteins berühmte Gleichung $E = mc^2$, daß Masse gleich Energie multipliziert mit dem Quadrat der Lichtgeschwindigkeit c ist). Deswegen kann die Schwerkraft auch einen Lichtstrahl beugen, der an einem Stern vorbeikommt. Diese universelle Eigenschaft der Schwerkraft hat Einstein inspiriert, sie als die große Geometrie des gesamten (gekrümmten) Raumes zu interpretieren.

Knitterfalten in Zeit und Raum

Im Rezept der Physiker für die Welt enthielt die Liste der Zutaten auf einmal keine Teilchen mehr, sondern nur noch wenige Sorten Felder.

Steven Weinberg

In gewisser Weise ist der gekrümmte Raum einfach die Form des Gravitationsfeldes, das um ein Stück Materie herum existiert. Ein Feld ist eine Art Spannung im Raum, die sich um ein Teilchen (oder einen Planeten) aufbaut (wie die klebrigen Fäden eines Spinnennetzes), indem sie ihren Einfluß auf alle anderen Teilchen ausbreitet, die in ihren Einzugsbereich kommen und vielleicht sogar unvorsichtige Teilchen aufsaugt wie ein Staubsauger. *Feld* hieß das Konzept, mit dem man die Haupteinwände gegen Newtons Vorstellungen über die Schwerkraft zu widerlegen versuchte. Newton hat nie die Frage beantwortet, *wie* die Schwerkraft es schafft, den Apfel oder den Mond zu erreichen, also wie die Kraft von einem Ort zum anderen gelangt. Das Konzept des Feldes eliminiert diese Sorge um die Fernwirkung von Kräften, indem es die Entfernung ausschaltet. Ein Feld verteilt den Einfluß eines jeden Teilchens einfach in den ganzen Raum.

Zunächst einmal ist ein Kraftfeld nur ein aufschlußreicher Weg zu beobachten, wie sich Kräfte verhalten. Das heißt, man streut Eisenfeilspäne um einen Magneten herum, und sie ordnen sich in einem Muster, das den Kraftlinien des Magneten entspricht. Gleichermaßen kreisen die Planeten in einem »Muster« um die Sonne, das nach dem Gravitationsfeld der Sonne »angeordnet« ist. Die Vorstellung von Kraftfeldern macht aus Kräften eine Geometrie, macht die Kräfte zum integralen Bestandteil der Landschaft. Stellen Sie sich zum Beispiel vor, Sie werfen einen Ball durch eine unsichtbare Röhre, die an mehreren Stellen Biegungen hat. Dann könnten Sie sagen, daß der Ball durch den Druck, den die Wände der Röhre auf ihn ausüben, »gezwungen« wird, diesen Biegungen zu folgen. Sie könnten aber auch sagen, daß der Ball von selbst diese Kurvenbewegung macht, weil der Raum um ihn herum gekrümmt ist. Man spricht davon, daß Kräfte mit großer Reichweite (wie etwa die Schwerkraft) den Raum krümmen, während Kräfte mit kleinerer Reichweite (wie etwa die elektromagnetische Wechselwirkung) den Raum »verknittern«. (Dabei verknittern sie eigentlich nicht den Raum, sondern das elektromagnetische Feld.) Jedenfalls ist das Kraftfeld ein sehr nützliches intellektuelles und mathematisches Werkzeug, das einem hilft, sich vorzustellen, wie Kräfte wirken. Es beschreibt die Wirkung einer Kraft und gibt uns für jeden Punkt im Raum deren Stärke und Richtung an.

Es stellt sich jedoch heraus, daß Kraftfelder noch weitaus mehr sind. Sie existieren *unabhängig* von den Teilchen, die für ihre Entstehung verantwortlich sind. Ein Planet oder ein Elektron ist die Quelle einer Kraft, die eine Art Spannung in der Umgebung dieses Planeten oder dieses Elektrons aufbaut. Aber diese Kraft (oder Spannung) kann auch existieren, wenn das Teilchen oder Elektron nicht da ist. Wenn ein schnell flitzendes Elektron in der Sonne eine örtlich begrenzte Knitterfalte in seinem umgebenden elektrischen Feld erzeugt, dann breitet sich diese Knitterfalte mit einer Geschwindigkeit von 300 000 Kilometern pro Sekunde im Raum aus und erzeugt beinahe acht Minuten später irgendwo auf der Erde eine Knitterfalte in einem elektrischen Feld, die dann als »Licht« wahrgenommen werden könnte. Die Knitterfalte braucht Zeit, um von dort zu uns zu kommen. Wenn die Sonne innerhalb der acht Minuten, die das Lichtpartikel für seine Reise zur Erde benötigt, erlöschen würde, könnten wir sie immer noch sehen. Wenn ein Stern explodiert, hängt die Wirkung der Schwerkraft noch Jahre nach diesem Ereignis im Raum. Kraftfelder haben ein eigenes Leben.

Die Idee, daß Kraftfelder eine unabhängige Existenz haben könnten, war ein wichtiger erster Schritt zu der Erkenntnis, daß man Kräfte auch als Teilchen sehen kann. Der zweite Schritt war die Quantenmechanik, die sich aus der Einsicht ergab, daß alles, inklusive der Energie der Kraftfelder, gequantelt ist – das heißt, nur in »Klumpen« vorkommt. Ein Kraftteilchen wie zum Beispiel ein Photon ist in Wirklichkeit ein kleines Klümpchen elektromagnetischen Feldes, das mit

Lichtgeschwindigkeit von einem Ort zum anderen saust und dabei sein gequanteltes Päckchen Energie und Impuls mitnimmt. Kraftfelder und Kraftteilchen sehen für uns vielleicht sehr unterschiedlich aus, aber die meisten dieser Unterschiede sind auf unseren jämmerlichen Mangel an passenden Bildern zurückzuführen.

Trotzdem hat inzwischen das Bild von den Kraftteilchen in der Physik Wurzeln geschlagen, insbesondere in populärwissenschaftlichen Abhandlungen. Oft liest man, daß Teilchen zwischen anderen Teilchen »ausgetauscht« werden wie ein Ball, der hin und her geworfen wird. Die Kraft dieses Austausches, sagt das Bild, zwingt die Teilchen auseinander. Anziehung läßt sich allerdings damit nicht erklären. In diesem Fall werden zwei Teilchen zueinander hingezogen, weil sie das gleiche Kraftteilchen »miteinander teilen«, so ähnlich wie zwei Leute, die sich einen Regenschirm teilen. Andererseits kann zum Beispiel ein Austausch von Worten genauso gut dazu benutzt werden, Anziehung wie Abstoßung zu bewirken. Viele chemische Verbindungen kommen dadurch zustande, daß Atome sich Elektronen »teilen«.

Wenn Kräfte Teilchen sein können, gibt es dann überhaupt noch einen Unterschied zwischen Materie und dem Ziehen und Schieben, das diese Materie bewegt? Ist überhaupt noch eine Unterscheidung zwischen dem »Zeug« und den »Einflüssen« möglich? Kann man die Handlung, die Aktion noch sauber von den Handelnden trennen? Kann man das, was Leute (oder Teilchen) machen, von den Leuten (oder Teilchen) selbst trennen? Einstein vermutete, daß alle Unterscheidungen zwischen diesen beiden Aspekten »irgendwie künstlich« sein müßten. Heutzutage beschreiben die Physiker alles mit Feldern.

Einen wichtigen Unterschied gibt es jedoch zwischen Materie und Kräften, und dieser feine Unterschied ist der Grund für den Schmerz, den Sie spüren, wenn Sie sich die Zehe stoßen. Materieteilchen (zum Beispiel Protonen, Neutronen und Elektronen) folgen einem Gesetz, das Paulisches Ausschließungsprinzip heißt und nach dem österreichischen Physiker Wolfgang Pauli benannt ist. Die Vorstellung von den verschiedenen Schalen des Atoms beruht auf dem Pauli-Prinzip, das besagt, daß keine zwei Elektronen den gleichen Energiezustand besetzen dürfen. Wenn also alle Zustände z.B. auf Schale Nummer zwei schon voll sind, dann muß das nächste Elektron sich einen Platz auf der nächsten leeren Schale suchen. Das Pauli-Prinzip erklärt, warum Materie nicht beliebig komprimiert werden kann. Es ist also das Prinzip, das die Dinge fest macht, und daher die wirkliche Kraft, die dahinter steckt, wenn Sie sich schmerzhaft die Zehe stoßen.

Das gleiche Prinzip (das auch als Elektronendruck bezeichnet wird) verhindert, daß die Sterne zusammenbrechen. Wenn ein Stern so massiv wird, daß die Gravitation stärker ist als der Elektronendruck, dann geschieht genau das: er kracht buchstäblich in sich zusammen. Die Elektronen werden in den Kern gedrückt und bilden dann zusammen mit den Protonen Neutronen und diese wiederum einen Neutronenstern. Wenn sogar die Kernkräfte nicht mehr gegen die Gravitation ankommen, würde der Stern immer weiter zusammenbrechen – und das bilden, was wir als schwarzes Loch kennen.

Kraftteilchen unterliegen andererseits nicht dem Pauli-Prinzip. Man würde sich nicht die Zehe stoßen, wenn man durch einen Lichtstrahl wandert. Kraftteilchen folgen einer anderen Statistik, der sogenannten Bose-Einstein-Statistik. Und deswegen nennt man die Kraftteilchen auch Bosonen. Die meisten Materieteilchen lassen sich durch die sogenannte Fermistatistik beschreiben (nach dem italienischen Physiker Enrico Fermi) und heißen daher Fermionen.

Im Jahre 1995 verwischten die Physiker allerdings auch diese Trennlinie, indem sie das hervorbrachten, was weithin als eine neue Art von Materie gepriesen wurde, ein einziges »Superatom«, das aus Materieteilchen besteht, die sich wie Kraftteilchen in den gleichen (niedrigsten) Energiezustand kondensieren lassen. Das sogenannte Bose-Einstein-Kondensat wurde an der Universität von Colorado in einer möhrenförmigen Röhre geschaffen, die den kältesten Punkt des Universums enthielt. Es »lebte« etwa zwanzig Sekunden bei einer Temperatur von etwa einem 170 Milliardstel von einem Grad über dem absoluten Nullpunkt, das heißt bei beinahe minus 273,2°C.

Es überrascht nicht, daß dieser seltsame Zustand nur bei extremen Temperaturen zu erreichen ist, genauso wie sich Einsteins Relativität erst bei extremen Geschwindigkeiten zeigt. In den Extrembereichen brechen die Gesetze der Physik auf, öffnen sich Abgründe, die den Wissenschaftlern die Möglichkeit geben, einen Blick auf bisher nicht erfaßte Bereiche zu riskieren. Heute sind Physiker an einigen Teilchenbeschleunigern auf der ganzen Welt auf der Spur des sogenannten Quark-Gluonen-Plasmas. In diesem Zustand ist die Materie so heiß, daß Quarks und Gluonen zu einer Art kosmischer Ursuppe kondensieren, in der man Kraft und Materie nicht mehr voneinander unterscheiden kann. Auf diese Weise, glauben die Physiker, ist die Materie entstanden.

Wenn das Licht einen Gegenstand streift, entsteht manchmal ein unscharfer Schatten. Genauso ist auch die Trennlinie zwischen Kraft und Materie des öfteren an den Rändern ein wenig verwischt.

Kapitel 7

Quantensprünge

> Das ist, kurz gesagt, das Mysterium der Quanten: Wenn ein Elektron beobachtet wird, ist es ein Teilchen, aber zwischen den Beobachtungen verteilt sich sein Wahrscheinlichkeitsmuster wie eine Welle. Verglichen mit dem Elektron ist ein Schnabeltier banal.
>
> *Hans Christian von Baeyer, Das Atom in der Falle*

Die Einführung der Quantentheorie in den frühen 20er Jahren war eine der größten Revolutionen der Physik. Sie konnte (und kann) nicht adäquat mit Metaphern aus unserer früheren Weltsicht beschrieben werden, weil viele dieser Metaphern nicht mehr gültig sind. Die Unfähigkeit, sich bildlich vorzustellen, was mit den Quanten vor sich geht, hat dazu geführt, daß man allgemein meint, das Innere des Atoms sei ein verschwommener, sich allen Erklärungen entziehender, trüber und ungewisser Bereich. Dagegen sind sich allerdings die meisten Physiker wohl einig, daß die Quantentheorie der Wissenschaft genau das Gegenteil gebracht hat: Klarheit und konkrete Aussagen.

Was ist Quantenmechanik? Im einfachsten Wortsinn ist es die Mechanik aller gequantelten Dinge. Mechanik erklärt mit Hilfe der Begriffe Energie, Kraft und Bewegung, wie die Dinge funktionieren. Vor der Jahrhundertwende erklärte die Newtonsche Mechanik, die man auch »klassische Mechanik« nennt, ziemlich gut, wie alles funktioniert. Jeder weiß von den typischen klassischen Systemen nach Newton: zusammenstoßende Billardkugeln, die sich auf genau berechenbaren Bahnen bewegen und deren Mengen an Energie und Impuls präzise meßbar sind; Planetensysteme, die nach den Gesetzen der Schwerkraft um zentrale Sonnen kreisen. Nachdem Ernest Rutherford den Atomkern »gesehen« hatte, hielt man auch das Atom für eine Art Sonnensystem: die Elektronen kreisten darin um den Kern wie die Planeten um die Sonne.

Und atomare Teilchen verhielten sich natürlich wie Billardkugeln – wenn auch sehr *kleine* Billardkugeln.

Die wichtigste Eigenschaft der Newtonschen Mechanik war jedoch, daß alles kontinuierlich geschah: Gegenstände bewegten sich auf glatten Bahnen durch den Raum, Energie war in beliebig großen oder kleinen Mengen zu haben, das Licht wogte als kontinuierliche Welle, und es gab nichts in Mindestmengen.

Das alles änderte die Quantenmechanik. Nun weiß man, daß (unter anderem) Energie, Licht und Bewegung *gequantelt* sind. Man kann sie eben nicht in jeder beliebigen Menge bekommen. Es gibt sie nur als Vielfache bestimmter Mindestmengen. Die Quantenmechanik bedeutete, daß man alle *Eigenschaften* subatomarer Dinge – und damit auch aller anderen Dinge – genau *quantifizieren* konnte. So wurde alles sehr ordentlich und schön und im populären Sinn des Wortes sogar noch »wissenschaftlicher«. Aber es bedeutete auch, daß die glatte Kontinuität des Newtonschen Universums völlig verlorengegangen war. Die Natur zeigt sich jetzt irgendwie körnig, sprunghaft, hüpft von einer Quantenmenge zur anderen, ohne dabei das dazwischenliegende Terrain zu betreten.

Daraus ergibt sich auch noch die ungemütliche Ungewißheit darüber, was eigentlich *zwischen* diesen Quantenzuständen oder *während* dieser Quantensprünge passiert. Tatsächlich hat sich herausgestellt, daß wir keinerlei Möglichkeit haben, etwas über den genauen Zustand zwischen den Quantenzuständen herauszufinden. Zumindest in menschlichen Begriffen gibt es keinen Übergang zwischen den Quantenzuständen. Man kann eine oder zwei oder drei Einheiten Energie oder Impuls oder Licht oder Kraft oder Materie oder was auch immer bekommen, aber *niemals* anderthalb oder zweidreiviertel Einheiten. Im quantenmechanischen Universum (das natürlich auch unseres ist) geschieht alles in Quantensprüngen.

Mit anderen Worten: Die Quantenmechanik sieht höchst trübe oder sehr klar aus, je nachdem, welchen der beiden komplementären Aspekte man betrachtet. Wenn Sie sich auf die berühmt-berüchtigte Heisenbergsche Unschärferelation konzentrieren, die erklärt, warum jede präzise Messung einer Eigenschaft eines Quantenteilchens (zum Beispiel seiner Position) zu einer Ungewißheit über eine andere Eigenschaft dieses Teilchens (zum Beispiel seiner Bewegung) führen muß, dann sieht die Quantenmechanik wahrhaftig sehr trübe und unscharf aus. Wenn Sie sich andererseits auf die definitiv festgelegten Quanteneinheiten konzentrieren, dann wirkt sie auf einmal sehr konkret.

Victor Weisskopf geht sogar so weit zu sagen, daß die Unschärferelation eher Schärferelation heißen sollte. Seine Argumente scheinen zwingend: Stellen Sie sich ein typisches Newtonsches (vorquantenmechanisches) System vor: neun Planeten, die um eine zentrale Sonne kreisen. Die Gesetze der klassischen Physik erlauben hier ungeheuer viel Flexibilität. Das Gesetz der Schwerkraft verlangt lediglich, daß sich die neun Planeten auf mehr oder weniger elliptischen Bahnen um die Sonne bewegen. Es ist nirgends festgelegt, daß die Umlaufbahn der Erde oder irgendeines anderen Planeten »so und nicht anders« zu sein hat. Tatsächlich würde es, je nach den Anfangsbedingungen bei der Entstehung des Sonnensystems, jede ungefähr elliptische Umlaufbahn tun. Und wenn eines Tages ein Stern gerast käme und unsere Welt mit seiner Schwerkraft von ihrem Platz an der Sonne verschöbe, dann wäre unsere Umlaufbahn unwiderruflich verändert. Unsere gegenwärtige Position zeichnet sich durch nichts aus, was uns dazu veranlassen müßte, auf immer und ewig dort zu bleiben – oder wieder in diese ursprüngliche Umlaufbahn zurückzukehren, nachdem man uns einmal herausgeschubst hat. Da Planeten, die um einen Stern kreisen, das auf beinahe jeder elliptischen Umlaufbahn machen können, kann man andere Planetensysteme um andere Sterne herum finden (und hat sie auch gefunden), die eine Vielzahl anderer Konfigurationen aufweisen.

Sehen Sie sich dagegen das System Atom an, das man sich ja auch einmal als Mini-Sonnensystem vorgestellt hat. Der Atomkern in der Mitte zieht die ihn umkreisenden Elektronen genauso an wie die Sonne die Planeten. Aber da hört die

Ähnlichkeit auch schon auf. In Sonnensystemen ist eine unendliche Zahl von stabilen Konfigurationen möglich. In atomaren Systemen sind nur etwa hundert möglich – je eine für jedes bekannte chemische Element. Wenn das System einen Kern (eine Sonne) und ein Elektron (einen Planeten) hat, dann gibt es nur eine einzige, unveränderliche Konfiguration – das Wasserstoffatom. Alle Wasserstoffatome sind genau gleich. Und wenn eine Anzahl Wasserstoffatome von anderen Wasserstoffatomen oder von sonst irgendwas herumgeschubst wird, dann kehren sie immer wieder in ihren Ausgangszustand zurück.

»Vor der Quantentheorie«, sagt Victor Weisskopf, »wurde unser Verständnis der Natur einem der offensichtlichsten und charakteristischen Merkmale der Natur nicht gerecht, daß nämlich alle Dinge ganz spezifische und festgelegte Eigenschaften haben. Dampf ist immer Dampf, wo man ihn auch findet. Stein ist immer Stein. Luft ist immer Luft. Zwei Goldbrocken, die man an völlig verschiedenen Orten gefunden hat, kann man nicht voneinander unterscheiden.« Nicht einmal zwei Goldbrocken aus verschiedenen Galaxien.

Es sollte eigentlich höchst unwahrscheinlich sein, zwei völlig identische Atome zu finden, so wie es höchst unwahrscheinlich ist, zwei völlig identische Sonnensysteme zu finden. Aber das ist eindeutig nicht der Fall. Ein Kohlenstoffatom tritt als Teil eines Butterbrots in Ihren Körper ein und verläßt ihn Stunden oder Tage, vielleicht sogar Jahre später wieder, nach unzähligen chemischen Reaktionen, aber immer noch als genau das gleiche Kohlenstoffatom. Die besondere Kombination von Protonen, Neutronen und Elektronen, die ein Kohlenstoffatom ausmacht, läßt sich *nur* »so und nicht anders« realisieren. Genau diese Präzision ist durch die Quantenmechanik in unser Verständnis der Atome eingebracht worden. Wenn überhaupt etwas »unscharf« war, dann die klassische Mechanik.

Es gibt bereits ungeheuer viele gute Bücher über die Quantenmechanik. Ich will also gar nicht erst versuchen, die Entwicklung dieses Wissenschaftszweiges in einem knappen Kapitel im Detail abzuhandeln. Nur kurz folgendes: In den frühen 20er Jahren versuchte Niels Bohr die Stabilität und Exaktheit der Atome durch eine Analogie zu stehenden Wellen zu erklären.* Stellen Sie sich ein Springseil oder eine Violinsaite vor, die am Anfang und am Ende irgendwo befestigt sind. Wenn Sie nun der Saite Energie zuführen, sie also zum Schwingen bringen, dann kann sie nur auf bestimmte Weise und in festgelegter Form vibrieren. Eine Violinsaite kann mit ihrer Grundfrequenz und mit einem Zwei-, Drei- oder Vierfachen usw. dieser Frequenz schwingen. Anders ausgedrückt: im Grundton und den Obertönen. Sie kann nicht im Zweieinhalbfachen dieser Frequenz schwingen. Wenn Sie sich nun vorstellen, daß die »Elektronenwelle« des Atoms ziemlich ähnlichen Beschränkungen unterliegt, dann können Sie leicht begreifen, daß sie folglich nur eine bestimmte Anzahl von Schwingungszuständen einnehmen kann. Im Gegensatz zu Sonnensystemen sind also Atome von Natur aus stabil und einheitlich, weil die Elektronen nicht irgendwelche Zustände irgendwo im Umkreis des Kernes einnehmen können. Jedes Wasserstoffatom im gesamten Universum hat den gleichen Akkord aus den gleichen Frequenzen. (Weisskopf hat mir einmal erzählt, daß er versucht hat, den Akkord für das Wasserstoffatom auf dem Klavier zu spielen: »Klingt furchtbar«, meinte er, »aber diese Musik ist ja auch nicht für unsere Ohren bestimmt.«)

Es gibt natürlich noch andere Analogien, wenn auch keine so nützlich ist wie das Bild von den stehenden Wellen, da sich ja Elektronen tatsächlich wie Wellen verhalten. Man könnte sich aber zum besseren Verständnis das Elektron im Atom auch wie ein kleines Mädchen vorstellen, das eine Treppe hinaufhüpft. Je nachdem, wieviel Energie sie hat, springt sie auf die zweite Stufe, auf die vierte oder auch die sechste, aber auf Stufe Nummer zweieinhalb oder dreieinviertel kann sie weder sicher landen noch stehenbleiben. Sie braucht eine Mindestmenge Energie, um auf die nächste Stufe (in den nächsten Zustand) zu kommen. Wenn sie nicht genug Energie für Stufe

* Natürlich hat sich die Entwicklung der Quantentheorie keineswegs in Quantensprüngen vollzogen, sondern sich über einen Zeitraum von vielen Jahren erstreckt, und viele Physiker mußten daran mitwirken.

vier hat, bleibt sie eben auf Stufe drei stehen. Auch Atome absorbieren Energie nur, wenn sie dabei die Mindestenergie bekommen, die sie für den nächsten »Quantensprung« brauchen.

Oder man könnte sich vorstellen, daß das Mädchen die Treppe *herunter*springt. In diesem Fall gibt sie Energie an den Boden ab, wenn sie in einen tieferen Zustand springt. Aber diese Energie gibt es nur in Klumpen. Ein Sprung von Stufe vier auf Stufe zwei liefert die Menge von »zwei Stufen« Energie und so weiter.

Ein Elektron, das in einen niedrigeren Zustand zurückspringt, gibt seine Energie in Form von Licht ab. Ein Sprung von »Umlaufbahn« oder Stufe fünf auf Umlaufbahn drei könnte Portionen rotes Licht aussenden; bei einem Sprung von sechs auf zwei würde energiereichere blaue Lichtstrahlung (mit einer höheren Frequenz) abgestrahlt. Ein Sprung von Umlaufbahn zwei auf Umlaufbahn eins (den Grundzustand) würde vielleicht nur sehr energiearme Radiowellen aussenden, ein Sprung von Umlaufbahn acht auf den Grundzustand dagegen sehr energiereiche Röntgenstrahlung. Eine ähnliche Sequenz von gequantelten Energiezuständen im Kern steckt hinter der noch energiereicheren Gammastrahlung.

Jede Farbe, die von einem bestimmten Atom abgestrahlt wird, entspricht mit anderen Worten einer ganz speziellen Veränderung in seinem Energiezustand – einem Quantensprung. Zusammengenommen sind all diese Farben – das von diesem Atom ausgestrahlte Spektrum – so einzigartig wie eine Unterschrift. Und das Spektrum von Natrium oder Quecksilber oder Wasserstoff sieht ganz genau gleich aus, egal, wo das Element gefunden wurde – sogar auf den am weitesten entfernten Sternen.* Diese quantenmechanischen Fingerabdrücke können uns Aufschlüsse über die chemische Zusammensetzung ferner Sterne geben oder die Indizien an einem Tatort sichern helfen.

* Tatsächlich sieht das Spektrum auf diesen am weitesten entfernten Sternen nicht genau gleich aus. Aber die Unterschiede können den Astronomen Informationen darüber geben, wie schnell sich der Stern bewegt und wie weit er von uns entfernt ist.

Heiße Metalle (zum Beispiel Glühfäden in Glühbirnen) strahlen ein kontinuierliches Spektrum ohne die scharfen Spektrallinien aus, die für die Quantensprünge charakteristisch sind. Hier entsteht nämlich das Licht anders als bei den Gasen. Gamow hat das Spektrum eines angeregten (heißen) Gases als Obertöne eines Instrumentes beschrieben, während die Atome in einem Festkörper so dicht zusammengepackt sind, als hätte man alle Instrumente eines Symphonieorchesters in einen Sack gesteckt und kräftig durchgeschüttelt. Die Spektralfarben, die von einem glühenden Metall ausgestrahlt werden, stammen nicht von den an die Atome gebundenen Elektronen, sondern von den freien Elektronen, die sozusagen mehr oder weniger die Freiheit haben, beinahe so zu schwingen, wie sie gerade wollen.* Sie müssen nicht von Schritt vier auf eins springen, oder von sechs nach zwei. Deswegen verbrennt alles, was nur heiß genug wird, mit den gleichen Farben, völlig unabhängig davon, was in Flammen steht.

Manchmal wird so viel Energie in ein Atom gepumpt, daß das Elektron ganz herausgeschlagen wird. Dann ist es kein ganz gewöhnliches Kohlenstoff- oder Neon- oder Sauerstoffatom mehr, sondern ein Ion – ein elektrisch geladener »Teil« eines Atoms. Wenn auf diese Weise *alle* Elektronen weggeschlagen werden, hat man es mit einer ganz besonderen Art von Gas zu tun, mit einem Plasma, einer amorphen Mischung aus Kernen und Elektronen. In einem Plasma gibt es keine atomaren Quantenzustände mehr. (In einem Plasma gibt es gar keine *Atome* mehr.) Und doch liegt der weitaus größte

* Die Frequenz einer Lichtschwingung – das heißt die Zahl, die angibt, wie oft die Lichtwellen schwingen –, legt die Farbe des Lichtes fest. Höhere Frequenzen erzeugen kürzere Wellen. Wenn Sie ein Springseil schütteln, können Sie feststellen, daß schnelleres Schütteln kürzere Wellen hervorbringt. Man braucht auch mehr Energie, um kürzere, schneller schwingende Wellen zu erzeugen. Auch beim Licht entsprechen die kurzen Wellen (schnellen Schwingungen) höheren Energien. Im elektromagnetischen Spektrum ist das am langsamsten vibrierende »Licht« im Bereich der Radiofrequenzen, deren Wellen so groß wie Berge sein können. Die sichtbaren Lichtwellen sind im Durchschnitt ein Hunderttausendstel von einem Zentimeter lang. Die Wellenlänge von Röntgenstrahlen ist so klein wie ein Atom.

Teil der Materie im Universum in dieser höchst energiegeladenen Form vor. Sterne sind im Grunde nichts anderes als große Plasmakugeln. Die Spektrallinien, die uns wissen lassen, aus welchen Elementen sie sich zusammensetzen, stammen von den kühleren Atomen an der Oberfläche des Sterns.

In irdischen Temperaturbereichen regiert jedoch das Quant. »Letztlich«, meinte Weisskopf, »basieren alle regelmäßigen Formen und Strukturen, die wir in der Natur sehen, angefangen von der sechseckigen Form der Schneeflocke bis hin zu den komplizierten Symmetrien der Pflanzen und Tiere auf der Symmetrie dieser atomaren Muster.« Die Tatsache, daß man von seinen Eltern stabile Gene erben kann, geht darauf zurück, daß die Moleküle, aus denen sich die DNS zusammensetzt, von Natur aus stabile Quantenzustände haben. Die Härte des Holzes, die Weichheit des Papiertuchs, der Blumenduft, der durchs Fenster hereinweht – alles Folgen der Quantenzustände des Atoms.

Es hat sich herausgestellt, daß in der subatomaren Welt alles gequantelt ist: nicht nur Energie und Licht, sondern auch Materie, »Wirkung« (Energie multipliziert mit Zeit), Impuls, Drehimpuls, elektrische Ladung und alle anderen, teilweise exotischen Eigenschaften subatomarer Dinge – wie zum Beispiel »Strangeness« und »Charm«. Eine Wirkung, eine Bewegung, ein Materieteilchen, die kleiner sind als diese Mindestmenge, sind nicht vorstellbar. Ein Atom, das eine dieser Eigenschaften aufnehmen will, muß sie ganz schlucken – oder gar nicht. Und es spuckt sie auch in Quantenportionen aus. Das bedeutet, daß man den Stoff, aus dem das Universum ist, über einen gewissen Punkt hinaus nicht immer feiner glattstreichen kann. Er hat eine Struktur, ist körnig oder klumpig.

Das kommt einem nur solange seltsam vor, bis man ein bißchen darüber nachdenkt. Schließlich sind auch viele Dinge in unserem täglichen Leben »klumpig«. Zum Beispiel das Getriebe in Ihrem Auto. Gamow hat darauf hingewiesen, daß das Getriebe eines Autos durchaus Ähnlichkeit mit den Quantenzuständen des Atoms hat: »Man kann den untersten, den zweiten oder den höchsten Gang einlegen, aber nichts dazwischen.« Ein weiteres vertrautes Phänomen, das nur in »Portionen« auftritt, sind Leute. Richard Feynman benutzt gern das vertraute Beispiel der amerikanischen Durchschnittsfamilie mit 2 Erwachsenen und etwa 2,2 Kindern. Jedermann weiß, daß das ein Witz ist, denn Kinder gibt es – wie Quanten – nur in ganzzahligen Vielfachen einer Einheit. Viele Menschen würden behaupten, daß Geisteszustände – ja, sogar Gedankensprünge – ähnlich gequantelt sind. Kaum je findet ein kontinuierlicher Übergang von einem Gedanken zum anderen statt. (Einstein hat das einmal so formuliert: »Einmal kommt der Zeitpunkt, an dem die Gedanken einen Sprung – nennen Sie es Intuition oder wie auch immer – machen und auf einer höheren Wissensebene landen.«) Kulturen, Sichtweisen, sogar Lebensphasen scheinen oft so streng gequantelt wie die Energiezustände des Atoms. Deswegen fühlen wir uns ja auch oft völlig verwandelt, wenn wir von einem Zustand zum anderen wechseln. Das ist vielleicht keine große Überraschung, denn, ganz klar, auch das Gehirn ist gequantelt. Ein Impuls wird von einer Nervenzelle entweder ganz oder gar nicht übertragen.

Das ist natürlich wieder zum größten Teil nichts als Metapher. Aber weil die Metaphern sich so mühelos einstellen, kann man vermuten, daß uns das Konzept des Quants nicht völlig fremd ist. Es bedeutet im Grunde ja nur, daß man einige Dinge als Ganzes sehen muß: Kinder, Schneeflocken, atomare Energiezustände. Aber auch Erinnerungen, Erfahrungen, Gedichte, Gemälde und eine Vielzahl anderer Dinge. Dazu gehört auch implizit die nicht mehr weiter zu reduzierende Charakteristik des Ein/Aus oder Ja/Nein – mit der jeder Mensch, der im Computerzeitalter aufgewachsen ist, vertraut sein sollte. So kann zum Beispiel ein Mensch über beliebig große oder beliebig kleine »Mengen« einer bestimmten Eigenschaft wie zum Beispiel Charme verfügen. Wenn es aber um Atome geht, dann haben die entweder »Charm« oder nicht. Das gleiche gilt für Energie, Spin, Strangeness, elektrische Ladung und so weiter.

Auf weniger bildhafter Ebene weist beinahe jedes Phänomen, das mit Wellen zu tun hat, diese sehr spezifischen

Eigenschaften auf, die an Quantenzustände erinnern. Nicht nur die Violinsaite, sondern auch die Luft in Flöten und Orgelpfeifen vibriert nur in den Grundfrequenzen und deren Vielfachen und macht jedesmal einen Quantensprung zur nächsthöheren harmonischen Schwingung. Sogar eine einzelne Welle ist ein Quantum, weil man sie immer als Ganzes betrachten muß. Es ist genauso sinnlos, vom Drittel einer Welle zu reden, wie es unsinnig ist, vom Drittel eines Kindes zu sprechen.

In einem anderen Zusammenhang argumentiert Stephen Jay Gould, daß unsere Angst vor dem Quantensprung »aus einer tief verwurzelten westlichen Vorstellung [stammt], die uns immer nach Kontinuität und allmählichen Veränderungen suchen läßt: *Natura non facit saltus* (Die Natur macht keine Sprünge), wie es die älteren Naturforscher verkündet haben«. Gould gehört zu jener neueren Spezies von Naturforschern, die davon überzeugt sind, daß sogar die Evolution wahrscheinlich in quantenähnlichen Sprüngen vor sich gegangen ist. »Veränderung ist öfter ein schneller Übergang zwischen stabilen Zuständen als ein kontinuierliches Überwechseln mit gleichförmiger, langsamer Geschwindigkeit«, schreibt er und könnte damit auch Atome meinen. Fossilienfunde scheinen ja auch die älteren Theorien zu widerlegen, nach denen die Evolution sich allmählich, durch kontinuierliche Anpassung vollzogen haben soll; vielmehr scheinen Arten aufzutauchen, eine Weile weitgehend unverändert zu existieren und dann wieder zu verschwinden. Zu seiner Überraschung mußte Gould feststellen, daß viele sowjetische Wissenschaftler diese Sichtweise bereits vertraten – zumindest teilweise deswegen, spekuliert er, weil sie in Dialektik geschult waren und weil die Gesetze der Dialektik besagen, »daß Veränderung in großen Sprüngen stattfindet, nachdem sich langsam so viele Spannungen aufgebaut haben, denen ein System so lange Widerstand leistet, bis eine bestimmte Grenze überschritten ist. Wenn man Wasser erhitzt, fängt es irgendwann zu kochen an. Wenn man die Arbeiter immer mehr unterdrückt, führt man schließlich eine Revolution herbei.«

Quantität und Qualität

Staub, Sand, Kiesel, Steine und Felsen bestehen alle aus dem gleichen Material. Sie enthalten nur verschiedene Mengen des gleichen Stoffs. Aber wir nehmen sie als qualitativ verschieden wahr. In diesem Sinne ist also Quantität auch Qualität.

Philip Morrison

Der Gedanke, nur dadurch, daß man von einer Sache *mehr* hat (oder weniger), auch *qualitative* Veränderungen zu bewirken, ist ein zentraler Aspekt der Quantenmechanik. Aber diese Vorstellung ist andererseits auch schwer zu akzeptieren. Es ist uns einfach nicht geheuer, wenn die Physiker die fundamentalen Bausteine der Natur als Quanten-»Zahlen« beschreiben. Wie kann das Hinzufügen oder Wegnehmen von einzelnen Einheiten Energie, Spin oder Ladung oder anderer »Quantitäten« den Unterschied zwischen Natrium und Neon ausmachen? Oder letztlich zwischen Äpfeln und Orangen? Die unmittelbare Erklärung ist natürlich, daß die Einheiten der elektrischen Ladung die chemischen Eigenschaften der Dinge festlegen, aber es gibt noch eine viel interessantere und grundlegendere Beziehung.

Einer der ersten, der diese innige Beziehung zwischen Quantität und Qualität erkannte, war der griechische Philosoph Pythagoras im 6. Jahrhundert vor Christus. Er entdeckte, daß die Höhe eines Tones von der Länge der Saite abhing, mit der er erzeugt worden war, und daß die angenehm klingenden Intervalle diejenigen waren, die den mathematischen Verhältnissen 2:1 (Oktave), 3:2 (Quinte), 4:3 (Quarte) und so weiter entsprachen. Die Qualität musikalischer Töne hängt also – genau wie die »Qualität« der Elemente – von den numerischen Verhältnissen ihrer Bestandteile ab.

Heute gibt es allerorten Beweise dafür, daß die Quantität Auswirkungen auf die Qualität hat. Wieviel Geld oder Bildung Sie haben (also die Quantität), kann durchaus eine Auswirkung auf die Qualität Ihres Lebens haben. Ganz sicher wirkt sich auf die Lebensqualität aber die Menge der Umweltverschmutzung, des Lärms, der Kriminalität in Ihrer Wohngegend aus. Rascher Anstieg der Gesamtzahl von ansonsten durchaus zuträglichen Dingen (Autos, Plastik, Häuser – ja sogar Menschen) kann diese in qualitative Katastrophen verwandeln. Arzneimittel in zu großer Dosierung können buchstäblich Gift sein. Und größere (Atom)bomben bewirken nicht einfach nur größere Kriege: Ob Millionen von Menschen sterben oder ganze Zivilisationen ausgerottet werden, ist ein qualitativer und kein quantitativer Unterschied.

Eine der eindrucksvollsten qualitativen Veränderungen, die durch bloße Erhöhung von Quantitäten hervorgebracht wurde, ist die Entwicklung des menschlichen Gehirns. »Als sich die Menschen entwickelten«, erklärt der Physiker Weisskopf, »muß etwas Neues geschehen sein. Wir behaupten, daß dieses neue Element nur auf einem quantitativen Unterschied im Nervensystem beruht. Durch eine Vergrößerung dieses Systems hat die Natur eine neue Art von Evolution bewirkt, die alle in den vorangegangenen Evolutionsepochen aufgestellten Regeln gebrochen hat und auch weiterhin brechen wird.« Der Naturforscher Gould ist ähnlich beeindruckt: »Das vielleicht Unglaublichste überhaupt ist eine allgemeine Eigenschaft komplexer Systeme – und unser Gehirn ist da ein prominenter Vertreter –, quantitative Veränderungen der Struktur wie durch ein Wunder in verschiedene qualitative Funktionsunterschiede zu übersetzen.«

Man braucht sehr viele Atome, um daraus ein organisches Molekül aufzubauen, sehr viele organische Moleküle, um daraus eine Person zu schaffen, und sehr viele Menschen, um eine Gruppe oder Nation zu bilden. Aber in allen Fällen ist völlig klar, daß der Unterschied nicht nur in der Quantität liegt.

Diese Fähigkeit, aus quantitativen Veränderungen grundlegende qualitative Veränderungen zu schaffen, wird bei extremen Temperaturen besonders dramatisch. Wie wir schon gesehen haben, zerfällt bei sehr hohen Temperaturen alles; die Elektronen trennen sich von ihren Kernen und bilden ein undifferenziertes Plasma, den Baustoff der Sterne. Plasma hat mit normaler irdischer Materie überhaupt nichts mehr zu tun.

Zum einen sind seine elektrisch geladenen Teilchen nicht zu Atomen zusammengebündelt, sondern völlig unabhängig. Zum anderen gibt es Plasma nicht in wohldefinierten »Sorten« wie zum Beispiel Silizium, Sauerstoff oder Blei. Bei noch höheren Temperaturen entsteht ein noch extremerer Zustand der Materie, in dem sich die Atomkerne in ihre Bestandteile, in Protonen und Neutronen, auflösen. Und bei noch höheren Temperaturen (vielleicht bei der Entstehung des Universums) zerfallen sogar Protonen und Neutronen in einen ganzen Haufen exotischer Teilchen. Wenn uns die esoterischen Antiteilchen und Mesonen und J/Psis, die in den Hochenergiebeschleunigern auftauchen, seltsam erscheinen, dann liegt das daran, daß sie eine *qualitativ* völlig andere Art der Materie darstellen als die, an die wir gewöhnt sind.

Bei immer niedriger werdenden Temperaturen nimmt die Materie wiederum eine ganze Reihe von qualitativ anderen Zuständen an. Der Übergang vom Gas zur Flüssigkeit findet statt, wenn ein bestimmter quantitativer Unterschied in der Temperatur erreicht wird. Werden die Temperaturen noch tiefer, bilden sich Festkörper und Kristalle. Bei extrem tiefen Temperaturen treffen wir wiederum auf einen anderen Materiezustand, der mindestens genauso exotisch ist wie sein Gegenpol bei superheißen Temperaturen. Bestimmte Stoffe werden bei diesen sehr tiefen Temperaturen »supraleitend«: Sie können elektrischen Strom ohne Widerstand – also auf immer und ewig – transportieren. Superkaltes Helium wird eine »Supraflüssigkeit«, die an Flaschenwänden hinauffließt und durch den Boden von Keramikbehältern dringen kann. Hier ist die Materie so wohlgeordnet und so ruhig, daß subtile Quanteneffekte sichtbar werden. Wenn die Zufallsbewegungen der Wärme wegfallen, kann man das Flüstern der Atome im Inneren hören, »wie das Rauschen in einer Muschel«, wie es einmal ein Physiker formuliert hat.

Ähnlich haben auch quantitative Veränderungen in der Größe ungeheuerliche qualitative Auswirkungen. Eine Billardkugel von der Größe eines Sterns verhält sich nicht wie eine Billardkugel vom Durchmesser eines Atoms. Eine Materiekugel von der Größe einer normalen Billardkugel kann nicht unter dem Gewicht ihrer eigenen Masse zusammenkrachen, eine Kugel von der Größe eines Sterns aber sehr wohl. Eine Kugel von der Größe eines Atoms verhält sich überhaupt nicht mehr wie eine Kugel, sondern eher wie eine Welle. Der gekrümmte Raum ist zunächst einmal eine Eigenschaft, die nur sehr, sehr großen Dingen zugeordnet ist; Quanteneffekte gelten dagegen nur für sehr, sehr kleine Dinge. In der Größenordnung des Atoms ist die Gravitation bedeutungslos. In der Größenordnung des Universums ist sie die wichtigste Kraft überhaupt. Und tatsächlich ist eine der dringendsten Fragen der heutigen Physik, wie man die Verbindung zwischen dem Verhalten des sehr Großen und dem des sehr Kleinen finden will – die Quantelung der Schwerkraft.

Sir James Jeans hat darauf hingewiesen, daß Philosophen generell lieber in Eigenschaften, also *Qualitäten,* denken, während Physiker die Dinge nach ihren Mengen, also *Quantitäten,* beschreiben: »Ein Philosophiedozent teilt seinen Zuhörern vielleicht mit, daß ein Stück Zucker die Eigenschaften Härte, Weiße und Süße hat. Sein Kollege im Physikhörsaal nebenan erklärt wahrscheinlich die Koeffizienten für Härte, für Lichtbeugung und für die Wasserstoffionenkonzentration – Maßzahlen dafür, in welcher Stärke die Eigenschaften Härte, Weiße und Süße vertreten sind.«

Und doch ist es kaum möglich, eine scharfe Trennlinie zwischen diesen beiden Sichtweisen zu ziehen. Wenn nämlich die Wasserstoffionenkonzentration ein Maß für die Süße ist, wenn die Reflexion des Lichtes bestimmt, wie weiß etwas aussieht, dann *ist* Qualität in einem sehr wirklichen Sinne auch Quantität.

Selbst jedes Gespräch über Quantenmechanik bedeutet ja bereits eine Art Quantensprung in eine neue Dimension, in der beinahe alles qualitativ völlig anders ist – hauptsächlich deshalb, weil wir über Dinge reden, die quantitativ so viel kleiner sind. Einstein wußte, daß man beim Vorstoß zu extremen Größen oder Geschwindigkeiten qualitativ höchst überraschende Ergebnisse bekommt. In der gesamten Geschichte der Naturwissenschaft waren die fruchtbarsten Forschungsgebiete immer die Extreme – die äußeren Grenzbezirke von heiß und kalt, von langsam und schnell, von groß und klein, von wenig und viel. Oder, wie ein befreundeter Physiker einmal sagte: »Alles dazwischen überlassen wir den Ingenieuren.«

Wenn uns also die Quantenmechanik seltsam erscheint, dann ist das vielleicht ganz normal. Von unserer Perspektive aus gesehen sind ja die Atome auch unvorstellbar klein. Es sollte uns eigentlich nicht weiter überraschen, daß sie sich anders verhalten als wir.

Kapitel 8

Relativ gesehen

> Es ist nun beinahe ein halbes Jahrhundert her, daß Einstein die Newtonsche Vorstellung von absoluter Zeit und absolutem Raum zerstört hat und die Grundlagen für sein eigenes Erbe zu schaffen begann. Im seither verronnenen Jahrhundert ist Einsteins Erbe so angewachsen, daß es nun – neben vielen anderen Dingen – auch die Krümmung des Raum-Zeit-Kontinuums und eine Ansammlung exotischer Objekte umfaßt, die ganz und gar nur aus dieser Krümmung hervorgegangen sind: schwarze Löcher, Gravitationswellen, Singularitäten (bekleidet und nackt), Wurmlöcher und Zeitmaschinen. Und zu jeder Zeit in der Geschichte haben einige Physiker jedes dieser Objekte für unmöglich erklärt.
>
> *Kip Thorne, Gekrümmter Raum und verbogene Zeit. Einsteins Vermächtnis*

Beinahe von Anfang an wurde die Relativitätstheorie genauso sehr als Beitrag zur Philosophie gesehen wie als physikalische Theorie. Einstein selbst hat vermutet, daß sich mehr Geistliche als Physiker dafür interessierten. Vielleicht hat das damit zu tun, daß die Relativitätstheorie sehr weit reicht, bis an die Wurzeln unserer Kultur, unserer Geschichte und unserer Religion. Unsere Weltsicht hängt stark davon ab, wie wir Raum und Zeit im Kosmos wahrnehmen, was wiederum festlegt, wie wir Menschen ins Gesamtschema passen. Was auch immer die Gründe gewesen sein mögen, die meisten Versuche, die Relativität populär zu erklären und über sie zu philosophieren, sind jedenfalls in die Irre gegangen. Eigentlich ist dabei nur ein einziger Satz im allgemeinen Bewußtsein hängengeblieben: »Alles ist relativ.« Tatsächlich aber bedeutet die Essenz von Einsteins Thesen beinahe das genaue Gegenteil.

Was viele Leute irrigerweise für die Relativitätstheorie halten, reicht in Wirklichkeit bis zu Galileo zurück und hat hauptsächlich mit relativen Bewegungen zu tun: Wenn Sie sich in der abgeschlossenen Kabine eines sich gleichförmig bewegenden Schiffes befinden, können Sie nicht feststellen, ob Sie sich bewegen oder nicht. Sie können jede Menge Experimente durchführen – Bälle werfen, Pendel schwingen, auf den Zehenspitzen laufen –, nichts in der Kabine verhält sich anders, ob das Schiff nun fährt oder nicht. Der Grund dafür ist, daß Sie sich zwar in Relation zur Außenwelt (jenseits des Schiffes) bewegen, nicht aber in Relation zur Welt im Schiff. Genauso sind Sie, wenn Sie sich auf der Schwelle vor Ihrer Haustür ausruhen, relativ zur Erde, die sich rasend schnell durch den Weltraum bewegt, in Ruhe und nehmen daher keine Bewegung wahr. Bewegung ist relativ, weil sie von Ihrem Standpunkt abhängt. Was sich in dem einen Bezugssystem bewegt, muß sich im anderen nicht unbedingt auch bewegen.

So können Sie zum Beispiel eine Person, die an einem Pier in der Nähe des Schiffes steht, fragen, ob Sie sich bewegen oder nicht. Diese Person antwortet vielleicht: »Natürlich, Sie Dummkopf. Sehen Sie denn nicht, daß der Pier sich an Ihnen vorbeibewegt?« Darauf könnten Sie allerdings erwidern: »Und woher soll ich wissen, daß *ich* mich bewege, und nicht der Pier?« (Natürlich bewegt sich der Pier auch, nämlich mit der Erde durch den Weltraum, aber das ist eine andere Geschichte.) Oder die Person auf dem Pier könnte sagen: »Ja, relativ zu meinem Pier bewegen Sie sich schon, aber da Sie in Ihrer Kabine still stehen, bewegen Sie sich relativ zum Schiff nicht.« Oder sie könnte die Achseln zucken und einfach antworten: »Wissen Sie, das ist alles relativ.«

Die Frage wäre sehr viel schwieriger zu beantworten, wenn Sie von einem solchen Beobachter herausfinden wollten, ob sich die *Erde* bewegt oder nicht. Wo wäre dann nämlich ihr »Pier«? Wie könnten Sie ein Bezugssystem finden, in dem der Beobachter still steht? Die Erde bewegt sich relativ zur Sonne, aber das gesamte Sonnensystem bewegt sich auch relativ zur Galaxie, und die Galaxie relativ zum Rest des Universums. Und allem Anschein nach bewegt sich sogar das Universum (in gewisser Weise). Aber relativ wozu?

»Eines der großen Klischees über die Theorie Einsteins ist, daß sie uns angeblich zeigt, daß alles relativ ist«, schreibt

James R. Newman in *Science and Sensibility*. »Die Aussage, daß alles relativ ist, ist genauso sinnlos wie die Aussage, daß alles größer ist [...] Wenn alles relativ wäre, dann gäbe es ja nichts mehr, *wozu* es relativ sein könnte.«

Einstein hat Galileos Relativität auf den Kopf gestellt und daraus das gemacht, was Victor Weisskopf gern die Absolutismustheorie nennt. Einstein schaute ins Innere der Kabine auf dem sich bewegenden Schiff (das Schiff war in seinem Fall ein Lichtstrahl) und war zutiefst beeindruckt, daß eben *nicht* alles relativ ist, sondern daß die Naturgesetze völlig unverändert bleiben. Wenn man in die Luft springt, wirkt die Schwerkraft genauso, wie wenn man stillsteht. Wenn man dabei einen Ball

Dieses Photo zeigt das Muster, das ein Ball erzeugt, der zwischen zwei rotierenden Drehscheiben kullert und sich in gerader Linie hin- und herbewegt. Wenn man sich mit dem Ball bewegte, wie man sich mit der sich drehenden Erde mitbewegt, würde dieses komplizierte Muster verschwinden. Bewegung ist relativ, weil sie von dem Blickwinkel des Betrachters abhängt.

wirft, beschreibt er die gleiche Flugbahn. Wasser fließt, Uhren ticken, Regentropfen fallen, und elektrische Ladungen ziehen einander an oder stoßen einander ab, ob man sich nun bewegt oder im Ruhezustand befindet. »Die Relativitätstheorie hat festgelegt, daß die Naturgesetze absolute Gültigkeit haben und nicht von der Bewegung des Bezugssystems abhängen«, erklärt Weisskopf. »Gerade *weil* sie absolut sind, kann man nicht feststellen, ob man sich bewegt oder nicht.«

Natürlich mußten bestimmte Dinge, die man vorher für absolut gehalten hatte, aufgegeben werden, damit die Naturgesetze absolute Gültigkeit bekommen konnten. Raum und Zeit werden relativ, aber in diesem Konzept sind Raum und Zeit sowieso von untergeordneter Bedeutung oder zumindest nicht so grundlegend wie viele andere Dinge.

Was viel wichtiger ist: die konventionellen Konzepte der Physik, wie sie in Newtons Gesetzen verankert sind, funktionieren bei sehr hohen Geschwindigkeiten oder bei extrem hoher Schwerkraft oder in vielen anderen Situationen einfach nicht mehr. Die Newtonschen Gesetze sind eben nicht in allen Bezugssystemen unveränderlich, und daher sind diese Naturgesetze abhängig davon, in welchem Bezugssystem man sich befindet. Sie hängen also vom Standpunkt ab. Das ist mal eine Relativitätstheorie!

Galileo und Newton begriffen beide, daß jede Bewegung relativ ist, bestanden aber darauf, daß Raum und Zeit absolut sind. Einstein hat verstanden, daß Raum und Zeit – und Energie und Masse, wenn wir schon einmal dabei sind – auch relativ sind, daß dies aber nur eine Folgeerscheinung ist, weil andere fundamentale Größen – unter anderem die Lichtgeschwindigkeit – absolut sind. Denn all die seltsamen Auswirkungen der Relativitätstheorie leiten sich aus der noch seltsameren Tatsache ab, daß die Lichtgeschwindigkeit immer absolut ist – absolut unveränderliche 300 000 Stundenkilometer, ganz gleich aus welchem Blickwinkel man sie sieht, aus jedem Bezugssystem, in Bewegung oder nicht. Der einzige Grund, warum »alles relativ ist«, liegt darin, daß die Lichtgeschwindigkeit und die Naturgesetze eben *nicht* relativ sind. Und da Licht selbst nichts anderes ist als die Bewegung eines elektrischen und eines magnetischen Feldes relativ zueinander, hat Einstein hier eindeutig ein grundlegendes, absolutes Bezugssystem gefunden, in dem er sein relatives Universum konstruieren konnte.

Die Relativität der Zeit

> Die absolute, wahre und mathematische Zeit fließt aus sich selbst und aus ihrer eigenen Natur gleichmäßig ohne Bezüge zu irgendeiner äußeren Größe.
>
> *Isaac Newton, Principia*

Fast jeder akzeptiert Newtons Zeitvorstellung ohne größeres Nachdenken. Und doch: je mehr man darüber nachdenkt, desto weniger sinnvoll erscheint es, daß die Zeit im Universum vor sich hinticken soll, ohne von irgend etwas beeinflußt zu werden. Jede Vorstellung von der Zeit, die man sich ausdenken kann, ist eng mit einem konkreten physikalischen Ereignis verknüpft – mit dem Schwingen eines Pendels, der Umlaufbahn der Erde, der Schwingung eines Quarzkristalls, dem Quantensprung eines Atoms, den Bewegungen eines elektromagnetischen Feldes, dem Leben einer Sonne und so weiter. Woraus sollte die Zeit ohne solche Ereignisse bestehen? Im Vakuum kann es keine Zeit geben, weil es dort nichts gibt, was »ticken könnte«. Zeit ist nur sinnvoll, wenn sie mit Dingen verbunden ist.

Das Zeitintervall, das wir ein Jahr nennen, bezeichnet einen einzigen Umlauf der Erde um die Sonne. Ein Tag ist eine einzelne Drehung der Erde um ihre Achse, und lange vor dem Erscheinen der Menschheit entsprach wahrscheinlich ein Monat bereits einem Umlauf des Mondes um die Erde. Das stimmt heute nur deshalb nicht mehr, weil sich die Umlaufbahn des Mondes ständig verändert, indem er sich immer weiter von uns entfernt. Sicher könnte man diese astronomischen Zeitmessungen niemals absolut nennen, und sei es nur, weil sie sich tatsächlich ständig ändern. Vor 500 Millionen Jahren war unser Tag nur zwölfeinhalb Stunden lang. Und wenn wir schon einmal über den Rand unseres sehr kleinen Suppentellers blicken, versuchen Sie doch spaßeshalber, sich ein Zeitkonzept dieser Art auf dem Planeten Merkur vorzustellen, wo der Tag [eine Umdrehung um die eigene Achse] länger dauert als ein Jahr [ein Umlauf um die Sonne]. Dieser Gedanke leuchtet einem nur sehr schwer ein, weil wir so daran gewöhnt sind, »Tage« als natürliche Unterteilungen der Zeitspanne »Jahr« in 365 Teile zu sehen. Wir vergessen dabei, daß der Tag, genau wie das Jahr, ein Ereignis ist und kein leeres Intervall irgendeiner amorphen Größe, die wir Zeit nennen.

Andere Zeitstandards haben überhaupt keine Grundlage in der Natur. Was wäre denn zum Beispiel die natürliche Grundlage für die Siebentagewoche? Manche Leute sagen, daß sie in der Bibel zu finden ist (am siebten Tage ruhen wir). Andere stellen eine Verbindung zu den sieben Tönen der vertrauten westlichen Tonleiter her, die wiederum den sieben klassischen pythagoreischen Himmelskörpern (Sonne, Mond und fünf sichtbare Planeten) entsprechen, die ihre Sphärenmusik erklingen ließen. Verschiedene Kulturen haben es jedoch in den unterschiedlichsten Epochen auch mit einer Achttagewoche, einer Fünftagewoche und sogar einer dezimalen Zehntagewoche versucht.

Die Stunde ist eine ziemlich neue Errungenschaft. Bis ins 14. Jahrhundert teilte man die Tage in weitaus weniger regelmäßige Intervalle ein: Morgenzeit, Mittagszeit und Abendzeit. Die ersten Tagesstunden variierten zwischen Sommer und Winter und zwischen Tageslicht und Dunkelheit: Bis weit ins Mittelalter wurden jeder Tag (von der Morgen- bis zur Abenddämmerung) und jede Nacht (Abend- bis Morgendämmerung) in zwölf gleiche Teile unterteilt. Daraus ergaben sich im Sommer während des Tages wesentlich längere Stunden als während der Nacht. Und im Winter waren die Stunden tagsüber wesentlich kürzer und die Nachtstunden entsprechend länger. Aber sogar eine regelmäßige Einteilung in Stunden reichte noch nicht aus, als es im Zuge der industriellen Revolution auf einmal wichtig wurde, daß Züge pünktlich fuhren und die Arbeiter zur Fünf-Uhr-Schicht nicht zu spät kamen. Also tauchten an den Uhren auch noch Minutenzeiger auf, Kinder eines neuen Zeitalters.

Aber all diese Zeitkonzepte sind moderne Erfindungen. Arthur Koestler hat darauf hingewiesen, daß vor nicht ganz fünfzehn Generationen »Zeit ... einfach die Dauer eines Ereignisses bezeichnete. Kein vernünftiger Mensch hätte davon gesprochen, daß sich Dinge *durch* die oder *in* der Zeit oder im Raum bewegen – denn wie kann sich ein Ding durch seine eigene Eigenschaft hindurchbewegen? Wie kann sich das Konkrete durch das Abstrakte bewegen?« Die damalige Vorstellung, daß die Zeit eine Eigenschaft der Gegenstände ist – wie Länge, Breite und Höhe –, scheint Einsteins vierdimensionaler Raumzeit wesentlich näher zu stehen als die abstrakte Uhrzeit, die wir heutzutage mit uns herumtragen.

Tatsächlich ändert die Zeit ihren Charakter völlig, je nachdem, was man zur ihrer Messung benutzt. Das atomare Jahr des Wasserstoffs ist mit seinen 10^{-16} Sekunden (einer 1 geteilt durch eine 10 mit 16 Nullen dahinter) unendlich kurz im Vergleich zu einem Erdjahr. (Ein atomares Jahr ist die Zeit, die ein Elektron für einen »Umlauf« um den Kern brauchen würde, wenn das Atom ein Mini-Sonnensystem wäre.) Und doch ist das atomare Jahre selbst unendlich lang, wenn man es mit den fundamentalen Zeiteinheiten vergleicht, die den Kernbausteinen zugeordnet sind und noch um ein Millionenfaches kürzer sind. Einem Teilchen im Kern würde ein Elektron beinahe stationär erscheinen – so wie uns die »Fixsterne«.

In der geologischen Zeit kann andererseits ein »Augenblick« gleichbedeutend mit 10 Millionen Jahren sein, denn 10 Millionen Jahre sind nur ein 450stel der Erdgeschichte. Den Geologen kommt ein Intervall von 1000 Jahren so kurz vor, daß es für ihre Messung kaum je eine Rolle spielt. Dieses Zeitintervall ist für sie ein flüchtiger Augenblick. »Wir mit unserem kurzen Gedächtnis«, schreibt Loren Eiseley, »halten unser gegenwärtiges Klima für normal. Das ist so, als würde ein Mann, der einen dicken Wälzer von tausend Seiten vor sich liegen hat – die Seiten der Erdgeschichte –, nur den letzten Satz lesen und ihn dann zur gesamten Geschichte erklären.«

Das Universum tickt nur so vor möglichen Zeitmeßgeräten, die alle verschiedene Zeiten aufzeichnen. Die Radioaktivität bietet uns eine natürliche Uhr, die in den Atomen angesiedelt ist. Bestimmte Atome existieren in instabilen Formen, die nach einer Weile zu stabileren Varianten zerfallen. Ein normaler Kohlenstoffkern enthält zum Beispiel sechs Protonen und sechs Neutronen und wird daher Kohlenstoff-12 genannt. Es gibt aber auch noch eine andere Erscheinungsform (Isotop) von Kohlenstoff, dessen Kern sechs Protonen und *acht* Neutronen enthält – den Kohlenstoff-14 (C-14). Beim radioaktiven Zerfall sendet eines dieser überzähligen Neutronen ein negativ geladenes Elektron aus und verwandelt sich dabei in ein positiv geladenes Proton. Und ehe Sie noch »Alchemie« sagen können, ist aus dem instabilen Kohlenstoffkern ein stabiler Stickstoffkern mit sieben Protonen und sieben Neutronen (N-14) geworden.

Was an diesen Verwandlungen noch weitaus faszinierender ist, ist ihr *Timing*. Alle 5700 Jahre zerfällt genau die Hälfte einer vorgegebenen Menge C-14-Kerne in N-14-Kerne. Wenn man also am Anfang 10 Billionen C-14-Atome hatte, dann hat man 5700 Jahre später nur noch 5 Billionen C-14-Atome, und wieder 5700 Jahre später genau 2,5 Billionen C-14-Atome.

Die Halbwertszeiten der Atome sind erstaunlich gute Zeitmesser, weil nichts außerhalb des Atoms sie beeinflussen kann. Sie sind immun gegen äußere Einflüsse. Und im Gegensatz zu astronomischen Zeitmessungen ändern sie sich nie. Trotzdem sind sie eine seltsame Uhr, die nur für große Anzahlen von Atomen tickt. Für ein einzelnes Atom funktioniert diese Uhr überhaupt nicht. Sie basiert auf der Grundlage der statistischen Wahrscheinlichkeit.

Und dann gibt es natürlich noch alle möglichen biologischen Uhren. Alle lebenden Organismen müssen wissen, was die Stunde geschlagen hat, um überleben zu können, um ihre inneren Funktionen mit den Uhren der Außenwelt zu synchronisieren, um zu wissen, wann sie Winterschlaf halten, wann sie nach Süden ziehen oder austreiben oder Blätter abwerfen oder sich einen Winterpelz zulegen müssen. Herzen müssen wissen, wann sie pumpen sollen, Lungen, wann sie Luft holen müssen. Verschiedene Organe im gleichen Körper können sich nach allen möglichen verschiedenen Uhren ausrichten und in Übereinstimmung mit den Signalen einer zentralen Steuerungseinheit Chemikalien freigeben. Mägen, Lebern, Schlafzentren, alle können nach verschiedenen Uhren ticken, in unterschiedlichen, aber wohl koordinierten Mustern. Die Grenzen unserer Fähigkeit, Zeitintervalle wahrzunehmen, entscheiden auch, wie wir die Welt sehen: Wenn die Menschen Zeitintervalle mitbekämen, die kürzer als $^1/_{24}$ Sekunde sind (was sie nicht können), würden sie die dunklen Streifen zwischen den Bildern eines Kinofilms sehen. Wenn sie viel längere Zeitintervalle wahrnehmen könnten, würden sie Pflanzen (und Kinder) wachsen »sehen«.

Die Zeit ändert sich natürlich, insbesondere wenn wir älter werden. Welcher Erwachsene war nicht schon manchmal schier verzweifelt über das unbändige Tempo eines Kindes; und welches Kind hat nicht schon ab und zu die Geduld mit dem flußpferdlangsamen Tempo seiner Eltern verloren? So mancher hat schon die Vermutung geäußert, unser Gefühl, daß die Zeit immer schneller vergeht, komme daher, daß mit fortschreitendem Alter jede Stunde, jedes Jahr einen immer kleineren Teil unseres Lebens ausmacht. Für ein einjähriges Baby ist ein Jahr sein ganzes Leben – eine Ewigkeit, für einen Zehnjährigen nur noch ein Zehntel seiner Lebenszeit, und jede Stunde ist dann auch im Verhältnis kürzer. »Wenn er fünfzig wird«, schließt Murchie, »vergeht die Zeit noch fünfmal schneller, die Uhren sausen, und ein Jahr macht nur noch zwei Prozent seines Lebens aus. Und wenn er 100 Jahre alt werden sollte, ist es gar nur noch ein Prozent. Seine alten Freunde sind mit atemberaubender Geschwindigkeit weggestorben, und Neugeborene entwickeln sich wie Frühjahrsblumen rasant zu Erwachsenen. Seltsame Gebäude schießen wie Pilze aus dem Boden. Ein ganzes Jahr verbraucht für ihn tatsächlich weniger bewußte Zeit als vier Tage zu der Zeit, als er ein Jahr alt war.«

Der Vorgang, wie verschiedene Zeitintervalle gemessen werden, ist geheimnisvoll und höchst individuell. Woher weiß eine Pflanze, wann sie blühen muß? Mit welcher Art von Uhr mißt ein Baum die vergehenden Jahre? Woher weiß unsere innere biologische Uhr, wie sie ticken soll? Die Antwort liegt zweifellos in chemischen Reaktionen und in der Fähigkeit, Reize zu erkennen – Kälte und Wärme, Helligkeit und Dunkelheit.

Man kann Fragen wie die, »wann« die Zeit begonnen hat, nicht einmal annähernd beantworten, denn es ist unmöglich, über das »Wann« – ein Zeitkonzept – zu sprechen, ohne sich bereits in einem Bezugssystem für Zeit zu befinden. In gewissem Sinne ist die Frage danach, was vor der Zeit war, so ähnlich wie die Frage, was sich auf der anderen Seite des Raums befindet. Seltsamerweise geht das heutzutage verbreitete Modell vom Ursprung des Universums davon aus, daß der Urknall *überall* im Raum, aber zu einer *bestimmten* Zeit stattgefunden hat. Die Zeit hat also einen Anfang, der Raum nicht.

Raum und Zeit

> Die physikalische Theorie der Relativität behauptet, daß der physikalische Raum und die physikalische Zeit keine separaten, voneinander unterschiedenen Größen sind.
>
> *Sir James Jeans*

Was wir ganz gewiß von der Zeit wissen: daß sie sich vom Raum nicht trennen läßt. Zeit und Raum sind eng miteinander verwoben, nicht nur in den extremen Grenzgebieten, wo sich relativistische Effekte zeigen, sondern auch in der vertrauten Landschaft unseres Alltags. Ein Jahr ist zum Beispiel auch eine *Entfernung*: die Entfernung, die die Erde bei ihrem Umlauf um die Sonne zurücklegt. Wenn diese Entfernung länger oder kürzer wäre (man beachte: die Adjektive für Raum und Zeit sind austauschbar!), dann wäre auch die Zeit länger oder kürzer. Ein Tag entspricht demzufolge ungefähr einer Entfernung, die einmal in der Mitte um die Erde herumgeht. Und eine Stunde einem Vierundzwanzigstel dieser Entfernung. Das Schwingen eines Pendels, die Schwingung eines Quarzkristalls oder Atoms – alles, was uns »die Zeit angibt«, bewegt sich dabei auch unvermeidlich durch den Raum. Lincoln Barnett formuliert das so: »Alle Zeitmessungen sind in Wirklichkeit Entfernungsmessungen, und umgekehrt hängen alle Entfernungsmessungen auch von Zeitmessungen ab.«

Raum und Zeit sind in unserer Alltagssprache so vermischt, daß wir kaum je einen Gedanken daran verschwenden. Die Leute sagen, daß Miami von New York »drei Stunden« entfernt ist. Wenn Sie jemand fragt, wie weit es bis zum Lebensmittelgeschäft ist, dann antworten Sie höchstwahrscheinlich: zehn Minuten. Das Kind, das während einer Autofahrt nörgelt, wie lange es noch bis zur nächsten Rast warten muß, bekommt vielleicht seine Antwort in Kilometern. Ein Erwachsener weiß, daß er nicht am gleichen Morgen Termine in Detroit und in Seattle wahrnehmen kann, weil die Entfernung zwischen den Orten zu groß ist (es sei denn, die Treffen finden in der virtuellen Welt der Computer statt).

Wie die Relativität der Zeit selbst hat man auch die enge Beziehung zwischen Raum und Zeit früher einmal als viel natürlicher angesehen – ehe man sie künstlich voneinander trennte, um den Anforderungen des Industriezeitalters Genüge zu tun. Mittag war in New York wie in Tokio die Zeit, wenn die Sonnenuhr auf Mittag zeigte – wenn die Sonne im Himmel am höchsten stand –, ein Maß für die Beziehung von Planeten im Raum. Es war ziemlich egal, ob die Uhrzeit in der eigenen Stadt zu denen anderer Städte paßte, denn wie wollte man damals die Zeiten vergleichen? Bei einer Reise mit dem Schiff, zu Pferd oder im Zug von einem Ort zum anderen legte man Entfernungen zurück und verbrauchte Zeit. Woher wollte man wissen, ob die »Zeit« am Ausgangspunkt mit der am Ziel übereinstimmte?

All das änderte sich natürlich, als wir lernten, mit Lichtgeschwindigkeit zu kommunizieren – per Funk, Fernsehen, Telefon und Modem. Jetzt ist es nicht nur möglich, an weit voneinander entfernten Orten die Zeiten zu synchronisieren, es ist sogar lebensnotwendig geworden. Die Bedürfnisse der Fernsehsender waren auf diese Weise eine treibende Kraft bei der Synchronisierung der Zeiten: Die Sechsuhrnachrichten müssen im ganzen Land genau um sechs Uhr ausgestrahlt werden. Dazu muß »sechs Uhr« im ganzen Land gleichzeitig stattfinden. Flugpläne, mehrere Kontinente überspannende Telefonkonferenzen, Internet-Chatrooms, all das zwingt Leute an den verschiedensten Orten zum Uhrenvergleich und treibt einen weiteren Keil in die natürliche Verbindung zwischen Raum und Zeit.

Die Ironie des Schicksals ist, daß dieselbe Kommunikation mit Lichtgeschwindigkeit die Verbindungen zwischen Raum und Zeit so besonders dramatisch aufzeigt. Ein Lichtjahr ist zum Beispiel der Abstand, den das Licht in einem Jahr zurücklegt, und das nützlichste Maß für Entfernungen zu den Sternen. Es wird dadurch aber auch klar, daß wir, wenn wir *hinaus* in den Weltraum blicken, auch in der Zeit *zurück* schauen. Wenn Sie sich einen 5 Millionen Lichtjahre entfernten Stern anschauen, dann sehen Sie 5 Millionen Jahre altes Licht. Sie sehen den Stern, wie er vor 5 Millionen Jahren ausgesehen hat. Dieses Licht hat den Stern verlassen, lange ehe auf der Erde Menschen lebten. Es erreicht uns erst jetzt, aber wir wissen nicht, ob die Lichtquelle nicht inzwischen versiegt ist. Der Stern könnte inzwischen schon längst erloschen sein.

Wenn ein Astronom einen Quasar sieht (ein quasi-stellares Objekt), der 10 Milliarden Lichtjahre entfernt ist, am äußersten Rande des beobachtbaren Raumes, dann sieht er dieses Objekt so, wie es vor 10 Milliarden Jahren ausgesehen hat – an der äußersten Grenze der beobachtbaren Zeit! Was in den letzten 10 Milliarden Jahren mit diesem Quasar passiert ist, kann man nur raten. Vielleicht ist er abgekühlt, und ein winziges Krümelchen davon hat sich zu einem Sonnensystem mit einer Erde wie der unseren kondensiert, auf der menschenähnliche Wesen leben, die sich ihrerseits anschauen, wie unser Planet vor 10 Milliarden Jahren ausgesehen hat. Es ist natürlich völlig unsinnig, die Frage zu stellen, was »während« dieser 10 Milliarden Jahre geschehen ist. Was auf dem Quasar »vor zehn Milliarden Jahren« ist, ist für uns hier »heute«. Normalerweise bezieht man sich mit dem Ausdruck »während« auf einen verstreichenden Zeitabschnitt, aber im vorliegenden Fall bezieht er sich eindeutig auf eine zurückgelegte Entfernung. Ein Ereignis, das vor 10 Milliarden Jahren auf einem Quasar geschah, und eines, das heute auf der Erde geschieht, sind auf diese Weise merkwürdig gleichzeitig.

Die Vorstellung von der Gleichzeitigkeit ist jedoch eine der absoluten Größen aus unserem Alltag, mit denen die Relativitätstheorie aufgeräumt hat. Gleichzeitigkeit ist relativ. Stellen Sie sich vor, Sie hocken irgendwo im Weltraum, und an Ihnen zischt ein großes, transparentes Zimmer mit beinahe Lichtgeschwindigkeit vorüber. Mitten in diesem Zimmer hängt von der Decke eine Glühbirne, und darunter sitzt eine Person auf einem Stuhl. Für die Person im Zimmer sieht es so aus, als gelangte das Licht gleichzeitig an alle vier Wände. Sie dagegen sehen es ganz anders: Da die Rückwand des Zimmers sich beinahe mit Lichtgeschwindigkeit auf das Licht der Glühbirne zubewegt, trifft das Licht dort früher auf; Sie sehen also, daß das Licht zuerst auf die hintere Wand und später auf die vordere Wand auftrifft. Ob zwei Ereignisse gleichzeitig sind, hängt also von Ihrem Bewegungszustand ab. Und da wir uns alle irgendwie durch den Raum bewegen, geschieht alles, was uns zu unterschiedlichen Zeiten passiert, notwendigerweise auch an unterschiedlichen Orten. Es ist etwa wie bei den mit Stroboskop gemachten Photos von Tänzern, die uns Bewegungen im Raum als Bewegungen in der Zeit aufzeigen. Die vierte Dimension, die Zeit, ist so sehr mit den Dimensionen der Breite und Tiefe verbunden, wie die Breite und Tiefe mit der Höhe verbunden sind.

Das alles führt zu der interessanten Frage: »Wann ist jetzt?« Die Frage nach dem »Wann« des »Jetzt« ist eindeutig nur dann sinnvoll, wenn man gleichzeitig nach dem »Wo« des »Jetzt« fragt. Das Jetzt ist in Wirklichkeit immer das Hier *und* Jetzt. Man definiert das Jetzt immer nur in Verbindung zu sich selbst, aber es könnte für jemand anderen an einem anderen Ort ein ganz anderes Jetzt sein. Selbst wenn Sie nur die Leute am anderen Ende des Zimmers anschauen, sehen Sie sie so, wie sie vor einigen Augenblicken ausgesehen haben – und wenn die Leute, wie der Stern von vorhin, in diesem winzigen Zeitintervall gestorben wären, dann würde ihr Tod für Sie erst

»geschehen«, wenn das Licht von dieser Person zu Ihnen gelangt ist.

Die verschiedenen Fesseln, die Raum und Zeit aneinander binden, sind nur weitere Beweisstücke dafür, daß scheinbar nicht miteinander verknüpfte Teile des Universums in Wirklichkeit »unter der Oberfläche« fest miteinander verwachsen sind. Raum und Zeit sind am direktesten durch die absolute Lichtgeschwindigkeit miteinander verbunden, weil Licht der schnellste Bote im Universum ist. Die drei Konzepte verzahnen sich also blendend miteinander: Um Geschwindigkeit zu messen, müssen Sie Entfernung und Zeit messen – denn das bedeutet Geschwindigkeit. Wenn man aber die Geschwindigkeit zwischen zwei weit voneinander entfernten Punkten messen will, muß man sicher sein, daß die Uhren synchronisiert sind. Die einzige Methode, das fertigzubringen, ist über Lichtsignale, und dabei müssen Sie berücksichtigen, wie viel Zeit das Licht für die Strecke benötigt. Also müssen Sie zunächst die Lichtgeschwindigkeit herausfinden. Und so weiter.

Wenn es Ihnen so scheint, als würde sich die Argumentation hier im Kreise drehen, dann liegt das nur daran, daß eben alles verknüpft ist. Das einzig Seltsame ist eigentlich, daß ein Experiment nach dem anderen ergeben hat, daß die Lichtgeschwindigkeit eine absolute Konstante ist, völlig unabhängig davon, wie und von wem sie gemessen wird. Und völlig unabhängig davon, ob und wie sich der Beobachter oder das Beobachtete bewegt. Und völlig unabhängig davon, ob Sie sich auf die Lichtquelle zu oder von ihr weg bewegen.

Gleichzeitig (eigentlich ein Jahrhundert später) haben unzählige andere Experimente bestätigt, daß Messungen von Entfernungen und Zeiten nicht absolut sind, sondern von verschiedenen Dingen abhängen, zum Beispiel vom Bewegungszustand oder der Position im Gravitationsfeld. So wurde die *Relativitätstheorie* tatsächlich fest in *Experimenten* verankert. Die *Theorie* wurde überhaupt erst entwickelt, um experimentell ermittelte *Fakten* zu erklären. Manche Leute meinen, daß die Relativitätstheorie nur eine esoterische Gruppe von Gleichungen sei, die außer Physikern und

Mathematikern niemanden interessiere. Aber selbst wenn wir sie nicht immer bemerken, so ist doch die Relativität Teil unseres Lebens.

Spezieller Absolutismus

> Ein mechanisches Spielzeug mit Uhrwerk läuft ab und wird dabei um ein Milliardstel des Gewichts eines i-Punkts leichter [...] Die Sonne scheint eine Sekunde und verliert dabei das Gewicht von zwei Dutzend Ozeandampfern.
>
> *Philip und Phylis Morrison, Das Geheimnis unserer Wahrnehmung*

Es gibt zwei Relativitätstheorien, die spezielle und die allgemeine. Einstein entwickelte seine Theorie zunächst, um einen speziellen Fall zu erklären, den der gleichförmigen Bewegung, etwa der Bewegung des Schiffes in Galileos Beispiel. Das ist die »spezielle« Relativitätstheorie. In der allgemeinen Relativitätstheorie erweiterte Einstein sein Konzept auf alle Arten von Bewegungen – insbesondere auf nicht-gleichförmige, beschleunigte Bewegungen, wie etwa die Bewegungen von Gegenständen, die unter dem Einfluß der Schwerkraft fallen.

In der allgemeinen Relativitätstheorie geht es um die Schwerkraft und den gekrümmten Raum und die schwarzen Löcher. In der speziellen Relativitätstheorie dagegen um Zeitdilatation und die Gleichung $E = mc^2$. Sowohl in der allgemeinen als auch in der speziellen Relativitätstheorie geht es um Absolutes, denn beide basieren auf Dingen, die in der Natur *unveränderlich* sind. Wenn man sagt, daß etwas relativ ist, dann meint man damit normalerweise, daß die Art und Weise, wie etwas aussieht, vom Standpunkt abhängt. Hinter beiden Relativitätstheorien steckt dagegen die Tatsache, daß die fundamentalen Wahrheiten der Natur von *jedem* Standpunkt aus gleich aussehen!

Die am häufigsten gestellte Frage zur speziellen Relativitätstheorie ist zweifellos: »Werde ich wirklich jünger, wenn ich mich mit Lichtgeschwindigkeit fortbewege?« Die Antwort ist: nein, Sie werden dabei nicht jünger. Aber Sie können langsamer altern als ein Freund (oder Zwillingsbruder), der sich langsamer bewegt. Andererseits müssen Sie dafür bezahlen: Sie werden bei diesem Vorgang auch zeitweise ziemlich viel massiger. Folgende relativistische Effekte ergeben sich aus der absoluten Lichtgeschwindigkeit und anderen Naturgesetzen:

Zunächst einmal verlangsamt sich die Zeit, wenn Sie sich beinahe mit Lichtgeschwindigkeit bewegen, und der Raum zieht sich zusammen. Sie können sich leicht vorstellen, warum das stimmen muß. Angenommen, Sie reisen mit beinahe Lichtgeschwindigkeit, also etwa 300 000 km pro Sekunde, auf eine 1 Million Kilometer entfernte Lichtquelle (Stern, Kerze, Blitzlicht) zu. Gleichzeitig bewegt sich dann auch das Licht der Lichtquelle mit 300 000 Kilometern pro Sekunde auf Sie zu. Wenn Sie nun trotzdem die *gleiche* Lichtgeschwindigkeit messen, ob Sie nun auf die Lichtquelle zurasen oder stillstehen (und das tun Sie ja), dann muß eindeutig mit dem Raum zwischen Ihnen und der Lichtquelle etwas Merkwürdiges geschehen sein – oder mit der Zeit oder mit beidem. Und genauso ist es. Sogar eine Uhr, die man mit einem normalen Düsenflugzeug (das sich ja kaum mit Lichtgeschwindigkeit bewegt) rund um die Welt schickt, geht danach im Vergleich zu ihrer Zwillingsschwester, die »stationär« auf der Erde geblieben ist, ein wenig nach.

Zweitens werden Gegenstände, deren Geschwindigkeit sich der Lichtgeschwindigkeit nähert, immer massiver. Das ist nicht so seltsam, wie es scheint. Denn es bedeutet nur, daß eine Sorte Energie in eine andere umgewandelt wird. Bereits lange vor Einstein wußte man, daß das Energiepotential (oder die potentielle Energie), das in einem Gegenstand steckt, der sich hoch über der Erde befindet, in andere Arten von Energie umgewandelt werden kann. Die potentielle Energie des Pendels beim weitesten Ausschlag wird in die Bewegungsenergie des Schwingens umgewandelt, bis sie dann am anderen Ende der Bewegung wieder nur potentielle Energie ist, dann wieder zu Bewegungsenergie wird und so weiter und so fort. Die potentielle Energie eines Apfels, der an einem Baum hängt, wird zunächst, während der Apfel fällt, in Bewegungsenergie (oder kinetische Energie) umgewandelt, dann in Wärmeenergie, wenn er auf den Boden plumpst und dort Dreckmoleküle aufwühlt. Wenn man zwei Stöckchen aneinanderreibt, um Feuer zu machen, so ist das eine Methode, um aus mechanischer Energie Wärmeenergie zu machen. Einsteins Quantensprung der Phantasie bestand in der Erkenntnis, daß Materie auch eine Energieform ist und in bestimmten meßbaren Verhältnissen in andere Energieformen umgewandelt werden kann. Materie ist, wenn man so will, eine Art »eingefrorene« Energie.

Die Umwandlung von Materie in Energie ist ein alltägliches Phänomen. Jedesmal, wenn Sie ein Feuer anzünden oder Kohle verbrennen, verwandeln Sie die Energie der Materie in Wärmeenergie. Wenn Sie alle Moleküle im Holz und der Luft *vor und nach* dem Verbrennen des Holzes wiegen würden, könnten Sie feststellen, daß die Summe der Zutaten nach der Verbrennung geringer ist. Aber die fehlende Materie geht nicht nur im Rauch verloren. Sie wird in eine genau berechenbare Menge Energie umgesetzt, die man nach der Formel $E = mc^2$ berechnen kann (wobei E die Energie, m die Masse und c die Lichtgeschwindigkeit ist). Die Lichtgeschwindigkeit c ist eine ziemlich riesige Zahl, was auch erklärt, warum man so viel Energie für so wenig Masse bekommt. Atombomben setzen sehr viel mehr Energie für wenig verbrauchte Masse frei, weil die Energie, die im Kern eingefangen ist, sehr viel »reichhaltiger« ist als die chemische Energie eines Holzfeuers. Auch die Sonne wird durch Kernreaktionen am Leben gehalten. Jeden Tag strahlt sie Billionen Tonnen ihrer Masse in Form von Lichtenergie in den Weltraum ab.

Die Umwandlung von Energie in Masse ist uns nicht so vertraut, aber genauso häufig. Tatsächlich legen Sie jedesmal, wenn Sie rennen, ein bißchen Extragewicht oder Masse zu. Eine straff gespannte Feder wiegt mehr als die gleiche Feder im entspannten Zustand, wegen des Gewichts der Energie, die man ihr durch das Spannen zufügt. In riesigen Teilchenbeschleunigern werden Elektronen auf 99,999 Prozent der

Lichtgeschwindigkeit gebracht und erhöhen dabei ihre Masse auf das Vierzigtausendfache – was bedeutet, daß diese Beschleuniger eigentlich den falschen Namen tragen. Sie sind nicht so sehr dazu da, die Teilchen auf hohe Geschwindigkeiten zu *beschleunigen*, als dazu, sie zu immer ungeheurerer Masse *aufzubauen*.

So kann man sich auch die (zumindest für mich) rätselhafte Vorstellung erklären, daß es einige »Teilchen« gibt, die überhaupt keine Masse haben. Masselose Teilchen bewegen sich gewöhnlich mit Lichtgeschwindigkeit und haben also ihre gesamte Masse in Bewegungsenergie umgesetzt. Und doch ist die Bewegungsenergie eines Lichtteilchens oder Photons genug Materie, so daß auch dieses Teilchen wie jedes andere durch die Schwerkraft beeinflußt wird. Ein masseloses Photon würde – genau wie eine massive Bowlingkugel – in einer glatten Parabelkurve zur flachen Erde hingezogen. Die Fallbewegung eines Lichtstrahles ist aber so schwer nachzuweisen, weil sich das Photon in jeder Sekunde seines Falls gleichzeitig auch noch mit 300 000 Kilometern in horizontaler Richtung bewegt.

Schließlich ist die Verbindung zwischen Masse und Energie der Grund für die beobachtbare Tatsache, daß die Lichtgeschwindigkeit die Grenzgeschwindigkeit des Universums ist. Keine Energie oder Information kann sich schneller bewegen als Licht, denn alles nimmt, sobald es sich dieser Geschwindigkeit nähert, immer mehr an Masse zu. Masse ist ein Maß für Trägheit, für den Widerstand gegen eine Bewegungsänderung. Je schneller also etwas ist, desto schwieriger wird es, dieses Ding noch weiter zu beschleunigen, weil es mit der höheren Geschwindigkeit auch mehr Masse bekommen hat. Schließlich wird es unendlich massig, so daß man eine unendlich große Kraft bräuchte, um es noch zu beschleunigen. Nicht einmal die Trägheit ist also eine absolute Größe: Die Trägheit wird größer, je schneller man sich bewegt.

Der Grund, warum die Relativität so oft mißverstanden wird, liegt darin, daß beinahe alle ihre Wirkungen *relativ* sind, d.h. von verschiedenen Standpunkten aus unterschiedlich aussehen. Wenn Leute sich mit beinahe Lichtgeschwindigkeit an Ihnen vorbeibewegen, dann sehen sie in Ihren Augen ziemlich massiv aus. Diese Leute werden dagegen nicht das Gefühl haben, massiv zu werden. Vielmehr werden dagegen *Sie* ihnen recht massiv erscheinen.

Sterne, Planeten, Gegenstände, Leute – alles, was sich in Relation zu Ihnen schnell bewegt, erscheint Ihnen so, als würde es immer massiver. Die Zunahme an Masse liegt an der Bewegung. Aber, wie schon Galileo beobachtet hat, ist Bewegung ja relativ. Die Entscheidung darüber, wer sich bewegt und wer nicht, hängt von Ihrem Bezugssystem, von Ihrem Blickpunkt ab. Also muß auch die Beurteilung darüber, wie massiv ein Gegenstand ist, von Ihrem Blickpunkt abhängen. Und was für die Masse stimmt, trifft natürlich auch auf die Energie zu. Wenn bei hohen Geschwindigkeiten die Bewegungsenergie in Masse umgewandelt werden kann (und umgekehrt), dann hängt die Menge der Energie offensichtlich von der Menge der Bewegung ab. Also ist in diesem Sinne auch die Energie relativ.

Die gleiche schiefe Sicht auf die Dinge trifft auch auf Zeit und Raum zu. Wie wir gesehen haben, ticken bei hohen Geschwindigkeiten die Uhren langsamer, und der Raum zieht sich zusammen. Diese Effekte müssen aber immer in Relation zu etwas anderem stehen. Wenn Ihre Freundin zu Hause bleibt, während Sie sich auf einen Blitztrip zu den Sternen begeben, können Sie zwar noch »jung« zur Erde zurückkehren, nachdem Ihre Freundin längst in biblischem Alter verstorben ist. Aber Ihrer eigenen inneren biologischen Uhr nach oder der Armbanduhr nach, die Sie tragen, fließt die Zeit wie immer. Sie können nicht merken, daß »die Zeit sich verlangsamt hat«, weil sogar Ihr Gehirn sich verlangsamt hat und auch Ihr Herz und Ihre Lungen in Zeitlupe funktionieren. Alle Uhren verhalten sich relativistisch, weil die Relativität eine Eigenschaft der Zeit und nicht der Uhren (oder vielleicht sollte ich sagen: der Zeit *und* der Uhren) ist.

Das Ergebnis: Sie haben keine Möglichkeit herauszufinden, ob Sie massiver geworden sind oder nicht, ob die Zeit sich verlangsamt hat oder nicht, ob Ihr Raum sich zusammengezogen hat oder nicht, sogar ob Sie sich bewegen oder nicht –

haargenau wie seinerzeit die Person im Schiff des Galileo. Ihre Masse ist die normale Masse, Ihre Zeit die normale Zeit, Ihr Raum der normale Raum. Einstein nannte die Art und Weise, wie Sie sich wahrnehmen, die »eigene« Sicht, um sie von anderen Bezugssystemen zu unterscheiden. Alles, was Sie von Ihrer Warte aus sehen, scheint Ihnen passend und »eigen«, während die Gegenstände und Menschen, die sich relativ zu Ihnen bewegen, sich langsam zu bewegen scheinen, irgendwie verzerrt und verdreht aussehen. Dieses Phänomen kommt Ihnen sicher aus dem Alltag vertraut vor: Wir neigen ja dazu, unsere eigenen Angewohnheiten und Gebräuche als normal zu sehen; lediglich die Verhaltensmuster der anderen scheinen uns verschroben.

Trotz all dieser oberflächlichen relativen Effekte bleibt das, *was sich tatsächlich ereignet*, erstaunlich absolut. Die Dinge sehen von verschiedenen Standpunkten unterschiedlich aus, genauso wie eine Kiste anders aussieht, wenn Sie daneben stehen, als wenn Sie mit dem Auto schnell daran vorbeifahren. Aber die Kiste selbst ändert sich nicht. Die Naturgesetze auch nicht. Die Beziehungen zwischen Dingen und Ereignissen ändern sich nicht. Deswegen können Sie nicht feststellen, ob Sie sich bewegen oder nicht, ob die Uhren nun langsamer gehen oder nicht.

Eines meiner liebsten Beispiele für das Absolute, das jeglicher Relativität zugrunde liegt, kommt – ziemlich unerwartet – aus dem Bereich der Biologie. Stephen Ray Gould schreibt:

Normalerweise bedauern wir eine Springmaus, die nur eine Lebensdauer von einem, maximal zwei Jahren hat. Wie kurz ist doch ihr Leben, während wir den größten Teil eines Jahrhunderts durchhalten. [Aber] solches Mitleid ist fehl am Platze [...] Die Lebensdauer dieser Tiere ist der Geschwindigkeit ihres Lebens angepaßt, und alle erleben ungefähr die gleiche biologische Zeit. Kleine Säugetiere ticken schneller, verbrennen ihren Treibstoff schneller und haben ein kurzes Leben. Große Säugetiere leben langsam und lange [...] Alle Säugetiere, völlig unabhängig von ihrer Größe, atmen während ihres Lebens etwa 200 Millionen Mal (und ihre Herzen schlagen ungefähr 800 Millionen Mal) [...] Wenn man es mit der inneren Uhr ihrer Herzen oder dem Rhythmus ihres Atems mißt, leben Säugetiere verschiedener Größe ungefähr gleich lang.*

Aus unserer beschränkten Sicht sehen unter Umständen Dinge ganz verschieden aus, die in Wirklichkeit ziemlich gleich sind. Die Gleichungen der Relativitätstheorie geben uns eine Sprache – oder vielmehr ein ganzes Wörterbuch –, um von einem Bezugssystem in das andere übersetzen zu können.

Allgemeiner Absolutismus

> Das Gravitationsfeld existiert nur für einen Beobachter, der es von außen sieht. Für einen im Inneren befindlichen Beobachter existiert es nicht.
>
> *Einstein und Infeld, Die Evolution der Physik*

Die allgemeine Relativitätstheorie erweitert diese Gedanken von den gleichförmigen Bewegungen – von Lichtstrahlen, die lautlos in der Nacht aneinander vorübergleiten – auf nicht gleichförmige oder beschleunigte Bewegungen. (In der Physik spricht man von einer *beschleunigten* Bewegung immer dann, wenn eine Bewegung sich verändert, nicht nur, wenn sie schneller wird, sondern auch wenn sie sich verlangsamt, ganz aufhört oder die Richtung ändert.) Die uns am besten vertraute beschleunigte Bewegung im Universum hat mit der Schwerkraft zu tun. Je weiter die Gegenstände fallen, desto schneller werden sie bei ihrem Fall. Planeten, die um die Sonne kreisen, beschleunigen in dem Sinne, daß sie ständig die Bewegungsrichtung ändern. Die beiden Relativitätstheorien waren Teil von Einsteins lebenslangem Bemühen, alle Kräfte der Natur zu vereinheitlichen: Die spezielle Relati-

* Es gibt natürlich Ausnahmen – vor allem uns Menschen, die wir wegen einer seltsamen lebenslänglichen Unreife länger als andere Säugetiere ihrer Art leben [...] und immer noch länger und länger.

vitätstheorie beruhte auf der relativen Bewegung der elektrischen und magnetischen Felder oder des Lichtes. Die allgemeine Relativitätstheorie brachte die letzte damals bekannte Kraft – die Schwerkraft – in die Familie ein. Der Ansatz war bei beiden Theorien ziemlich ähnlich.

Wie die spezielle Relativitätstheorie folgt auch die allgemeine aus dem, *was man nicht erkennen kann*, und aus dem, was *keinen Unterschied* bewirkt. In der speziellen Relativitätstheorie kann man nicht feststellen, ob man sich gleichförmig bewegt oder im Ruhezustand ist. In der allgemeinen kann man nicht feststellen, ob man beschleunigt wird oder in einem Gravitationsfeld steht. Die beiden Situationen sind genau äquivalent, und deswegen hat Einstein diese Erkenntnis auch als Äquivalenzprinzip bezeichnet.

Stellen Sie sich vor (wie Einstein es gemacht hat), daß Sie sich in einem Aufzug befinden und das Aufhängungsseil reißt. Plötzlich befinden Sie sich in einer Situation ohne Schwerkraft. Wenn Sie einen Ball fallenlassen, schwebt er vor Ihnen. Wenn Sie die Arme ausstrecken, schweben sie an Ihrer Seite. Sie befinden sich im freien Fall, ganz ähnlich wie in der Schwerelosigkeit im Weltraum. Solange Sie sich mit der Beschleunigung der Schwerkraft bewegen, scheint diese Kraft zu verschwinden, genauso wie die Kraft des Magnetismus zu verschwinden scheint, wenn Sie »mit dem Elektron mitreisen«. Gibt es in dieser Situation des freien Falls eine Möglichkeit, festzustellen, ob Sie sich in einem Gebiet mit Schwerkraft Null befinden oder ob Sie der Beschleunigung der Schwerkraft folgen? Nein.

Stellen Sie sich nun vor, daß Sie in einem Raumschiff im Weltraum schweben und plötzlich das Raumschiff immer schneller wird. Wenn Sie jetzt einen Ball fallen lassen, holt der Boden des Raumschiffs ihn bald ein. Der Ball »schwebt« nicht mehr, er »fällt«. Können Sie ein Experiment durchführen, um festzustellen, ob Sie sich in einem Raumschiff befinden, das im Weltraum beschleunigt, oder ob Sie sich im gleichen Raumschiff noch auf der Abschußrampe und damit unter dem Einfluß der Schwerkraft befinden? Nein.

Die allgemeine Relativitätstheorie löste das große Rätsel

der Beziehung zwischen Trägheit und Masse (und war auch von ihm inspiriert): Warum fallen Bowlingkugeln und Pingpongbälle im Vakuum gleich schnell? Weil sie, wenn man sie in einem beschleunigten Raumschiff fallen ließe, vom Boden gleich schnell eingeholt würden. Egal wie man es sieht, die beiden »treffen gleichzeitig am Boden auf«. Wenn Sie in einem gigantischen Raumschiff von der Größe der Erde lebten, das beschleunigt wird, könnten Sie meinen, daß alles rings um Sie herum von der »Kraft« der Gravitation am Boden gehalten wird. Aber ein Beobachter, der das Ganze von außen betrachtet, könnte sehen, daß der Grund, warum alles am Boden haftet, in Wirklichkeit der ist, daß der Boden auf die Dinge zu beschleunigt wird. Nach der allgemeinen Relativitätstheorie ist also auch die Schwerkraft relativ.

Als Einstein das zum erstenmal klar wurde, war er verständlicherweise in Hochstimmung. Er schrieb:

Und dann kam mir der glücklichste Gedanke meines Lebens in der folgenden Form: Genau wie das elektrische Feld durch elektromagnetische Induktion hervorgerufen wird, existiert auch das Gravitationsfeld in ganz ähnlicher Weise nur relativ. *Wenn man sich einen Beobachter im freien Fall vorstellt, der zum Beispiel vom Dach eines Hauses fällt, dann gibt es für ihn während dieses Falls kein Gravitationsfeld* – zumindest nicht in seinem unmittelbaren Umfeld. Denn wenn der Beobachter irgendeinen Gegenstand losläßt, bleibt er relativ zu ihm in Ruhe oder in einem Zustand gleichförmiger Bewegung, unabhängig von seiner speziellen chemischen oder physikalischen Natur. (Bei dieser Überlegung muß natürlich der Luftwiderstand außer acht bleiben.) Der Beobachter kann also mit Fug und Recht seinen Zustand als Ruhezustand betrachten.

Viele Aspekte der allgemeinen Relativitätstheorie sind außerordentlich gewöhnungsbedürftig, nicht nur für Laien. Victor Weisskopf umschrieb seine Unsicherheit in dieser Sache einmal so: »Es ist wie in der Geschichte mit dem Bauern, der den Ingenieur fragt, wie die Dampfmaschine funktioniert. Der erklärt dem Bauern ganz genau, wohin der Dampf geht und wie er durch die Maschine geführt wird und so weiter. Und dann meint der Bauer: ›Ja, das verstehe ich alles, aber wo ist das Pferd?‹ So geht es mir mit der allgemeinen Relativitätstheorie. Ich kenne alle Einzelheiten, ich verstehe, wo der Dampf hingeht, aber ich bin mir immer noch nicht sicher, ob ich weiß, wo das Pferd ist.«

An die Äquivalenz selbst kann man sich etwas leichter gewöhnen. Wenn die Astronauten in ihren Raumfähren oder Mondraketen in den Weltraum hinein beschleunigt werden, messen sie die Kraft dieser Beschleunigung in so und so vielen G – wobei G die Gravitation der Erde ist. Zwei G entspricht der doppelten Erdanziehung und so weiter. Die visionären Pläne für dauerhaft im Raum verankerte Raumstationen ersetzen die Gravitation immer durch eine andere Art von Beschleunigungskraft – durch die Zentrifugalkraft. Riesige Räder drehen sich im Raum, werfen Leute und Häuser und alles andere nach außen wie Jojos, die man an der Schnur um den Kopf schwingt. Wenn sich der »Boden« an den Außenwänden dieser Räder befindet, dann ist die Zentrifugalkraft genau äquivalent zur Schwerkraft.

Seltsamerweise hat Newton am Beispiel der Zentrifugalkraft zu beweisen versucht, daß eine beschleunigte Bewegung *absolut* und nicht relativ ist. Er sagte, während die gleichförmige Bewegung (à la Galileo) offensichtlich relativ sein könnte, seien beschleunigte Bewegungen etwas völlig anderes. Wenn man einen Eimer Wasser schnell um die eigene Achse drehte, dann ließe die Zentrifugalkraft das Wasser an den Seiten des Eimers höher steigen, genauso wie die Drehung der Erde bewirkt, daß die Erde am Äquator ausgebeult ist. Diese Beule nahm er als Beweis dafür, daß die Dinge sich bewegten und nicht im Ruhezustand waren. Aber um 1900 herum wies Ernst Mach darauf hin, daß man das gleiche Ergebnis bekommt, wenn sich das gesamte Universum dreht und der Eimer in Ruhe auf der Erde steht. Also kann man *immer noch nicht* feststellen, ob man im Ruhezustand ist oder beschleunigt wird.

Sicherlich ist es ein seltsamer Gedanke, daß eine Kraft wie die Schwerkraft relativ sein soll. Wenn man einen Gegenstand anschiebt – zum Beispiel einen Ball wirft –, dann scheint daran nichts relativ zu sein. Aber stellen Sie sich folgendes vor: Einer der Maßstäbe für eine Kraft ist die Bewegung, die sie verursacht. Wenn Sie etwas mit größerer Kraft anschieben, dann fliegt es weiter (oder schneller), als wenn Sie es mit weniger Kraft anschieben. Wenn Bewegungen jedoch relativ sind und wenn Bewegungen das Ergebnis von Kräften sind, dann ist es eigentlich gar nicht so überraschend, daß auch die Kräfte relative Eigenschaften haben.

Die allgemeine Relativitätstheorie beschreibt nun die Schwerkraft nicht als Kraft, sondern eher als die Krümmung der Raumzeit selbst – als Schlaglöcher im unsichtbaren Straßenbelag des Universums, die durch das Gewicht superschwerer Objekte verursacht werden. Sterne, Planeten und sogar dichte Energiekonzentrationen ($E = mc^2$) verbiegen alle die Raumzeit. Gegenstände, die an diesen Dellen in der Raumzeit vorbeikommen, verspüren eine unwiderstehliche Anziehung, »fallen« oft hinein, wie das Rad eines Autos in ein Schlagloch auf der Straße »fällt«.

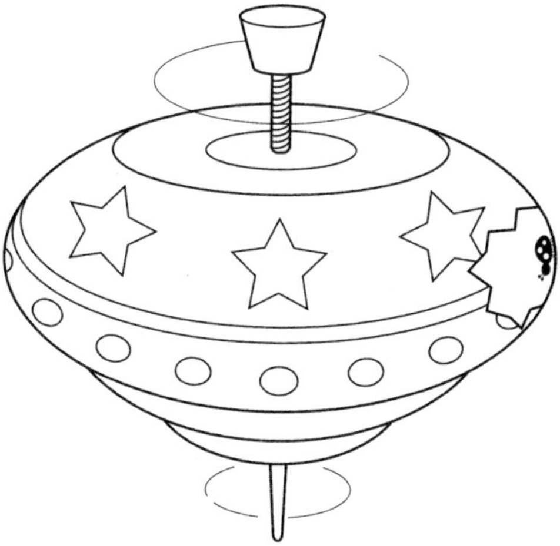

Die Ameise im Inneren des Kreisels spürt eine Kraft ähnlich der Schwerkraft, die sie »nach unten« zieht – das heißt nach außen. »Nach oben« bedeutet für die Ameise »in Richtung der Kreiselachse«.

Unter extremen Bedingungen kann dieses Loch eine Art Bermudadreieck für alles sein, was in seine Nähe gerät. Ein schwarzes Loch entsteht zum Beispiel, wenn der Raum so sehr in sich selbst zurückgekrümmt ist, daß nichts, nicht einmal Licht mehr davonkommt. Schwarze Löcher – und Wurmlöcher und so manches andere von den Physikern vorgeschlagene exotische Ding – sind direkte Folgerungen aus Einsteins Schluß, daß die Gravitation relativ ist. Sie ist keine Kraft, die Dinge zum Fallen »zwingt«, sondern vielmehr eine Eigenschaft der Raumzeit. Dinge fallen, weil diese Bewegung ihr normaler »geradliniger« Pfad im gekrümmten, vierdimensionalen Raum-Zeit-Kontinuum ist. Und der gekrümmte Raum ist viel mehr als nur eine neue Art und Weise, die Schwerkraft zu betrachten. Man kann damit tatsächlich unterschiedliche Resultate errechnen, die in Experimenten bestätigt wurden. Während der gekrümmte Raum für das menschliche Auge und in menschlichen Größenordnungen unsichtbar ist, ist die verzerrende Wirkung, die er auf das Licht ferner Sterne und Galaxien hat, sonnenklar. In einigen Fällen kann eine große Materiekonzentration sogar eine »Gravitationslinse« darstellen, die die Bilder ferner Galaxien wie ein kosmisches Kaleidoskop vervielfältigt.

Physiker wie Kip Thorne, der sein ganzes Berufsleben damit verbracht hat, die Konsequenzen von »Einsteins herausragendem Erbe«, wie er es nennt, zu erforschen, finden den gekrümmten Raum nicht schwerer vorstellbar als die Sterne und Teilchen, die andere Physiker untersuchen. Schließlich »kann man auch Atome nicht mit bloßem Auge sehen«, meint er. »Und Luft auch nicht«.

Für uns andere bleibt der gekrümmte Raum ein herrliches Paradox. Denn was ist zum Beispiel der »ungekrümmte, gerade Raum«? Eine Gerade ist der kürzeste Abstand zwischen zwei Punkten, aber was ist das? Normalerweise meinen wir mit »kürzester Abstand« die Sichtlinie, den Weg eines Lichtstrahls. Wenn sich nun aber der Lichtstrahl krümmt, ist dann sein Weg im gekrümmten Raum geradlinig? Oder ist er im geraden Raum krumm? Es gibt sogar Fälle, in denen der kürzeste Abstand zwischen zwei Punkten der Weg ist, der nach

Ihrer Uhr die längste Zeit beansprucht – weil die Zeit sich *verlangsamt*, je schneller Sie sich bewegen!

Kurz gesagt, Relativität bedeutet eben *nicht*, daß alles relativ ist. Sie bedeutet, daß der Augenschein relativ ist – und das haben Sie eigentlich schon gewußt. Es ist wirklich keine große Überraschung, daß das, was Sie wahrnehmen, sich je nach Standpunkt ändert. Das passiert schließlich dauernd. Was seltsam ist, ist vielmehr, daß man von ganz verschiedenen Standpunkten aus zu den gleichen Schlußfolgerungen gelangen kann. Wenn man einmal entdeckt hat, was absolut ist, dann kann man leichter erkennen, was nur eine Frage des Standpunkts ist.

Teil III

Fäden und Knoten

Die wunderschönen Spiralmuster, die man auf den Bildern von Galaxien sieht, zeigen in den meisten Fällen nicht die Muster, wo die Sterne sind [...] Die Spiralmuster, die sich durch die Scheibe einer Galaxie ziehen, sind nur die sichtbaren Auswirkungen einer ständig alles erneuernden Kraft.

Lee Smolin, Warum gibt es die Welt? Die Evolution des Kosmos

Kapitel 9

Wellen und Platscher

> Was ist also dieses Gehirn, was sind all diese Atome mit Bewußtsein? Schnee von gestern! Nur deshalb können wir uns daran erinnern, was uns ein Jahr zuvor durch den Kopf gegangen ist – durch einen Kopf, in dem inzwischen längst alles völlig erneuert ist.
> Genau das bedeutet nämlich die Erkenntnis, wie lang es dauert, bis alle Atome des Gehirns durch andere ersetzt sind: daß meine Individualität nur ein Muster ist, ein Tanz. Die Atome kommen in mein Hirn, machen ihr Tänzchen und gehen dann wieder. Immer andere Atome, aber stets der gleiche Tanz, und immer mit der Erinnerung daran, wie der Tanz gestern ausgesehen hat.
>
> *Richard Feynman*

Feynman bringt hier wahrscheinlich die seltsamste Erkenntnis zum Ausdruck, die aus der harten Welt der Physik zu uns heruntergereicht wurde: Der »Tanz« ist realer als die Atome. Die »abstrakten« Muster des physikalischen Universums sind konkreter als die Dinge, die man anfassen und berühren kann. Das, was die Materie und die Kräfte fest und ewig macht, sind fast immer unfaßbare, sich ständig wiederholende Rhythmen, die von einem ständig wechselnden Chor gesungen werden. Atome kommen und gehen, aber Erinnerungen können sich ein Leben lang halten. Das Gesetz der Schwerkraft saugt Sterne und Planeten zu Kugelform, unabhängig davon, woraus sie bestehen. Die Quantenmechanik macht Gold zu Gold, wo immer es ist und wo immer es gewesen ist.

Die Physiker versuchen aus den Mustern Rückschlüsse auf die zugrundeliegenden Kräfte zu ziehen – genau wie Eltern, Psychologen, Wirtschaftswissenschaftler und gelegentlich sogar Politiker. Oft tun wir Muster als etwas ab, das keine wirkliche Substanz besitzt, während wir uns fest auf scheinbar konkrete individuelle Fälle verlassen. Muster sind wirklicher als Felsen oder Atome oder schwarze Löcher. Muster, das sind wir.

Eine allgemeine wissenschaftliche Aussage lautet, daß in einem Zeitraum von sieben Jahren jedes Atom in unserem Körper ersetzt wird. Wenn Ihr »Selbst« durch die Atome definiert wäre, aus denen Sie sich zusammensetzen, dann wären Sie alle sieben Jahre ein völlig anderer Mensch. Sie wären dann nicht einmal mehr von einem Tag zum nächsten oder von einem Augenblick zum anderen Sie selbst.

Natürlich definieren wir Menschen nicht durch ihre Atome. »Wenn O. J. Simpson versucht hätte, straffrei auszugehen, indem er sieben Jahre lang immer wieder Berufung eingelegt und dann gesagt hätte: ›He, jetzt habt ihr so lange gebraucht, jetzt bin ich nicht mehr dieselbe Person!‹, dann wäre das absurd«, meint der Philosoph John Perry von der Stanford University, dessen Spezialgebiet die Erforschung des Selbst ist. »Wir stellen nicht Atome vor Gericht, sondern Personen.«

Oder betrachten wir mit Richard Feynman einen noch konkreter faßbaren Gegenstand:

Die Philosophen sagen immer: »Nehmen Sie zum Beispiel einen Stuhl.« In dem Augenblick ist sonnenklar, daß sie nicht mehr wissen, wovon sie reden. Was *ist* ein Stuhl? Nun, ein Stuhl, das ist ein bestimmter Gegenstand da drüben [...] Bestimmt? Wie bestimmt? Ständig verdampfen von seiner Oberfläche – nicht viele, aber doch einige – Atome, Schmutz fällt darauf und vermischt sich mit den Atomen des Lacks. Es ist folglich unmöglich, präzise zu definieren, was ein Stuhl ist, genau anzugeben, welche Atome Stuhl sind und welche Luft oder Dreck oder Farbe auf dem Stuhl.

Wasserwirbel und Strudel und Regentropfen sind Muster aus Wassermolekülen (ganz egal aus welchen), die beinahe unabhängig vom Wasser selbst existieren. Das Wasser fließt *durch* diese Formen hindurch.* Ein Regenbogen ist kein Gegenstand, sondern ein Lichtmuster, das durch Beugung an Wassertröpfchen entstanden ist – *verschiedenes* Licht von *ver-*

* Ein wunderbares Buch zu diesem Thema ist *Patterns in Nature* von Peter S. Stevens.

schiedenen Tropfen für jeden, der diesen Regenbogen sieht. Jeder betrachtet den Regenbogen aus seiner persönlichen Perspektive. Nur läßt das übereinstimmende Farbmuster dieses geschwungenen Bogens die Leute irrigerweise annehmen, es handle sich um ein konkretes »Ding«. Wassermoleküle selbst besitzen Eigenschaften, die von den Mustern der Wasserstoff- und Sauerstoffatome abhängen, aus denen sie bestehen. Alles, was Wasser zu einem solchen Lebensquell macht – zum Stoff, aus dem Blut, Schweiß und Tränen gemacht sind –, läßt sich aus der Anordnung dieser Atome ableiten, der gleichen Anordnung, die sich auch in jeder Schneeflocke und Seifenblase widerspiegelt.

Sogar eine Galaxie ist in diesem Sinne größtenteils eine Abstraktion, denn die individuellen Sterne in ihren Spiralarmen werden ständig durch neue ersetzt. Das Sternenmuster, das die Spirale bildet, rotiert sogar mit einer anderen Geschwindigkeit als die Sterne selbst. Im Augenblick sitzt unsere Sonne zwischen zwei Spiralarmen, hat sich aber früher einmal ganz außen mitgedreht und kann sehr wohl (wenn sie lange genug lebt) eines Tages einmal auf einem inneren Spiralarm landen, dem Heim für in die Jahre gekommene Sterne.

Abstraktionen erscheinen uns magisch, weil sie unabhängig von Materie existieren können – und weil sie Dinge vollbringen, die Materie selbst nicht schafft. Familienähnlichkeiten und -traditionen können jedes einzelne Familienmitglied um viele Jahre überleben, genau wie der Schweif eines Kometen schneller als mit Lichtgeschwindigkeit um die Sonne flitzen kann. Das liegt, wie Guy Murchie erklärt, daran, daß »der Schweif eines Kometen nicht der gleiche Schweif bleibt, genauso wie der Wasserstrahl aus einem Gartenschlauch nicht das gleiche Wasser bleibt«.

Naturgesetze sind in Wirklichkeit beobachtete Muster – Beziehungen zwischen Dingen und Ereignissen. Sie sind so mächtig, weil sie inmitten staunenswerter Regelmäßigkeit unendlich viele Variationsmöglichkeiten bieten. Alle Menschen – genauso wie alle Planeten und alle Bäume – sind nach dem gleichen Muster gestrickt, und doch weisen sie ein ungeheuer breites Spektrum individueller Formen auf. Wir sind alle gleich und doch verschieden. Diese Muster oder »Gesetze« werden oft mit Hilfe mathematischer Formeln ausgedrückt – und deshalb kann man mit ihnen weit jenseits der menschlichen Vorstellungskraft forschen. Im Gegensatz zu einer Person kann ein Muster ganz unbekümmert bis ins Extrem gehen. So kann es Ihnen mitteilen, was geschieht, wenn Sie Ihr Geld eine Million Jahre auf der Bank liegen lassen, oder wie vor einer Million Jahren wohl das Leben auf der Erde ausgesehen hat. Man kann mit Hilfe der Muster extrapolieren und interpolieren. Man kann mit ihrer Hilfe herausfinden, wohin man unterwegs ist und wo man herkommt. Man kann mit ihrer Hilfe feststellen, was in einem atomaren Zusammenstoß geschieht und wie die Materie bei unendlich hoher Gravitation, zum Beispiel in einem schwarzen Loch, aussieht.

Diese Muster wahrzunehmen ist für uns Menschen so lebenswichtig, daß wir sogar welche sehen, »wo keine sind« – in den Wolken, in Rissen an der Decke, wir sehen sogar den berühmten »Mann im Mond«. Dieses Muster ist übrigens höchst subjektiv: In China ist es ein »Kaninchen im Mond«. Das Sternbild, das im Deutschen »Großer Wagen« heißt, wird in England mit »Plough« (Pflug) bezeichnet und bei uns auch manchmal als »Großer Bär«. Aber auf irgendeine Weise sind beinahe alle Menschen ständig auf der Suche nach Mustern, die eine bestimmte Realität ergeben. Ärzte suchen Muster von Symptomen, die für eine bestimmte Krankheit stehen. Journalisten suchen nach Mustern, die sie gesellschaftliche Trends nennen. Unternehmer suchen nach den Mustern des Marktes. Und Wissenschaftler suchen nach Mustern, die sie Naturgesetze nennen.

Ein besonders hartnäckiges Muster in der Natur ist das Ereignis – oder der Gegenstand? – Welle. Was ist eine Welle? Eine Welle ist notwendigerweise eine Art von Schwingung, aber es gibt auch Schwingungen, die keine Wellen erzeugen (zum Beispiel die Schwingung einer Glocke im Vakuum, weil es dort keine Luft gibt, die diese Welle transportieren könnte). Normalerweise breitet sich in der Natur jedoch jedes kleine Zupfen und jede Störung mit weitreichenden

Wellen aus. Ein Platscher dagegen ist eine einmalige Angelegenheit.

Der Unterschied zwischen einer Welle und einem Platscher ist, daß eine Welle größer ist als sie selbst. Sie kann sich von der ursprünglichen Störung abkoppeln, die sie hervorgerufen hat, und sie kann die Information über große Entfernungen von der Quelle hinweg mitnehmen, kann um Ecken biegen, kann durch Dinge hindurchgehen, dabei manchmal Menschen oder sogar ganze Länder mit sich reißen. Wenn sie allein da draußen ist, hängt ihre Stärke nicht mehr von einem bestimmten Ereignis ab, sondern erreicht manchmal eine Intensität, die alle Erwartungen weit übertrifft. Sie kann nämlich so mit anderen Wellen in Wechselwirkung treten, daß sie zu gigantischen Proportionen anschwillt – oder völlig ausgelöscht wird.

Eine Welle kann all das, weil sie nicht aus »Zeug« gemacht ist; sie ist eine Bewegung von Information. Eine Modewelle kann zum Beispiel mit einem einzigen Knaller anfangen. Aber wenn sie einmal in Bewegung gekommen ist, bewegt sie sich ganz unabhängig von den Leuten, die in ihr mitschwimmen. Die Leute sind nur die »Träger«. Die Welle selbst besteht aus einem Muster – wie Leute diese Mode aufgreifen und sie dann wieder fallenlassen. Die Leute bleiben, wo sie sind, nur die Welle breitet sich aus. Genauso breiten sich in Ihrem Körper die Wellen der Gedanken und Gefühle aus und benutzen dazu die elektrische Leitung der Nerven. Die Nerven selbst bleiben aber immer an der gleichen Stelle. Die meisten Wellen ebben relativ schnell ab. Nur wenn kontinuierlich neue Energie zugefügt wird – wenn Leute die Modewelle aufgreifen, wenn der Wind die Wellen im Meer aufpeitscht, wenn immer neue Quellen elektrischer Energie die Nervensignale weiterleiten wie Verstärker an Telefonleitungen – nur dann rollen die Wellen weiter oder gewinnen sogar noch an Kraft.

Manche Platscher verursachen mehr als eine Welle. Wenn Sie einen Stein ins Wasser werfen, wird die Luft in der Nähe der Wasseroberfläche angestoßen, gibt diesen Stoß an die nächste Luftschicht weiter und so weiter und so fort, wie eine Welle auf einem Springseil oder die Welle der Bewegung (und auch der Gefühlsbewegung!), die im Stau durch eine Autoschlange wogt, wenn es einen Zusammenstoß gegeben hat. Dieser Luftstoß erreicht Ihr Ohr und wird dort als Geräusch wahrgenommen. Gleichzeitig mit dem Platscher wird aber auch das Wasser gekräuselt. Diese Auf- und Abbewegung pflanzt sich durch das Wasser fort und läßt dabei alle Stöckchen, Blätter, Enten und Boote mittanzen, die zufällig am Weg liegen. Die Stöckchen und Boote bewegen sich dabei aber genauso wenig zum anderen Ufer wie die Wasserteilchen. Die Welle bewegt sich *durch* das Wasser wie ein Gerücht durch eine Menschenmenge.

Mit anderen Worten: was Wellen ausmacht, ist nicht der Transport von Materie, sondern von Signalen. Lichtwellen und Schallwellen transportieren Stimmen, Wörter und Bilder. Meereswellen vermitteln Informationen über Stürme weit aufs Meer hinaus, und eine Flutwelle bringt die Botschaft, daß es irgendwo ein Erdbeben gegeben hat. Der erste Dominostein in einer Reihe übermittelt die Tatsache, daß er umgefallen ist, an den letzten Stein in der Reihe, ohne sich je selbst von der Stelle zu rühren. Was sich durch die ganze Reihe fortgepflanzt hat, ist die Information über eine Veränderung in der *Position* des Dominosteins – von der Vertikalen in die Horizontale. Was sich fortbewegt, ist also ein *Zustand.*

Deswegen können sich Wellen überlagern und dabei doch ihre eigene Identität behalten. Man spricht von *konstruktiver* Interferenz zweier Wellen, wenn Wellenberge auf Wellenberge und Wellentäler auf Wellentäler treffen, so daß sich die Effekte beider Wellen summieren. Von *destruktiver* Interferenz ist die Rede, wenn die eine Welle oben ist, während die andere gerade unten ist, und die beiden Bewegungen einander aufheben. Das Ergebnis ist Nichts.

Immer wenn die Addition zweier Dinge Nichts ergibt, kann man sicher sein, daß man es mit Wellen zu tun hat. Zwei Häuser oder zwei Kieselsteine können sich nicht zu keinem Haus oder keinem Kieselstein addieren. Die Tatsache, daß zwei Lichtstrahlen sich so überlagern können, daß dabei dunkle Streifen entstehen, galt jahrhundertelang als Beweis dafür, daß Licht eine Welle ist. Bis Einstein Newtons Theorie zu neuem Leben erweckte, daß Licht auch Teilcheneigenschaften hat. Zwanzig Jahre später entdeckte man dann, daß auch alle Teilchen – Elektronen, Protonen, Neutronen und so weiter – Interferenzeffekte aufweisen. Während sich also eine Lichtwelle manchmal wie ein Teilchen verhält, benehmen sich auch Teilchen manchmal eindeutig wie Wellen.

Solange zwei solche Muster sich mit der gleichen Frequenz wiederholen, gibt es entweder konstruktive oder destruktive Interferenz. Genau wie zwei Leute, die beide mit exakt zehn Schritten pro Minute marschieren, im Gleichschritt bleiben, wenn sie im Gleichschritt angefangen haben, und nie in Gleichschritt kommen können, wenn sie es nicht schon am Anfang waren.

So verhalten sich die Dinge im allgemeinen aber nicht. Normalerweise gelangen zwei eng miteinander verbundene Muster in Gleichschritt und brechen ihn wieder. Das bedeutet, daß sie an manchen Stellen konstruktive Interferenz zeigen, an anderen destruktive: Zeiten großer Lautstärke wechseln mit Zeiten der Ruhe ab, helle Flächen mit dunklen. Das Ergebnis sind zwei Instrumente, die ein ganz klein wenig verstimmt sind, bunt schillernde Muster auf Seifenblasen und Ölspuren, in Opalen und auf den Flügeln der Schmetterlinge.

Interferenz ist ein übergeordnetes Muster, das sich aus der Überlagerung zweier verschiedener Muster ergibt. Sie ist also ein außerordentlich nützliches Vergrößerungsglas. Interferenzlaser werden inzwischen routinemäßig zur Vermessung von Landschaften (sogar zur Messung des Abstandes zum Mond) benutzt, und man sieht sich die Interferenzmuster von Röntgenstrahlen an, um Aufschlüsse über die Kristallstruktur zu bekommen. Mit den Interferenzmustern von Radiowellen, die von Milliarden von Lichtjahren entfernten Quasaren stammen, werden die winzigen Bewegungen der Kontinentalverschiebung vermessen. Die meisten neueren (und sogar älteren) Teleskope werden heute mit Interferometern ausgestattet – Geräten, die Lichtwellen von zwei verschiedenen »Empfängern« kombinieren und so ein viel schärferes und umfassenderes Bild liefern.

Manche Physiker beschreiben sogar die Quantenzustände

des Atoms als eine Art Interferenzmuster von Teilchenwellen. Das heißt, dort wo diese Teilchenwellen (oder sind es Wellenteilchen?) konstruktive Interferenz zeigen, liegt ein stabiler Energiezustand vor. Da allen Teilchen der Natur ein Wellenmuster zugeordnet ist, sind auch alle Atome und Moleküle, die sich aus ihnen zusammensetzen, Muster aus diesen Mustern. Vielleicht dachte der Physiker J. Robert Oppenheimer an so etwas, als er sagte, daß die Interferenz der Elektronenwellen viele »neue Effekte mit sich bringt ... Sie ist verantwortlich für den Magnetismus von Permanentmagneten. Sie ist verantwortlich für die Bindungen in der organischen Chemie und für die Existenz jeglicher Form, die wir uns für lebendige Materie und schließlich für das Leben selbst vorstellen können«.

Die Tatsache, daß ein Elektron eine Welle ist, schließt aber nicht aus, daß es auch ein scharf definiertes Teilchen ist – das haben alle Experimente gezeigt. Materiewellen sind keine *Verteilungswellen*, d.h. Wellen, die über den ganzen Raum verteilt sind. Sie sind vielmehr *Wahrscheinlichkeitswellen*, die angeben, wie groß die Wahrscheinlichkeit ist, ein Teilchen zu einem bestimmten Zeitpunkt an einem bestimmten Ort anzutreffen. Wie eine Welle, die sich durch eine Reihe von Dominosteinen oder ein Weizenfeld bewegt, transportiert auch diese Welle nicht Materie, sondern einen Zustand – ist also eine Informationswelle. Das paßt hervorragend zu der Beobachtung, die Sir James Jeans vor vierzig Jahren gemacht hat: daß Elektronen im wesentlichen »Wissenswellen« sind. Sie geben an, wo das Elektron wahrscheinlich auftauchen würde, *wenn wir uns entscheiden, das zu messen*.

Wenn Wellen sich nicht miteinander vermischen (und sogar wenn sie sich vermischt haben), gehen die meisten durcheinander hindurch wie körperlose Gespenster. Schallwellen, Lichtwellen, Bugwellen, alle überkreuzen sich ständig und überlagern sich, doch überraschenderweise kommen sie im großen und ganzen unverändert und intakt am Ziel an. Wenn das nicht so wäre, wären alle Bilder und Töne in einem einzigen riesigen undurchdringlichen Spinnennetz weißen Rauschens miteinander verwoben.

Nicht alle Wellen werden von großen Platschern verursacht. Dünen und Schneeverwehungen und sogar die Wellen, die Fahnen und Weizenfelder bewegen, werden alle von der Windkraft geformt. Lichtwellen werden von einem an- und abschwellenden elektrischen Feld erzeugt, das seinerseits ein entsprechendes Magnetfeld hervorbringt, das mit seinem Auf und Ab wiederum ein elektrisches Feld erzeugt, und so weiter und so fort. Viele Meereswellen werden von der gleichen Anziehung des Mondes getrieben, die auch die Gezeiten erzeugt. Die Form dieser Wellen wird – genau wie die Form von Planeten und Seifenblasen, wie der Wirbel eines Tornados oder der sechszackige Stern einer Schneeflocke – von relativ wenigen Kräften und Bewegungen bestimmt. Und wenn sich einige Muster zu wiederholen scheinen, dann liegt das daran, daß die Kräfte, die sie formen, sich wie starke Strömungen durch die gesamte Natur ziehen.

Eine besondere Art von Welle scheint wirklich überall aufzutauchen, wo man auch hinschaut: die Sinuswelle. Eine Sinuswelle ist die sichtbar gewordene Form einer ganz einfachen Bewegung, der Bewegung eines Pendels. Sie ist auch die Grundlage für ein ganzes Transportsystem aus Kaninchengängen, das sich Lewis Carroll ausgedacht hat, als er *Alice im Wunderland* erträumte. Und das geht so:

Wenn man in einen Kaninchengang fiele, der geradewegs durch die ganze Erde hindurch geht, dann würde man durch die Schwerkraft zum Zentrum gezogen, bis man in der Erdmitte die Maximalgeschwindigkeit von ungefähr 8 Kilometern pro Sekunde erreicht. Danach würde die Schwerkraft anfangen, einen wieder rückwärts zu ziehen (weil man ja den größten Teil der Erdmasse hinter sich hätte), aber der Impuls wäre noch so groß, daß man immer weiter flöge, bis zur anderen Seite, sagen wir mal, nach Australien. Wenn man nun in Sidney vergäße auszusteigen, würde man wieder zurück zum Ausgangspunkt gezogen und könnte so immer hin und her sausen, wie ein menschliches Pendel oder Jojo, bis einen schließlich die Reibung zum Stillstand brächte.

Das Schöne an diesem System ist, daß jede Reise durch den Karnickelgang durch die Erde genau gleich lang dauern würde –

genau zweiundvierzig Minuten. Ob Sie nun in den 13 000-Kilometer-Gang nach Sidney oder den 7 500-Kilometer-Gang nach Prag oder den 4 000-Kilometer-Gang nach Miami Beach hüpfen, Sie kommen immer nach genau zweiundvierzig Minuten dort an, weil die Beschleunigung durch die Schwerkraft zum Beispiel auf dem Trip nach Miami Beach nicht so groß wäre. Andererseits haben Sie es auch nicht so weit.

Das erklärt, warum ein Pendel (innerhalb gewisser Grenzen) immer die gleiche Zeit braucht, um von einem Ende zum anderen zu schwingen, selbst wenn die Auslenkung kleiner wird. Die Kraft, die das Pendel zum Zentrum zurückzieht, wird größer, je weiter der Abstand von diesem Zentrum ist. Mit größerem Abstand wird also auch die Kraft größer, und so gleicht sich am Ende alles aus.

Eine Sinuswelle gibt uns ein Bild dieser Bewegung. Wenn ein Stein ins Wasser fällt, kräuselt er die Oberfläche, und diese Kräusel haben im wesentlichen die gleichen Schwingungseigenschaften – und senden Wasserwellen und Schallwellen aus (von Lichtwellen ganz zu schweigen), die alle die Form von Sinuswellen haben.

Wellen sind nur eines der vielen allgemeinen Muster, die sich aus den relativ wenigen Kräften und Bewegungen ergeben, die die gesamte Natur formen. Die Schwerkraft ist in dieser Hinsicht besonders »einflußreich«. Als Newton einmal begriffen hatte, daß sie hinter den Umlaufbahnen der Planeten steckt, »wurden viele andere Dinge klar«, schreibt Feynman. »Daß die Erde rund ist, weil alles nach innen gezogen wird, daß sie andererseits nicht ganz rund ist, weil sie sich dreht und die äußeren Schichten ein wenig nach außen gezogen werden, und daß sich diese Kräfte das Gleichgewicht halten; daß die Sonne und der Mond rund sind und so weiter.« Sterne und Planeten sind rund, weil alle Materie alle andere Materie anzieht – in eine Richtung, die wir auf der Erde mit unserem sehr begrenzten Horizont »unten« nennen.

Der gekrümmte Raum selbst ist nichts als das Muster, nach dem Dinge unter dem Einfluß eines Gravitationsfeldes »fallen«, genauso wie sich Eisenfeilspäne in einem bestimmten

Muster ordnen, wenn sie in den Einflußbereich eines Magneten geraten. Die Formeln, die diese Kräfte definieren, sind in gewisser Weise mathematische Ausdrücke für Verhaltensmuster. Stühle und schwarze Löcher, Atome und Ameisen, Bienenwaben und Knochen, alle richten ihre Form nach den Zugkräften der Natur aus. In seinem berühmten Buch *On Growth and Form* schreibt D'Arcy Thompson, jeder Gegenstand sei im Grunde ein »Kräftediagramm«.

Muster mögen uns vergänglich erscheinen, aber letztendlich sind sie das einzige, was überdauert. Sie sind die Wellen, die noch lange nachschwingen, wenn die kurzlebigen Platscher des Schicksals und der Mode schon längst verebbt sind.

Die parabolische Bahn des fallenden Wassers wird durch die Anziehung der Schwerkraft geformt.

Kapitel 10
Mitschwingungen

Er steckte den kleinen Vibrator in die Manteltasche und machte sich auf die Suche nach einem halbfertigen Stahlbau. Er fand auch einen in der Gegend der Wall Street, zehnstöckig, bisher stand nur das Stahlgerüst. Er klemmte den Vibrator an einen der Stahlträger. »Nach wenigen Minuten«, erklärte er dem Reporter, »konnte ich fühlen, wie der Träger bebte. Allmählich nahm das Beben an Intensität zu und breitete sich in der gesamten großen Stahlmasse des Gebäudes aus. Schließlich begann die ganze Konstruktion zu knarren und zu schwanken, und die Stahlarbeiter kamen in Panik heruntergeklettert, weil sie glaubten, es habe ein Erdbeben gegeben. Es ging das Gerücht um, das Gebäude würde bald zusammenstürzen, und die Bereitschaftspolizei rückte aus. Ehe ernsthafter Schaden entstand, nahm ich den Vibrator wieder weg, steckte ihn in die Tasche und ging. Aber wenn ich ihn noch zehn Minuten am Ort gelassen hätte, wäre das Gebäude auf die Straße gestürzt. Und mit dem gleichen Vibrator hätte ich auch die Brooklyn Bridge in weniger als einer Stunde zum Einsturz bringen können.«

Margaret Cheney über Nikola Tesla, in: Nikola Tesla.Eine Biographie

Kaum ein Thema aus der Wissenschaft ist wohl so sehr in die allgemeine Sprache eingedrungen wie die Vorstellung von der Resonanz, diesem dauerhaften Muster harmonierender Wellen. Menschen sprechen davon, daß Ideen Resonanz finden, daß sie im Einklang mit etwas oder jemand stehen, daß sie die gleiche Wellenlänge haben.

In der Welt der Physik durchdringt die Resonanz alles. Überall, angefangen von den Ringen des Saturn bis zu den Farben des Regenbogens und zum kurzen Leben subatomarer Teilchen regiert die Resonanz. Und tatsächlich bezeichnen die Physiker, die nach den elementaren Bausteinen der Natur suchen, Teilchen routinemäßig als »Resonanzen« und beschreiben ihre Forschung manchmal als »Resonanzjagd«.

Buchstäblich bedeutet Resonanz, daß etwas widerklingt: ein Widerhall, ein Echo. Das synchrone Schwingen vieler kleiner Bewegungen, die alle in die gleiche Richtung gehen, verstärkt diese so sehr, daß die Summe viel größer wird. Fensterkitt zeigt keine Resonanz, weil er zu viel innere Reibung hat, um überhaupt zu schwingen. Auch ein Taschentuch, das jemand fallenläßt, fällt einfach nur hin. Damit etwas Resonanz zeigen kann, muß erst einmal eine Kraft vorhanden sein, die es (wie eine Feder) mit so viel Energie zum Ausgangspunkt zurückzieht, daß die Bewegung weitergeht. Der Trick ist, diese Bewegung immer und immer wieder zu unterstützen, und dazu muß die Energie in das System schneller hineingesteckt werden, als sie durch Reibung verlorengeht.

Zwei können das Spiel natürlich besser spielen als einer, denn einer kann seine Energie immer an den anderen weitergeben. Und genau darum geht es bei den Mitschwingungen. Wenn man von Resonanz spricht, dann meint man damit gewöhnlich ein Zusammentreffen von mehr als einer Aktion: Die Hemmung einer Uhr erlaubt der Feder gerade soviel Spannung zu lockern, und gerade zum rechten Zeitpunkt, daß das Pendel (oder Kristall) den Schubs bekommt, der es am Schwingen hält. Zwei Geschäftspartner geben einander genau zum richtigen Zeitpunkt neue Ideen und neue Energie, um großartige Ergebnisse zu erzielen.

Von Fensterkitt und Taschentüchern einmal abgesehen ist das Universum insgesamt ein ziemlich elastisch federndes Etwas. Planeten und Atome und beinahe alles zwischendrin vibrieren in einer oder mehreren natürlichen Frequenzen. Wenn nun etwas mit einer dieser Frequenzen periodisch immer wieder anstößt, ist das Ergebnis Resonanz. Soldaten, die mit der Eigenfrequenz einer Brücke im Gleichschritt über diese Brücke marschieren, können sie zum Einsturz bringen. Deswegen fallen Marschkolonnen vor Brücken aus dem Tritt. Einige Untersuchungen zeigen, daß die Resonanzkraft sanft plätschernder Meereswellen sogar riesige Eisberge zum Bersten bringen kann. Mein Freund, der Physiker, hat einmal behauptet, daß jedes einigermaßen entschlossene Kind eine volle Badewanne durch eine Reihe Schaukelbewegungen mit einem Schwung leeren kann, wenn die »Gezeiten« in der Wanne erst einmal hoch genug aufgepeitscht sind. Vielleicht versuchen Sie es einmal zu Hause?

Nikola Tesla, der exzentrische (Er)finder des Wechselstroms, war so besessen von der Macht der elektrischen Resonanz, daß er behauptete, er könne damit die Welt spalten.

Die Kraft der Resonanz ist buchstäblich ein Fall von »zur rechten Zeit am rechten Ort«. Damit sie funktionieren kann, muß allerdings zwischen dem, was Sie machen, und der Art und Weise, wie etwas (oder jemand) sich bewegen will, Harmonie herrschen. Die beinahe gespenstische Reinheit des Laserlichtes läßt sich darauf zurückführen, daß alle Atome in einem angeregten Gas genauso »auf dem Sprung stehen«, daß ein kleiner Stups sie anregen kann, ihre Lichtwellen genau miteinander abgestimmt abzustrahlen. Auf sehr ähnliche Weise harmoniert die Anziehung der Schwerkraft auf die vier inneren Monde des Saturn zufällig mit der natürlichen Umdrehungsperiode einiger Teilchen in den Ringen in einem festen Abstand vom Zentrum. Diese Periode trifft an einer bestimmten Stelle exakt mit einem Drittel der Umdrehungsperiode des Saturnmondes zusammen, an einer anderen mit der Hälfte, an wieder einer anderen mit einem Viertel und so weiter. Die kombinierten Kräfte reichen aus, hier Teilchen von ihrer Position wegzuschieben (oder zu ziehen), so daß Lücken in den Ringen entstehen. Wenn es keine Resonanz gäbe, wären es überhaupt keine Ringe, sondern eine einzige, kontinuierliche Scheibe.

Mit anderen Worten: Resonanz macht es möglich, daß viele kleine Schubser sich zu einem riesigen Resultat addieren. Teilchenbeschleuniger nutzen dieses Prinzip des »gut getimten Tritts in den Hintern«, wie es einmal ein Physiker ausgedrückt hat, um Elektronen und Protonen beinahe zu Lichtgeschwindigkeit anzutreiben. Dieses Phänomen ist auch aus dem täglichen Leben wohlbekannt: Viele kleine Schubser in einer bereits aufgebrachten Menge können sich zur Massenprügelei auswachsen. Viele kleine Sticheleien beim Abendessen können mit einer Scheidung enden.

Aber Resonanz ist weit mehr als nur ein brutaler Verstärker. Sie ist auch Musik in unseren Ohren. Ein Violinbogen wird an einer Saite vorbeigezogen, verhakt sich unmerklich in präzisen Intervallen mit ihr, die sie im richtigen Timing anstoßen, so daß sie immer weiter vibriert. Der Körper des Instrumentes schwingt in Harmonie mit einem breiten Spektrum von Obertönen. Wenn man Flöte spielt, läßt man die Luft in der Flöte mit vielen verschiedenen Frequenzen vibrieren, je nachdem, wie weit der Weg ist, den die Schallwelle zwischen Mundstück und Grifflöchern zurücklegt. Die Löcher sind so angeordnet, daß sie die Töne herauspicken, die der »normalen« Tonleiter entsprechen, doch die Art, wie Sie in das Mundstück blasen, entscheidet darüber, ob die Flöte mit den Noten in Resonanz kommt, die am reinsten und schönsten klingen.

Eine der nützlichsten Eigenschaften der Resonanz ist, daß man sie als Präzisionswerkzeug einsetzen kann, um eine einzige reine Schwingung aus einem Meer vieler anderer herauszufischen, eine einzige Melodie aus einem Chaos von Geräuschen. Stellen Sie sich vor, Sie gehen einen Pfad entlang, auf dem Kieselsteine und kleine Glöckchen liegen, und kicken diese nach Belieben aus dem Weg. Die Glöckchen würden läuten, die Kieselsteine nicht. Warum? Weil die Kieselsteine die Energie Ihres Fußtrittes in alle möglichen Richtungen reflektieren würden, wenn sie durch die Gegend fliegen. Die Glocken könnten aber, weil sie von Natur aus schwingen können, die Energie aufnehmen. Und sie können sie lange genug in sich aufbewahren, um zu »klingen«.

Die klingenden Glocken sind so ähnlich wie die natürlichen Obertöne, die den Klängen einer Geige oder Flöte, den Stimmen von Männern und Frauen, dem Klatschen eines Tennisschlägers und dem *Plop* des Tennisballs ihren einzigartigen Charakter verleihen. Wenn man ihn anregt, schwingt jeder Gegenstand nur in den ihm eigenen natürlichen Frequenzen, die zusammengenommen einen bestimmten Klang ergeben. Alle anderen Schwingungen werden herausgemittelt oder in alle möglichen verschiedenen Richtungen geschickt. Sie können die Stimme Ihres Kindes nicht verkennen, denn der Luftstrom aus der Lunge wird selektiv durch eine bestimmte Konfiguration von Mund, Nase, Brustkorb und Hals verstärkt, die einen ganz bestimmten Klang erzeugt – genauso wie der Tuner Ihres Radios nur einen sehr schmalen Bereich von Frequenzen verstärkt, und zwar auf Kosten aller anderen. Die anderen werden einfach in alle Winde gestreut.

Diese Eigenschaft gibt ebenso allen Dingen, die Sie sehen, ihre Farbe. Natriumlampen sind gelb, weil Natriumatome mit den Frequenzen schwingen, die Ihr Gehirn als gelb wahrnimmt. Quecksilberatome vibrieren mit einem bläulichen Licht. Neonatome strahlen Wellen ab, die Ihr Gehirn als rot identifiziert. Die Farben sind aber nicht das Ergebnis einer einzigen »Note«, sondern vielmehr Teil des charakteristischen »Akkords« für dieses Element, der sich aus den Resonanzzuständen des Atoms ergibt. Wenn Atome kein Licht abstrahlen, sondern welches absorbieren, dann treten an diese Stellen Schatten, aber die »Noten« des Akkords sind die gleichen. Weißes Licht von einem Stern dringt durch die Gase an seiner Oberfläche, die ein Element enthalten, das grünes Licht stark absorbiert, und kommt dann auf der Erde mit einer scharfen dunklen Linie im grünen Teil des Spektrums für diesen speziellen Stern an. Diese chemische Fernanalayse hat uns gezeigt, daß wir und die Sterne im wesentlichen aus dem gleichen Material gemacht sind.

Hier auf der Erde macht die Resonanzabsorption alles bunt, vom Rennwagen bis zum Obst. Die Pigmentmoleküle in einem roten Apfel absorbieren den Teil des Sonnenlichts, der harmonisch mit den Frequenzen vibriert, die wir als Blau und Grün sehen. Der Rest des Lichtes wird reflektiert, und wir sehen Rot. Chlorophyll-Moleküle in den grünen Blättern vibrieren im Einklang mit der Melodie »Rot und Blau«, absorbieren diese Frequenzen und reflektieren das übriggebliebene Grün. Die gleichen Blätter absorbieren später im Jahr Grün und reflektieren Herbstfarben. Ultraviolettes Licht vibriert in Harmonie mit den Molekülen im Glas; sichtbares Licht kommt durch, aber braun können Sie nur werden, wenn Sie das Fenster aufmachen. Die Ozonschicht der Erdatmosphäre absorbiert (wie Sonnenmilch mit hohem Schutzfaktor) einen großen Teil des resonanten Ultravioletts aus der

Sonnenstrahlung und schützt uns vor potentiell schädigendem Licht.

Sogar Regenbogen sind Resonanzen. Die Farben des weißen Lichtes, das durch ein Prisma oder einen Regentropfen geht, werden aufgefächert, weil die Farben in der Nähe des ultravioletten Teils des Spektrums eher mit Glas oder Wasser in Resonanz sind als die in der Nähe des infraroten Endes. Je näher eine Farbe der vollständigen Resonanz mit den Glasmolekülen ist – das heißt, je mehr diese beiden Schwingungen im Einklang sind –, desto dauerhafter ist sie. Je reiner die Resonanz, desto länger klingt sie nach – wie bei einer guten Glocke. Violett »klingt« am längsten und wird daher am weitesten abgelenkt, wenn es durch ein Prisma fällt.

Mit anderen Worten: Resonanz entscheidet darüber, was untergeht und was durchkommt. Sie entscheidet zwischen sichtbar und unsichtbar, zwischen durchsichtig und trübe. Metalle sind undurchsichtig, weil sie so viele frei bewegliche Elektronen haben, die beinahe mit jeder Frequenz schwingen können – und also alle absorbieren. Weil diese freien Elektronen all diese Frequenzen auch wieder abstrahlen können, sind Metalle auch so gute Spiegel. Andererseits sind beinahe alle Materialien für Radiowellen durchlässig, weil beinahe nichts bei diesen Frequenzen eine Resonanz hat. So können Sie Ihre Radio- (und Fernseh-)Signale auch durch die dicksten Wände noch hören.

Manchmal schafft die Resonanz wahre Fallen für Strahlung. Glas kann für Licht eine solche Einbahnstraße sein. Sichtbares Sonnenlicht fällt durch ein Glasfenster und wird teilweise absorbiert – zum Beispiel von einer Frau im Zimmer, die ein rotes Kleid trägt. Das rote Licht, das von diesem Kleid reflektiert wird, kann wieder durch das Fenster zurück, aber die anderen Farben werden vom Kleid absorbiert und schließlich als Strahlung niedrigerer Frequenz wieder abgegeben – nämlich als Wärme. Aber die Wärmestrahlung schafft es nicht wieder zurück durch das Fenster. Sie ist im Inneren gefangen. Das Ergebnis ist der sogenannte Treibhauseffekt, der wunderbar ist, wenn man ein Treibhaus heizen möchte, aber für die Erdatmosphäre sehr gefährlich ist. Zu viele Kohlenwasserstoffe, die bei der Verbrennung von Öl und Kohle entstehen, machen nämlich aus unserem Himmel ein Einwegfenster, das die Hitze der Sonne einfängt und unsere Umgebung aufheizt, möglicherweise zu gefährlichen Temperaturen.

Die Resonanz kann aber auch eine Zauberwirkung haben: scheinbar Dinge aus dem Nichts auftauchen lassen wie Kaninchen aus dem Zylinder. Die Musik, die Ihr lokaler Radiosender ausstrahlt, scheint wie aus der Luft aufzutauchen, wenn Sie das Radio einschalten und auf die richtige (Mitschwingungs)frequenz einstellen. Ihr sonst so ruhig laufendes Auto kann ganz plötzlich einen schlimmen Rappelanfall bekommen, wenn der Drehrhythmus eines nicht ganz richtig ausgewuchteten Reifens dem natürlichen Rhythmus der Federung entspricht.

Manche Physiker benutzen diese Analogie, um zu erklären, wie Resonanzen Teilchen erzeugen können. Im elementaren Universum der Teilchenphysik ist jeder Energie eine Frequenz zugeordnet und umgekehrt. Es gehört zur natürlichen Komplementarität der Materie, daß sie sowohl Teilchen- als auch Wellencharakter hat. Da die Materie also Welleneigenschaften besitzt, muß sie auch Frequenzen haben. Jede Materiewelle hat sogar eine ganz bestimmte Frequenz, und diese Frequenz entspricht einer ganz bestimmten Energie. Und Energie entspricht (laut $E = mc^2$) einer bestimmten Masse. So scheint also in einem sehr grundlegenden Sinne die Art, wie etwas »schwingt«, darüber zu entscheiden, was es ist. Und wenn ein Physiker, der an einem Teilchenbeschleuniger arbeitet, den Teilchenstrahl so »einstellt«, daß die Teilchen mit einer Energie zusammenprallen, die genau mit $7{,}5 \times 10^{23}$ Schwingungen pro Sekunde vibriert, dann – simsalabim – hat er ein Teilchen erzeugt (eigentlich Teilchenpaare), auf ähnliche Art und Weise wie Sie einen Ton erzeugen, indem Sie mit genau der richtigen Energie über den Rand einer leeren Flasche blasen.

Natürlich brechen alle Analogien zusammen, wenn man sich in die subatomaren Tiefen begibt. Sie können sich aber die Teilchen/Resonanzen auch so vorstellen wie die Glocken und Kiesel auf dem Pfad. Die meisten Fußtritte würden nur viele Kieselsteine in alle Himmelsrichtungen befördern, und die Energie und die Bewegung würde genauso in alle Winde verteilt. Ab und zu treten Sie aber einmal gegen etwas, das längere Zeit »klingt«, weil es die spezielle Eigenschaft hat, sich selbst Energie zuzuführen. Und Sie wüßten, daß dieses »Etwas« etwas Besonderes sein muß. Sie würden es vielleicht sogar Teilchen nennen. Es ist eigentlich ein schöner Gedanke, daß sich das ganze Universum als eine Symphonie solcher submikroskopisch kleiner, klingender Glöckchen herausstellen könnte.

Kapitel 11

Symmetrien und Schatten

Die Menschen stellen sich vor, daß die Götter geboren werden und Kleidung und Stimmen und Formen haben, die den ihren ähneln [...] Wahrlich, die Götter der Äthiopier sind schwarz und haben platte Nasen, und die Götter der Thraker sind rothaarig und haben blaue Augen.

Xenophanes

Manchmal geraten Muster an die falsche Stelle. Wir halten sie für Signale aus der »Welt da draußen«, obwohl sie in Wirklichkeit Bilder sind, die vor unserem geistigen Auge entstanden sind. Oft kann man den Unterschied kaum ausmachen. Muster nehmen oft Umwege von A nach B, vom äußeren Raum in die inneren Gedanken. Muster aus Licht und Klang werden genau wie die Muster der elektrischen Nervenimpulse hin- und hergeworfen, in die falsche Richtung abgelenkt und auf Umwege geschickt – und schließlich kann man unmöglich mehr feststellen, wo sie hergekommen sind und von wo sie ihre Nachrichten bringen.

Wie oft haben Sie nicht schon eine Spiegelung für ein Fenster zur Außenwelt gehalten. Spiegelungen sind auf ihre Weise so real wie die sogenannten konkreten Gegenstände, die uns umgeben. Sie können nicht wissen, wo ein Lichtstrahl gewesen ist, ehe er zu Ihnen gelangt ist, selbst wenn es aussieht, als hätten Sie die Lichtquelle direkt vor Augen. Sie können nicht wissen, daß der leuchtend rote Fleck vor Ihrer Windschutzscheibe die Spiegelung eines Fahrradrücklichtes hinter Ihnen ist, Sie könnten ihn auch für ein UFO halten. Reflexionen nehmen das Licht und all seine bunten Bilder und kehren alles um wie in einer Drehtür. Allerdings ist die Drehtür unsichtbar. Sie können nicht wissen, wie oft die Reflexion schon im Kreis herumgewirbelt wurde, ehe sie zu Ihnen gelangte. Wenn ich aus dem Fenster schaue, glaube ich, das Ufer eines Teiches zu sehen, der etwa einen halben Kilometer entfernt liegt. In Wirklichkeit sehe ich aber die Reflexion des Sonnenlichtes auf dem Teich – eine Reflexion, die von Licht hervorgerufen wurde, das viele Male von Lichtmolekülen absorbiert und wieder ausgestrahlt wurde, das an der Fensterscheibe erst in die eine Richtung hin und dann in die andere Richtung zurück gebeugt und dann noch einmal von der Hornhaut meines Auges abgelenkt wurde. Ich kann das Licht vom Teich nur sehen, wenn ich auch alles andere sehe, das zwischen dort und hier geschehen ist.

Alle Informationen und alle Gedanken, mit denen wir es je zu tun bekommen, werden durch viele Schichten von Wahrnehmung und Vorurteil gefiltert – unsere eigenen und die der Leute um uns herum. Das trifft auch auf Bilder zu, die mit Licht übermittelt werden. Mein Sohn hat einmal behauptet, der Unterschied zwischen Sternen und Planeten sei, daß Sterne »zackig« sind. Aber die breiten Lichtzacken um Sterne und Straßenlaternen und die Birnchen am Weihnachtsbaum werden überhaupt nicht von den Sternen produziert. Ein Stern ist ein großer runder Ball aus Gas. (Die Sonne ist ein Stern.) Die Lichtstrahlen (oder Zacken) entstehen, wenn das Licht an den zwiebelartigen Schichten durchsichtiger Zellen gebeugt wird, aus denen sich die Linse unseres Auges zusammensetzt. Sterne funkeln auch nicht. Sie scheinen nur zur funkeln, weil die Luft zwischen uns und ihnen ständig in Bewegung ist und das Licht von den Sternen hin und her schaukelt. Das Funkeln, das wir sehen, wenn wir Sterne anschauen, ist ein Funkeln vor unserem geistigen Auge.

Astronomen und Teilchenphysiker müssen sich ständig den Kopf über die Verzerrung und Abweichung der Licht- und Tonmuster zerbrechen, mit deren Hilfe sie die physikalische Welt zu entziffern versuchen. Ist das Licht von diesem Stern wirklich so schwach, oder wurde es zum Teil von interstellaren Staubwolken absorbiert? Kommt dieses Signal in direkter Linie zu uns, oder wurde es von irgendeinem Gravitationsfeld gebeugt und verzerrt? Ist dieses Teilchen wirklich im Zentrum der Kollision entstanden, oder wurde es reflektiert?

Die Reflexion, eine ganz besondere Art von Abweichung,

ist in der Natur merkwürdig allgegenwärtig. Beinahe jeder Gegenstand reflektiert in gewissem Maße, wenn man ihn unter dem richtigen Winkel anschaut. Ein Echo ist das Abbild Ihrer Stimme, das von der Wand eines Tales zurückgeworfen wird. Wasserwellen werden am Ufer reflektiert und spiegeln die Konturen der Küste im Ozean wider. Sie können auch aus einem Buch oder einer Schreibtischplatte einen Spiegel machen, wenn Sie nur flach genug darüber schauen. Genau wie Kinder lernen, aus der Oberfläche eines Teiches einen »Spiegel« zu machen, wenn sie Kieselsteine springen lassen. Guy Murchie erzählt sogar von einem Alpensee, dessen Oberfläche so glatt ist, daß Schützen ihre Kugel auf das Wasser richten können, um ihr Ziel an Land zu treffen.

Beinahe alles, was wir sehen oder hören, ist von irgendwo reflektiert. Nicht all diese Reflexionen sind gespiegelte Bilder (wie zum Beispiel das Echo). Aber alles, was nicht selbst leuchtet, muß sich in den Strahlen einer Lichtquelle sonnen. Wenn Sie in einem dunklen Zimmer eine Lampe anknipsen, dann fällt das Licht von den Wänden auf die Möbel und schließlich in Ihre Augen. Alles, was Sie in diesem Raum sehen, ist in Wirklichkeit nur reflektiertes Licht dieser Lampe. Sogar das Rot des Sofas ist eine Reflexion des Rots, das im Spektrum des weißen Lichtes versteckt war. Wenn das weiße Licht auf den roten Stoff auftrifft, werden alle Farben außer Rot absorbiert, und das übrig gebliebene Rot gelangt an Ihre Augen.

Die rauhgeputzte weiße Wand ist ein Kaleidoskop winziger Oberflächen – wie Schnee –, die das Lampenlicht zu strahlendem Weiß reflektieren. Wenn Sie nur eine dieser winzigen Oberflächen herausgreifen könnten, dann würden Sie sehen, daß sie wie ein ganz gewöhnlicher Spiegel reflektiert. Aber die Verwirrung so vieler gespiegelter Bilder verschmilzt dann zu weiß. Genauso ist ja auch ein Stück Alufolie ein Spiegel, bis Sie es zerknittern. Je mehr Sie es zerknittern, desto mehr reflektiert es wie eine weiße Wand. Diesen Effekt kennen wir am besten von einer leicht gekräuselten Wasseroberfläche, in der die vielen Reflexionen paralleler Wellen das Spiegelbild des Mondes oder einer Straßenlaterne zu einem langen hellen Streifen strecken, als hätte man viele Spiegel hintereinander aufgestellt.

Am Tag ist die Sonne unsere »Lampe«. Sie verbreitet ihr Licht, das von Baumwipfeln und Wolken und Luftmolekülen widergespiegelt wird. Wenn es keine Luft gäbe, die das Licht reflektieren könnte, wäre der Himmel schwarz. Astronauten reisen im Dunkeln. Unser Nachtlicht ist der Mond, der das Licht der Sonne reflektiert und uns auch das Licht der Erde zurückwirft: Deswegen kann man oft »den alten Mond in den Armen des Neumondes sehen« – das nur schwach leuchtende Bild des vergangenen Vollmondes, das sich in die dünne Sichel des neuen schmiegt. Die Mondphasen selbst spiegeln ihrerseits die ewig veränderlichen Konstellationen von Sonne, Mond und Erde wider.

Die Reflexion hat sogar den Atomkern für Ernest Rutherford sichtbar gemacht und ist auch heute noch ein wichtiges Werkzeug zur Entzifferung der tiefsten Geheimnisse des Atoms. Als Rutherford eine dünne Goldfolie mit subatoma-

Durch die Brechung des Lichts zwischen Wasser und Luft entsteht diese »optische Täuschung«.

ren Teilchen bombardierte, prallten einige direkt zurück. Heute benutzt man routinemäßig Radio- und Schallwellen – Radar und Sonar –, um alle möglichen Dinge besser zu sehen. Erdbebenwellen, die vom Zentrum unseres Planeten reflektiert werden, helfen den Geologen, ihren Kern zu erforschen. Beim Ultraschallbild werden Schallwellen von inneren Organen reflektiert und erlauben schon in den ersten Schwangerschaftsmonaten den zukünftigen Eltern einen Blick auf ihr sich entwickelndes Baby. Vom Meeresboden reflektierte Schallwellen helfen bei der Entdeckung vergrabener Schätze und tiefer Täler weit unter dem Meeresspiegel.

Ganz besonders faszinierend an Reflexionen ist ihre natürliche Symmetrie, ein weiteres Muster, das man überall findet. Spiegelbilder sind in der Regel symmetrisch. Und doch ist Symmetrie für einen Naturwissenschaftler nicht ganz das gleiche wie für andere Menschen. Die meisten Leute würden zum Beispiel eine Schneeflocke außerordentlich symmetrisch nennen. Aber für Physiker ist eine Billardkugel die perfekte Symmetrie. Je höher der Grad der Symmetrie, desto öfter kann man ein Ding in die verschiedensten Winkel drehen, ohne daß es anders aussieht. Spiegelbilder empfinden wir als angenehme Bilder, weil man das reflektierte Bild nicht vom ursprünglichen Objekt unterscheiden kann.

Selbst Menschen sind in vielerlei Hinsicht höchst symmetrisch. Wir haben linke und rechte Hände und Füße, und passend dazu linke und rechte Handschuhe und Schuhe. Und doch haben wir nur ein Herz (links) und einen Blinddarm (rechts).

Aber auch in der unbelebten oder physikalischen Welt ist längst nicht alles symmetrisch. Bis vor kurzem ging man im allgemeinen davon aus, daß das physikalische Universum höchst symmetrisch ist. Aber 1957 entdeckte Frau Chien-shiung Wu, daß es beim radioaktiven Zerfall einen Rechts-/Links-Unterschied gab. Die Frage nach der Symmetrie im physikalischen Universum ist noch längst nicht geklärt. In vielerlei Beziehung haben die Probleme gerade erst angefangen.

Wieviel Symmetrie man in einer bestimmten Situation sieht, ist natürlich höchst subjektiv. Wer farbenblind ist, sieht die Farbe Grün wie die Farbe Rot und kann den Unterschied bei Verkehrsampeln nicht erkennen. Bei Nacht kann er nicht sagen, in welche Richtung sich ein Boot bewegt, weil die Positionslampen für Backbord (rot) und Steuerbord (grün) gleich aussehen.

Und doch ist die Symmetrie ein äußerst wirkungsvolles und wunderschönes Gleichgewicht, das sich durch die gesamte Natur zieht. Zu jedem Links gibt es ein Rechts, zu jedem Yin ein Yang, zu jeder Farbe ihre Komplementärfarbe, zu jedem Teilchen ein Antiteilchen.

»Nichts« weist ja tatsächlich oft merkwürdige Symmetrien mit »Etwas« auf. Die beiden können sich perfekt ergänzen. Der Teil des Musters, der ausgespart ist, kann genauso aufschlußreich sein wie der, der vorhanden ist. So untersuchen zum Beispiel Mathematiker, die Knoten erforschen, auch die Ergänzung zu Knoten – die »Nicht-Knoten« –, um Aufschlüsse über die Natur dieser oft sehr verschlungenen Formen zu bekommen. Die »Nicht-Knoten« bieten die gleiche Information wie die Knoten selbst, nur aus einer anderen, manchmal sehr aufschlußreichen Perspektive. Ebenso teilen die Lücken in den Spektren der Sterne den Astronomen mit, aus welchen Elementen sich deren Atmosphäre zusammensetzt.

Der Künstler Bob Miller stellt höchst überraschende Dinge mit »fehlenden Bildern« oder Schatten an. In einer Performance, seinem »Lichtspaziergang«, hebt er die Hände hoch über den Kopf und verschlingt die Finger beider Hände so ineinander, daß die Zwischenräume ein Netz unregelmäßiger Löcher bilden. Auf dem Boden sehen die hellen Lichtflecken, die durch die Löcher kommen, vollkommen rund aus, lauter glänzende Abbilder der Sonne. Die Löcher zwischen seinen Fingern erfüllen die gleiche Funktion wie das Loch in einer Lochkamera oder wie die Pupille im Auge – sie blenden genug Licht aus der umgebenden Strahlungsverwirrung aus, um ein Bild zu erzeugen. Es sind die gleichen Sonnenbilder wie die, die man sieht, wenn Sonnenlicht durch die unregelmäßigen

Zwischenräume im Laub der Bäume fällt und Sonnenkringel auf den Waldboden malt, verstreute goldene Sonnenmünzen. Während einer Sonnenfinsternis werden diese runden Abbilder übrigens langsam sichelförmig.

Wenn nun aber ein Bild ein ausgewähltes Bündel informationsbeladener Lichtwellen ist, was ist dann ein Schatten? Der Schatten ist ein Ort, an dem ein ähnliches Bündel Lichtstrahlen abgeblockt wurde. Oft findet Bob einen ausgefransten Schatten am Boden unter einem Baum und »pflückt« dann aus der Luft darüber ein einzelnes Bild der Sonne, indem er mit den Händen ein einziges Loch formt. Und dort auf dem Fußweg sehen Sie dann ein klares Bild der Sonne, vor dem ein dunkler Ast verläuft. Manchmal geschieht aber etwas wirklich Bemerkenswertes: Bob hält, um ein Bild einzufangen, anstelle eines Lochs einen kleinen dunklen Fleck hoch. Dann erscheint auf dem Boden ein einziger, runder, dunkler Schatten der Sonne – und vor dem Bild dieser dunklen Sonne verläuft das helle, strahlende Bild eines Baumastes.

Mit anderen Worten: ein Schatten ist ein fehlendes Bild. Er ist aber auch ein Komplementärbild, genauso wie eine Komplementärfarbe übrig bleibt, wenn man von Weiß eine Farbe abzieht, oder wie die Nacht das Komplementärbild des Tages ist. Der Schatten enthält die gleiche Information, aber in komplementärer Form. In einem von Bobs Stücken zeigt sich der Lochschatten einer gelben Sonne, eines roten Hauses und einer blauen Wolke als violette Sonne mit einem grünen Haus und einer orangefarbenen Wolke. Mit einer ganzen Reihe von Skulpturen und Exponaten hat uns Bob gezeigt, daß ein Schatten all die Information enthält, die auch in dem Licht enthalten war, das ihn erzeugt hat. Der Schatten ist genauso reich an Bildern wie das Licht selbst.

Es ist seltsam, daß Schatten genau wie andere »Negativ-Zustände« einen so »zwielichtigen« Ruf genießen. Schließlich ist es die »negative« Elektrizität, die durch die Drähte fließt und uns zu Hause und im Büro mit Energie versorgt. Diese negative Elektrizität ist in einem sehr konkreten Teilchen namens Elektron enthalten. Es ist nicht mehr und nicht weniger positiv als sein Äquivalent in der Antimaterie, das positive Elektron, das man Positron nennt. Was wir Antimaterie nennen, könnte sehr wohl in einem anderen, uns unbekannten Universum die Alltagsmaterie sein. Wir reden auch nur aus dem Grund von Antimaterie, weil sie sich in einem kritischen Aspekt von der Materie unterscheidet, aus der wir zusammengesetzt sind. Heutzutage, wo man sogar vom Vakuum annimmt, daß es vor Energie nur so strotzt, daß das Universum aus dem »Nichts« entstanden ist, und daß der allgegenwärtige Computer in den Nullen seines Digitalcodes genauso viel Information speichert wie in den Einsen, wäre es vielleicht angebracht, sich allmählich mit dem Konzept des Negativen auszusöhnen. »Nichts«, so stellt sich heraus, ist eigentlich ziemlich viel »Etwas«. Oder wie es der griechische Philosoph Leukippos formuliert hat: »Was ist, ist nicht wirklicher als das, was nicht ist.«

Sogar durchsichtige Dinge wie Linsen und Prismen werfen Schatten. Wenn Sie eine Linse oder eine Brille oder ein Prisma vor eine Lichtquelle halten (das kann jede nicht diffuse Lichtquelle sein), können Sie deutlich sehen, daß diese Gegenstände ein helles Bild des Objektes von einem Ort zum anderen transportieren und einen Schatten zurücklassen. Wenn ein Prisma das weiße Licht in Farben auffächert, wirft es eigentlich Schatten. Jede Farbe erscheint an der Stelle, wo die anderen Farben nicht sind. Jede Farbe liegt im Schatten aller anderen.

Schatten entstehen nicht unbedingt durch Abblocken von Licht. Ein Regenschirm oder ein Gebäude wirft einen Windschatten und einen Regenschatten zusätzlich zum Lichtschatten. Ein Dachfenster aus Glas wirft einen Regenschatten, läßt aber das sichtbare Sonnenlicht durch.

Nur wenige Schatten blocken *alles* ab. Schatten sind eigentlich Filter. Sie verbergen Dinge nicht, sie sondern welche aus, genauso wie der Kaffeefilter den Kaffee vom Kaffeepulver »beschattet«. Schatten geben Ihnen die Möglichkeit, die Information vom Rauschen zu trennen, die wichtigen Dinge von den Ablenkungen. Ohne Schatten könnten Sie vor lauter grellem Licht die Bilder nicht mehr sehen. Tatsächlich ist das Aussondern oder Unterdrücken irrelevanter Nervensignale für die Wahrnehmung genauso wichtig wie das Empfangen dieser Signale.

Schatten werden natürlich durch Hindernisse erzeugt. Und oft kann man aus der Form des Schattens viel über die Natur des Hindernisses ablesen. Aristoteles schaute sich bei einer Mondfinsternis den runden Schatten der Erde auf dem Mond an und schloß daraus, daß die Welt eine Kugel ist. Der Film ist das »Hindernis« vor dem Projektor, der das Bild erzeugt, genauso wie Ihre Knochen das »Hindernis« im Weg des Röntgenstrahls sind und so das Röntgenbild auf dem Film erzeugen. Schatten enthalten auch detaillierte Informationen über das Licht, das auf das Hindernis auftrifft, und über die Oberfläche, auf die sie fallen. Schatten, die auf gebogene Oberflächen fallen, sind gebogen, und Schatten, die auf Bordsteine oder Treppen fallen, haben Zickzackform. Aus der Tatsache, daß Schatten zu verschiedenen Zeiten und an verschiedenen Orten verschiedene Längen und Formen haben, schloß man, daß die Erde Kugelgestalt hat.

Schatten stecken voller Informationen. Aber schließlich und endlich sind sie nur Projektionen. Ihnen fehlt genau wie der zweidimensionalen Projektion der Welt, die auf unsere Netzhaut fällt, die Tiefe, und so können sie leicht fehlinterpretiert werden. Der Schatten eines Zylinders kann aussehen wie ein Dreieck oder wie ein Oval, je nachdem, wie man das Licht auffallen läßt. Dieser Aspekt ermöglicht es uns, mit unseren Fingern so wunderbares Schattentheater zu spielen. Wie alle anderen zweidimensionalen Bilder können Schatten nur eine Sichtweise vermitteln. Ein Teil des Musters fehlt.

Aber das ist wohl eine der interessantesten Lektionen, die uns die moderne Physik in Sachen Wahrnehmung erteilt hat: Ein Teil des Musters muß *notwendigerweise* immer fehlen.

Kapitel 12
Ordnung und Unordnung

> Die Naturgesetze könnten genauso gut das Ergebnis zufälliger historischer Umstände sein wie die Widerspiegelung einer ewigen, transzendenten Logik.
>
> *Lee Smolin*

> Die größte Hoffnung für die Naturwissenschaft liegt darin, daß wir eines Tages imstande sein werden, die Erklärung aller natürlichen Phänomene auf grundlegende Gesetze und historische Zufälle zurückzuführen.
>
> *Steven Weinberg*

Können Naturgesetze Zufall sein? Sind die allgegenwärtigen Muster der Materie und der Kräfte Glückssache? Wie können sich scheinbar regelmäßige Rhythmen des Raums und der Zeit und der Materie aus wirbelndem Chaos entwickeln (und sich womöglich wieder darin auflösen)?

Das seltsame Wechselspiel von Ordnung und Unordnung ist eines der haarigsten Probleme, die Amateur-Naturphilosophen (wie auch Profis) Kopfzerbrechen bereiten. Der größte Teil der Welt scheint nach bestimmten Mustern aufgebaut zu sein, doch sogar die regelmäßigsten Muster lösen sich mit der Zeit irgendwann in Unordnung auf. Umgekehrt produziert das völlig ungeregelte Hin und Her der Sterne und Wassermoleküle regelmäßige, sich wiederholende Muster wie Spiralnebel und Tornados. Ordnung schafft Chaos und umgekehrt. Das Vorhersehbare und das Zufällige tauschen die Plätze. Der Zufall regiert die bestimmtesten Ereignisse und umgekehrt.

Es ist ein verworrenes, aber ungeheuer wichtiges Problem. Denn bei aller scheinbaren Ordnung in der Natur – Kristallen und Schneeflocken, Lichtwellen und Spiralnebel, straff durchorganisierten Ameisenkolonien und ordentlichen, elliptischen Planetenumlaufbahnen – wird doch vieles von dem, was um uns herum existiert, vom Zufall regiert. Die Form und Größe der Sterne wird vom Wechselspiel zwischen dem elektrischen Druck und der Schwerkraft bestimmt, aber warum genau dieser Stern zu genau diesem Zeitpunkt an genau diesem Ort entstehen sollte, ist dem Zufall überlassen: Eine kleine, zufällige Fluktuation in der Konfiguration der Moleküle, die im Raum herumschwirren, kann bewirken, daß einige zusammenklumpen und so in dieser speziellen Ecke des Vakuums die Schwerkraft ein wenig vergrößern; weitere Moleküle und Teilchen werden an diesen Ort gezogen und verstärken die Schwerkraft noch; schließlich kann sich herausstellen, daß dieser winzige, zufällige Auslöser die Kraft hinter der Entstehung einer ganzen Galaxie ist.

Wir verdanken unsere Existenz dem Zufall. Die Luft, die wir atmen, ist ein Fehler, durch irgendwelche urzeitlichen Bakterien verursacht. Irgendwann hat eine zufällige Mutation in der Kette der Evolution den Vorgang der Photosynthese angeleiert, der dazu führt, daß Pflanzen Sauerstoff ausstoßen. Das Ergebnis war, daß viele Pflanzen starben, von ihrer eigenen Ausdünstung, dem Sauerstoff, vergiftet. Die Pflanzen, die überlebten, schufen den Himmel. Pflanzen und alle anderen Lebensformen entwickelten sich aus zufälligen Kombinationen von Atomen, die sich zu großen potentiell lebensfähigen Molekülen zusammenschlossen. Diese organischen Bestandteile der frühen Erde blubberten über Äonen in ihren chaotischen Kochkesseln vor sich hin, wurden von zufälligen Kollisionen hin- und hergeworfen, von zufälligen Blitzen mit Energie vollgepumpt, bis einige von ihnen Funken von Leben zeigten. Diese ersten zaghaften Kinderschritte der Evolution hat man sogar im Labor nachvollzogen: Im August 1983 verkündeten Chemiker, daß es ihnen gelungen war, alle Komponenten, aus denen sich menschliche Gene zusammensetzen, »auf einen Schlag« herzustellen, indem sie elektrischen Strom durch eine Suppe aus Methan, Stickstoff und Wasser schickten.

Die Evolution zu höheren Lebensformen wurde und wird durch die natürliche Auslese bestimmt. Doch das Ausgangsmaterial für all diese Veränderungen sind zufällig auftretende Variationen. Jedes Lebewesen auf der Erde ist das Resultat einer zufälligen Paarung seiner Eltern und zahlloser anderer nicht vorhersehbarer Ereignisse. »Wenn ein Säugling geboren wird«, schreibt Loren Eiseley, »dann rollen die Würfel in Form von Genen und Enzymen und kaum faßbaren Größen des Zufalls und der Umwelt [...] Jeder einzelne von uns ist statistisch unmöglich, umgeben von Millionen anderer möglicher Leben, denen nie bestimmt war, geboren zu werden – die nicht manifestiert, aber trotzdem als potentielle Möglichkeit im dunklen Speicherhaus des Nichts warten.«

Aber was meinen wir überhaupt, wenn wir sagen, daß Ereignisse zufällig sind, daß Dinge geordnet oder ungeordnet sind, daß der Zufall unser Leben bestimmt? Wir benutzen den Ausdruck *Zufall* auf verschiedene, durchaus widersprüchliche Weise. Wenn wir sagen, daß etwas zufällig geschieht, meinen wir damit sowohl Glücks- wie Unglücksfälle.

Genauso kann die Bedeutung der Worte Ordnung und Unordnung sehr verwirrend sein. Wie würden Sie zum Beispiel eine Situation bezeichnen, die von allen Richtungen aus genau gleich aussieht? Oder eine, die völlig undifferenziert und homogen aussieht? Ein Raum voller Münzen, in dem genau gleich viele Münzen mit der Zahl nach oben in der rechten wie in der linken Hälfte liegen? Oder ein Universum, in dem alle fundamentalen Kräfte gleich sind und mit der gleichen Stärke und über die gleiche Entfernung wirken? Oder ein Klassenzimmer, in dem zwischen Mädchen und Jungen kein Unterschied gemacht wird? Diese Art von Situation ist, wie sich herausstellt, gleichzeitig höchst symmetrisch und außerordentlich *ungeordnet*. Es ist, als hätte ich den gesamten Inhalt meines Aktenschranks auf den Boden gekippt, so daß es keine Unterscheidung mehr gibt zwischen den Ordnern »Kräfte« und »Quittungen« und »Schwerkraft« und »Weisskopf«. Unordnung ist völlig demokratisch, aber wenig spezialisiert.

Ordnung andererseits ist wesentlich autoritärer. Ein Schrank ist ordentlich aufgeräumt, wenn die Schuhe von den Hemden und die Röcke von den Hosen getrennt sind. Eine Armee ist in guter Ordnung, wenn sich die Gefreiten von den Obersten unterscheiden, genauso wie die Ordnung in einer

Ameisenkolonie darauf basiert, daß verschiedene Mitglieder sich auf bestimmte Dinge spezialisiert haben. Geordnete Situationen sind sehr differenziert. Unser Universum mit seinen vier fundamentalen Kräften – mit seinen Atomen und Organismen und Galaxien – ist wesentlich ordentlicher als das frühe Universum, das kaum mehr als eine heiße, homogene Ursuppe war. Aristoteles' Universum war auch sehr geordnet: Jeder vom Sklaven bis zum Schuster und alles vom Stein bis zum Stern hatte einen bestimmten und permanenten Platz in dieser Ordnung.

Ordnung ist offensichtlich wesentlich komplexer als Unordnung. Chaos erscheint vergleichsweise einfach. Eine biologische Art ist gut geordnet, wenn zum Beispiel ihre Nahrungsaufnahme von den Ausscheidungsfunktionen getrennt ist oder wenn sie viele hochspezialisierte Teile (Organe) hat. Seltsamerweise sagen wir, daß wir als Art zu einer höheren »Ordnung« gehören, und meinen damit, daß wir komplexer und daher besser als andere Arten sind. Aber selbst Darwin hat es stets sorgfältig vermieden, Ausdrücke wie »höher« und »niedriger« auf die Früchte der Evolution anzuwenden. »Denn wenn eine Amöbe an ihre Umwelt so gut angepaßt ist wie wir an unsere«, schreibt Stephen Jay Gould, »wer kann dann behaupten, daß wir die höheren Wesen sind? [...] Die Behaarung des Mammuts ist kosmisch gesehen kein Fortschritt.« Außer, wenn es kälter wird.

Physiker haben (wie nicht anders erwartet), sehr viel ordentlichere Studien über die Unordnung angestellt. Sie können nicht nur einige Aspekte von Zufallsereignissen vorhersagen; sie haben in der Unordnung sogar Naturgesetze entdeckt. Tatsächlich hat die Unordnung etwas beinahe gespenstisch Ordentliches. Sie ist meßbar und sogar großteils vorhersehbar. Sie ist die einzige Größe im Universum, die ständig und ausnahmslos zunimmt. So sicher wie der Tod und das Amen in der Kirche wächst die Unordnung ständig und in großem Stil.

Man braucht wahrhaftig kein Physiker zu sein, um das zu verstehen. Ich habe es sozusagen am eigenen Leibe erfahren, als ich neulich in meiner Küche saß und mir all das gefrorene

Essen anschaute, das vergammeln würde, weil mein Kühlschrank den Geist aufgegeben hatte. Außerdem hatte ich gerade erfahren, daß an einem meiner Backenzähne eine Wurzelbehandlung notwendig war, und mein Sohn brauchte neue Schuhe. Im Garten wucherte das Unkraut, und ich bekam immer mehr graue Haare. Das Haus mußte unbedingt gestrichen werden, und der Computer gehörte in die Reparatur. Mein bester Pullover bekam allmählich Löcher, und mich beschlich immer stärker das Gefühl, daß alles eitel und vergänglich ist. Was für einen Sinn hat es schließlich, den halben Samstag im Münzwaschsalon zu verbringen, wenn die Klamotten am nächsten Freitag doch wieder schmutzig sind?

Leider, leider ist Unordnung der natürliche Zustand des Universums. Sie wird mit Hilfe einer Eigenschaft gemessen, die die Physiker Entropie nennen, und die Tatsache, daß sie stets zunimmt, ergibt sich aus dem zweiten Hauptsatz der Thermodynamik. Den kann man so formulieren: »Natürliche Vorgänge neigen dazu, sich stets auf den Zustand der größeren Unordnung hin zu entwickeln.«* Die meisten physikalischen Grundgrößen – wie zum Beispiel Energie, Materie, Impuls und Spin – sind Erhaltungsgrößen; das heißt, man bekommt am Ende immer genau das heraus, was man am Anfang hineinsteckt, und die Menge dieser Größen im Universum bleibt gleich. Man kann Energie genauso wenig loswerden, wie man sie erzeugen kann. Man kann sie nur von einer Form in die andere umwandeln.

Mit Entropie ist das eine ganz andere Sache. Da hat man am Ende immer *mehr* als am Anfang. Wenn sie einmal erzeugt wurde, kann sie nicht mehr zerstört werden. Der Vorgang ist nicht umkehrbar (oder reversibel). Die Straße zur Unordnung ist eine Einbahnstraße. (Die gute Nachricht: Man kann sich Energie von einer Ecke des Universums borgen, um in einer anderen Ecke Ordnung zu machen und so »Inseln der Ordnung« – Sterne oder Menschen – zu schaffen. Doch davon später mehr.)

Wegen dieser nervenzermürbenden Irreversibilität nennt

* *Ideas of Physics* von Douglas C. Giancoli (Harcourt Brace Jovanovich, 1978)

man die Entropie oft auch den Zeitpfeil. Das versteht jeder instinktiv. Kinderzimmer, die man sich selbst überläßt, werden einfach immer unordentlicher, nicht aufgeräumter. Holz verrottet, Metall rostet, Blumen welken. Sogar Berge werden abgetragen, und Atome zerfallen. In der Stadt können Sie die Zunahme der Entropie an den vergammelten Unterführungen und ausgetretenen Bürgersteigen, an abgerissenen Häusern und eingestürzten Brücken ablesen. Ohne viel zu fragen, können Sie erkennen, was »alt« ist. Wenn Sie plötzlich sähen, wie die Farbe wieder an die Wand eines alten Gebäudes hüpft, wüßten Sie, daß irgend etwas nicht ganz stimmt. Ein Rührei kann sich nicht »entrühren«.

Aber was ist der Grund für diese ständig anwachsende Entropie? Was verhindert, daß das Rührei spontan wieder in die Schale springt? Oder, wenn wir einmal dabei sind, was hindert uns Menschen, jünger anstatt älter zu werden? Die Antwort ist im wesentlichen: *die Wahrscheinlichkeit*, das kombinierte Ergebnis unzähliger Zufallsereignisse. »Irreversibilität«, schließt Richard Feynman, »wird durch die allgemeinen Zufälle des Lebens verursacht.«

Nehmen Sie die Luft in meiner Küche, kurz bevor der Kühlschrank seinen Geist aufgab. Es war eine höchst geordnete Situation – wenig Entropie. All die kalte Luft war im Kühlschrank, und die wärmere schön isoliert draußen. In dem Augenblick, als die Maschine ausfiel, konnten jedoch die Moleküle der kalten und der warmen Luft ihre Energie nach Belieben austauschen. Während sie so hin und hergeschubst wurden, wäre es natürlich auch möglich gewesen, daß all die kalten (d.h. sich langsam bewegenden) Moleküle in Richtung Kühlschrank zurückgeschubst werden. Aber das wäre höchst unwahrscheinlich. Das wahrscheinlichere Ergebnis ist, daß die kalten und die warmen Moleküle am Schluß völlig durchmischt sind und ich mit der lauwarmen Pampe dastehe.

Nichts hat die einzelnen Moleküle gehindert, sich in die eine oder andere Richtung zu bewegen. Keine Kraft hat die kühleren Moleküle vom Eisschrank weggeschubst. Tatsächlich hatte jedes langsame Molekül eine genauso große Chance, zum Kühlschrank hingeschoben zu werden wie in die Gegenrichtung. Wenn man nun aber Millarden und Abermilliarden von Molekülen betrachtet, dann ist die Wahrscheinlichkeit, daß alle kalten Moleküle zum Kühlschrank und alle warmen von ihm wegwandern, praktisch Null.

Die Entropie gewinnt dieses Spiel nicht, weil Ordnung unmöglich ist, sondern weil es immer so viel mehr Wege zur Unordnung als zur Ordnung gibt. Es gibt immer so viel mehr Möglichkeiten, schlechte Arbeit zu leisten als gute, so viel mehr Möglichkeiten, Unordnung zu machen als aufzuräumen. Wenn ich ein Baby an den Computer setze, dann ist die Chance, daß es den Buchstaben a tippt, etwas mehr als eins zu hundert. Aber die Chance, daß es hintereinander die Tasten antippt, die zusammen »Shakespeare« ergeben, steht schon eins zu einer Million. Und die Chance, daß es die gesammelten Werke Shakespeares tippen würde, ist so unendlich winzig, daß wir das getrost für unmöglich erklären können.

Das genau ist der Grund, warum es »unmöglich« ist, daß die warme Luft zufällig die Moleküle in der geschmolzenen Butter so anschiebt, daß sie sich spontan wieder zu einem Stück Butter zusammentun – oder daß in einem lauwarmen Getränk spontan wieder Eiswürfel auftauchen. Weil es viel mehr Möglichkeiten gibt, daß es anders kommt. Ein Baby lernt sehr viel früher, ein Puzzle auseinanderzunehmen als es wieder zusammenzusetzen, denn es gibt viele Möglichkeiten, das Puzzle zu zerrupfen, und nur eine, wie es wieder zusammenpaßt. Es gibt nur eine Möglichkeit, wie das Ei als Ganzes aussehen kann, aber eine unendliche Zahl von Möglichkeiten, wie sich die Moleküle im Rührei arrangieren können. Das erklärt übrigens auch, warum die meisten zufälligen Mutationen eher schädlich als nützlich sind: Es gibt einfach viel mehr Möglichkeiten, daß eine zufällige Veränderung eine Verschlechterung ist.

Je mehr Stücke das Puzzle hat, desto schwieriger ist es wieder zusammenzusetzen. In gewissem Sinne läuft Entropie immer auf die Zahl der Möglichkeiten hinaus. Eine Münze kann Kopf oder Zahl zeigen. Aber ein Staubkörnchen in einem Zimmer kann eine unendliche Anzahl von Positionen einnehmen und daher eine sehr viel »schmutzigere« Situation herbeiführen. Wenn es in meiner Küche nur ein Dutzend Luftmoleküle gäbe, dann wäre es – wenn ich ein Jahr warte – immerhin möglich, daß sich zu einem bestimmten Zeitpunkt die sechs kältesten im Gefrierfach einfänden. Aber je mehr Moleküle es in der Küche gibt – je mehr Faktoren die Gleichung beeinflussen –, desto unwahrscheinlicher ist es, daß sich ihre Wege in geordneter Manier kreuzen. Oder wie es ein Physiker einmal gesagt hat: »Die Irreversibilität ist der Preis, den wir für die Komplexität zu zahlen haben.« Deswegen haben wir eine Energiekrise, obwohl die Energie selbst immer erhalten bleibt. Die Gesamtmenge an Energie bleibt zwar immer gleich, aber wenn wir von nutzbarer Energie reden, sieht die Sache schon anders aus. Wenn die einmal weg ist, ist sie für immer verloren. Der zweite Hauptsatz der Thermodynamik sagt aus, daß es keine auch noch so wirkungsvolle Maschine gibt, bei der nicht am Ende weniger nutzbare Energie vorhanden ist als am Anfang. Die restliche Energie wird in Wärme, also in Entropie, verwandelt. Und diese Energie kann man niemals zurückgewinnen. Wenn das Wasser einmal den Berg herabgeflossen ist, hat es sein Potential für nützliche Arbeit verloren. Wenn ich die kalten Luftmoleküle einmal aus meinem Gefrierfach herausgelassen habe, haben sie ihr Potential verloren, eine nützliche Funktion zu erfüllen. Sie haben zugelassen, daß meine Butter geschmolzen, meine Milch sauer geworden und mein gefrorenes Gemüse vergammelt ist. »Was in diesem irreversiblen Vorgang ›verlorengegangen‹ ist, ist nicht die *Energie*«, sagt Feynman »sondern die *Möglichkeit*.«

All dies birgt aber einen Widerspruch. Einerseits behaupten die Physiker, daß eine Zunahme der Unordnung unvermeidlich ist – und wohin man schaut, sieht man die Beweise dafür. Andererseits ist das Universum eindeutig ein zunehmend wohlstrukturierter Ort. Der Feuerball der Urzeit ist abgekühlt und hat sich von einer heißen amorphen Masse zu einem Universum mit Elementen, Sternen, Planeten und Menschen gewandelt. Was wir im Universum beobachten, ist zunehmende Ordnung, nicht zunehmende Unordnung.

Das Paradox wird noch komplizierter, wenn man die sehr enge Beziehung zwischen Temperatur und Unordnung betrachtet. Hitze ist ein Maß für eine Zufallsbewegung. Wärme (wie in warmer, schmelzender Butter) bedeutet Unordnung. Das frühe Universum war eine unordentliche, heiße Pampe aus Teilchen und Strahlung. Heute bestehen sogar die Sterne nicht aus Atomen, sondern eher aus einem undifferenzierten Eintopf atomarer Teilchen – Stücke von Atomen, die durch die hohen Energien, die mit extrem hohen Temperaturen einhergehen, zerrissen wurden. Diesen Zustand der Materie nennt man Plasma, was soviel wie »Mischung« bedeutet, und in diesem Zustand befindet sich beinahe alle Materie des Universums, bis auf einen verschwindend geringen Teil.

Kälte andererseits ist eng mit Ordnung verknüpft. Erst wenn die Temperaturen erheblich sinken, können sich aus atomaren Bestandteilen – Protonen, Neutronen und Elektronen – stabile Atome bilden. Und nur wenn diese noch wesentlich weiter abkühlen, können sich aus den Atomen komplexere Moleküle bilden. Wenn es zu heiß hergeht, bricht ein Wassermolekül wieder in Sauerstoff- und Wasserstoffmoleküle auseinander. Dampf ist weniger geordnet als Wasser, und Wasser seinerseits weniger geordnet als Eis. All die vertrauten »ordentlichen« Zustände des Wassers – Eiswürfel, Schneeflocken, Hagelkörner und Kristalle – können sich nur bei vergleichsweise niedrigen Temperaturen bilden. Die zunehmende Ordnung im Universum hat auch mit der kosmischen Abkühlung zu tun. Die Temperatur, die zur Zeit des Urknalls herrschte – über eine Milliarde Grad Celsius –, wird heute noch als bloße drei Grad über dem absoluten Nullpunkt gemessen. Die Physiker sagen, daß die vier fundamentalen Kräfte in ihre nun unterschiedlichen Zustände »eingefroren« wurden.

Aber wie kann es sein, daß das Universum sich abkühlt und immer geordneter wird, während gleichzeitig überall die Entropie zunimmt?

Die Antwort ist, daß man Ordnung mit Energie bezahlt. Man braucht Energie, um einen Aktenschrank ordentlich einzuräumen, genauso wie es Energie kostet, ein Atom oder einen Stern zu schaffen oder alle kalten Luftmoleküle im Inneren des Kühlschranks zu halten. Es ist *möglich*, im Universum Ordnung zu schaffen, aber die Energie dafür muß von anderen Ecken des Universums geborgt werden. Die Inseln der Ordnung im allgemeinen Chaos – all die Kristalle und Schneeflocken, Gebäude und Städte – existieren nur auf Kosten anderer. Wir gewinnen die Energie zum Errichten unserer Gebäude hauptsächlich aus fossilen Brennstoffen, mit denen die Stahlwerke, die Kräne und Lastwagen angetrieben werden. Dabei erhöhen wir die Menge jener bestens vertrauten Entropiesorte, die wir als Smog kennen. Der Preis für Ordnung an einer Ecke des Universums ist die zunehmende Unordnung an einer anderen.

Wenn man nun das gesamte Universum betrachtet, so erklären einige Physiker, daß die Zunahme an Unordnung irgendwo im unendlichen Raum verschwindet. Denn wenn man die Entropie als die Zahl der Möglichkeiten versteht, dann gibt es sicher im unendlichen Raum auch eine unendliche Anzahl von Möglichkeiten. Andere Physiker meinen dagegen, daß die Entropie in einem Gravitationsfeld oder in den schwarzen Löchern spurlos versickert. Aber irgendwo muß sie hin.

Die offensichtlichste Ausnahme von der Entropie ist das Leben. Ein Samenkorn nimmt ein wenig Erde auf, dazu ein wenig Kohlenstoff und Sonne, und dann arrangiert sich das Ganze zu einer Rose. Eine Keimzelle in der Gebärmutter verwandelt Sauerstoff und Pizza und Milch in ein Baby. Tod ist eine extreme Form der Entropie. Leben ist die fleischgewordene Verkörperung der Ordnung. Leben bedeutet einen ständigen Kampf gegen den zweiten Hauptsatz der Thermodynamik, und doch wird dieser Kampf anscheinend öfter gewonnen als verloren. Entgegen aller Wahrscheinlichkeit gedeihen Blumen in der Wüste und Kinder in den schlimmsten Slums. »Wenn etwas oder jemand einen Lebenswillen besitzt«, sagt Murchie, »dann muß er [oder es] der Verzettelung entgegenwirken und sich von der Unordnung zur Ordnung bewegen. Und das bedeutet, daß man all die leichten Wege, die von der vorherigen Position wegführen, meiden und statt dessen zu ihr zurückkehren muß – oder besser noch: sie gar nicht erst verlassen sollte. Im Grunde heißt es nichts anderes, als einfach irgendwo hockenzubleiben.«

Die unvermeidlichen Wechselfälle und Wirren des Lebens garantieren beinahe, daß nichts auf diesem Pfad der Ordnung bleibt, daß alles auf die Abwege des Zufalls geschubst wird. Unordnung ist der Weg des geringsten Widerstandes – der leichte, aber beileibe nicht unausweichliche Weg. Gesellschaftliche Institutionen verfallen – wie Sterne und Atome –, wenn man keine Energie aufbringt, um sie in Ordnung zu halten. Und jedesmal, wenn die Entropie anwächst, haben wir wieder Möglichkeiten verloren, die Lawine der Unordnung aufzuhalten, die das physikalische wie das gesellschaftliche Universum gleichermaßen bedroht.

Kapitel 13

Ursache und Wirkung

> Es kann sein, daß etwas nicht bestimmbar ist, aber unbestimmt ist es nie. Die Natur weiß, was sie macht, und sie macht es, selbst dann, wenn wir es nicht herausfinden können.
>
> *Sir Arthur Eddington*

> Naturphilosophie besteht darin, daß man das Bezugssystem und die Wirkungsweise der Natur erkundet [...] und so die Ursachen und Wirkungen der Dinge ableitet.
>
> *Isaac Newton*

Noch verworrener als die Beziehung zwischen Ordnung und Unordnung ist der knifflige Zusammenhang von Ursache und Wirkung. Nichts scheint Physikern und Philosophen wichtiger zu sein, als Ursachen für Ereignisse festzunageln. Der griechische Philosoph Demokrit sagte, er würde lieber eine einzige Ursache wirklich verstehen, als König von Persien zu sein. Kein Wunder: Es ist eine Sache, zu wissen, *wie* das Universum funktioniert, eine ganz andere hingegen, zu verstehen, *warum* es so funktioniert. Man weiß sehr wohl, nach welchen Gesetzen die Schwerkraft sich verhält, aber nicht warum. Genauso wie man zwar sagen kann, *daß* Schulkinder ihre Klassenkameraden umbringen, aber nicht, warum.

Eines der großen unbeantworteten Warums der Geschichte betrifft den unerklärlichen Gedächtnisschwund auf dem Gebiet der Astronomie, der nach Aussage vieler Historiker zwischen der griechischen Antike und der Renaissance über die westliche Welt hereinbrach. Aristarchos von Samothrake schrieb bereits im 3. Jahrhundert vor Christus, die sich drehende Erde und andere Planeten bewegten sich auf Kreisbahnen um eine zentrale Sonne. Und doch wurde diese »Entdeckung« erst achtzehn Jahrhunderte später von Kopernikus und anderen wieder aufgegriffen. »Wir wissen, daß es so war«, schreibt Arthur Koestler. »Wenn wir genau wüßten, warum es so war, dann hätten wir wahrscheinlich ein Heilmittel für die Krankheiten unserer eigenen Zeit.«

Der Suche nach den Ursachen, die den Dingen zugrunde liegen, wohnt eine mächtige Faszination inne – nicht zuletzt deswegen, weil sie die Möglichkeit zur Kontrolle gibt. Wenn man weiß, was bewirkt, daß Dinge geschehen (oder nicht geschehen), dann wäre man selbst in der Lage, sie erneut geschehen zu lassen (oder nicht). Menschen denken vor allem gern, daß es überhaupt Gründe *gibt*. Denn es ist eine befremdliche Vorstellung, daß alle Ereignisse vom Zufall bestimmt sind, daß die Dinge, die uns umgeben, nicht etwa einem verstehbaren (wenn auch noch nicht verstandenen) Regelwerk von Naturgesetzen unterworfen sein könnten. Man hat Newtons Gedanken teilweise auch deshalb so bereitwillig akzeptiert, weil sie eine eindeutig anwendbare Formel für Ursache und Wirkung enthielten: Planeten bewegen sich auf Umlaufbahnen und fallende Gegenstände werden auf bestimmte Weise beschleunigt, weil die Schwerkraft auf bestimmte Weise an ihnen zerrt. Darwins Vorstellungen waren da für manche schon schwerer zu verdauen. Zumindest ein Teil des Widerstandes gegen ihn geht darauf zurück, daß seine Theorie der Zufälligkeit von Mutationen ein solches Gewicht schenkt. (Der Astronom Sir John Herschel bemängelte, daß Darwins Ideen zur Evolution kaum mehr als »das Gesetz von Kraut und Rüben« darstellten.) Sogar Einstein weigerte sich, die Quantenmechanik zu akzeptieren, weil er meinte, so würde die Kausalität ein für allemal abgeschafft. Er schrieb 1944 an seinen Freund und Kollegen Max Born:

»Du glaubst an den würfelnden Gott, und ich an die volle Gesetzlichkeit in einer Welt von etwas objektiv Seiendem, das ich auf wild spekulativem Wege zu erhaschen suche. Ich *glaube* fest, aber ich hoffe, daß einer einen mehr realistischen Weg bzw. eine mehr greifbare Unterlage finden wird, als es mir gegeben ist. Der große anfängliche Erfolg der Quantentheorie kann mich doch nicht zum Glauben an das fundamentale Würfelspiel bringen.«

Für Einstein und andere schien die Quantenmechanik ein nicht akzeptables Maß an Ungewißheit und Unvorhersehbarkeit in das Universum einzubringen. Seit Kopernikus die Sonne ins Zentrum des Sonnensystems stellte, hat wohl kaum ein Thema der Naturwissenschaft die Menschen in solchen philosophischen Aufruhr versetzt wie diese Theorie.

Der strenge Glaube an die Kausalität scheint jedoch andererseits dem freien Willen den Boden unter den Füßen wegzuziehen. Wenn jede Wirkung von einer Ursache hervorgerufen wird, die ihrerseits die Wirkung einer anderen Ursache ist und so weiter, dann gelangen wir in gerader Linie zum Anfang des Universums zurück, und alles, was wir tun, ist vorherbestimmt – und muß es von Anfang der Zeiten an gewesen sein. Wenn die Ursache dafür, daß man einen Zug verpaßt hat, der Schneesturm ist, der zwei Wochen zuvor durch eine Warmluftfront über dem Atlantik ausgelöst wurde, die ihrerseits durch eine bestimmte Kombination von Winden und Sonnenflecken entstanden ist, könnte man diese »Ursache« mit Leichtigkeit bis zu jedem beliebigen Ereignis zurückverfolgen – das seinerseits auch wieder eine Ursache hätte. Glaube man »an diese endlose Kette natürlicher Ursachen«, argumentierte Born, »führt das notwendig zu dem Gedanken, daß die Welt ein Automat ist und wir nur kleine Rädchen darin. [...] Ich kann mir gar nicht vorstellen, zu welchen Schwierigkeiten dieser Gedanke führen würde, wenn man ihn vom Standpunkt der moralischen Verantwortung aus betrachtete.«

Newtons Universum war eine solche endlose Kette natürlicher Ursachen: Das Verhalten von Planeten und vermutlich auch das von Menschen ließ sich berechnen, wenn man nur genügend Informationen und Zeit zur Verfügung hatte. Alles lief darauf hinaus, daß Materiebrocken von genau meßbaren und vorhersehbaren Kräften angetrieben und gesteuert wurden. Gefühle und Gedanken waren nur die Manifestationen solcher voreingestellten Mechanismen. Die Illusion des »freien Willens« war nichts als die Wirkung der speziellen Anordnung von Atomen und Molekülen, die den menschlichen Körper ausmacht. »Einen Menschen dazu anzuhalten, sich moralisch oder als nützliches Mitglied der Gesellschaft zu verhalten«, schrieb Sir James Jeans, »war so, als wollte man eine Uhr dazu anhalten, die Zeit ordentlich anzuzeigen; selbst wenn sie Verstand hätte, könnte sie doch ihre Zeiger nicht nach dem Willen dieses Verstandes bewegen, sondern nur so, wie es die festgelegte Kombination ihrer Gewichte und ihres Pendels bestimmt hat.«

Es ist eine große Versuchung, zwei Ereignisse miteinander in Verbindung zu bringen und dann zu behaupten, das eine sei die Ursache des anderen. Johannes Keplers Mutter wurde wegen Hexerei verhaftet und zwar unter anderem deswegen, weil ihr Besuch bei einer Nachbarin unglücklicherweise mit dem Ausbruch einer schweren Krankheit zusammenfiel. Heutzutage würde kein gebildeter Mensch mehr solche Schlüsse ziehen. Aber es gibt durchaus Leute, die die Überzeugung vertreten, daß Sozialleistungen Armut verursachen oder daß Familienplanung die Ursache von Teenager-Schwangerschaften ist.

Selbst wenn Dinge eindeutig und ständig miteinander in Verbindung stehen, ist es nicht immer möglich, kausale Zusammenhänge herzustellen. Niedrig fliegende Schwalben sind genauso wenig die Ursache für Gewitterregen wie Zahnspangen als Ursache für die Pubertät gelten dürften. Born formuliert das folgendermaßen: »Man kann (mit Hilfe eines Fahrplans) vorhersagen, wann der Zehn-Uhr-Zug von Edinburgh Waverley im Londoner Bahnhof King's Cross ankommt; aber man kann kaum behaupten, daß der Fahrplan die Ursache für diese Ankunft liefert.«

Verwirrung über die Beziehung zwischen Ursache und Wirkung führt (im nachhinein) oft zu amüsanten Schlußfolgerungen. Guy Murchie erzählt zum Beispiel die Geschichte von dem Wissenschaftlerrat, der seinerzeit beschloß, Gutenbergs Druckerpresse keinen größeren Zuschuß zu gewähren, weil es, wie die Herren damals behaupteten, nie eine hinreichend große Nachfrage geben würde. Der Grund? Nur ein Prozent der damaligen Bevölkerung konnte lesen. Es ist den Herren wahrscheinlich nie in den Kopf gekommen, daß die

Erhältlichkeit von Büchern genauso gut ein *Grund* dafür sein könnte, daß Leute lesen lernen.

Daß Ursachen so schwer zu fassen sind, macht sie zu einem so fruchtbaren Boden für Fehlinterpretationen und Aberglauben. In Wahrheit verstehen wir kaum je, welche Kräfte am Werk sind. Was ist die Ursache für einen Familienstreit? Für steigende oder fallende Kriminalstatistiken? Für den Absturz eines Düsenflugzeugs? In den meisten Fällen ist es unmöglich, die Ursache aus dem Komplex von Begleitumständen zu entwirren, die sie umgeben. In gewisser Hinsicht *ist* ja gerade dieser Komplex aus Umständen die Ursache – und das könnte alles sein, vom heutigen Wetter bis zur tiefen Bedeutung der Vergangenheit. Man könnte genauso gut fragen: Was ist die Ursache für Materie? Oder was ist die Ursache für Leben? Oder, wie Victor Weisskopf einmal zu mir gesagt hat: »Was ist schon eine Ursache? Man kann nur sagen, daß es gewisse Verbindungen gibt.«

Die Verbindungen zwischen scheinbar miteinander zusammenhängenden Ereignissen hat man in der Vergangenheit einem ständig wechselnden Ensemble von Ursachen zugeschrieben. Alte Zivilisationen schrieben die Verbindung zwischen Frühling und Herbst oder Tag und Nacht (wie auch die meisten anderen Erscheinungen) dem Willen verschiedener Götter zu. Die Götter hatten einiges zu tun: Sie hatten nicht nur Überschwemmungen und Hungersnöte bis in die kleinste Einzelheit zu arrangieren, sie waren auch für die alltäglichen Ereignisse im Leben aller Menschen zuständig. Nichts geschah nur als Ergebnis bestimmter Ursachen oder einsehbarer Gründe. Sogar die Planeten wären zum Stillstand gekommen, wenn die Engel, die sie anschieben mußten, aufgehört hätten, mit den Flügeln zu schlagen. Zur Zeit des Aristoteles waren nicht weniger als fünfundfünzig Geister notwendig, um den Lauf der Planeten sicherzustellen.

Kepler war den meisten Quellen zufolge der erste, der im 16. Jahrhundert ernsthaft Überlegungen anstellte, daß eine »Kraft« etwas mit den Bewegungen der Planeten zu tun haben könnte. Er war der erste, der vorschlug, daß hinter den Dingen rationale, keineswegs mystische Ursachen steckten. Bei

Newton nahmen diese Gedanken eine feste Form an in der Vorstellung vom Universum als einem großen Uhrwerk, in dem Kräfte alles steuerten. »Für die Menschen des 18. Jahrhunderts war die Welt ein riesiger Mechanismus«, schrieb Robert J. Oppenheimer. Alle Bewegungen konnten mit Hilfe der Kräfte analysiert werden, von denen sie verursacht wurden. In gewissem Sinne hatte Newton nur eine Art von Ursache und Wirkung durch eine andere ersetzt. An die Stelle von Geistern und Göttern traten nun die Kräfte. Die Weltanschauung der Ursachen schuf den Übergang vom Chaos zur Ordnung, vom völligen Zufall zur vollkommenen Vorhersehbarkeit.

Heute sieht es ganz so aus, als wären wir wieder am Anfang angelangt. Man hat die Quantenmechanik mit ihrer naturgegebenen Ungewißheit verschiedentlich angeklagt, sie öffne dem Zufall Tür und Tor und räume ein für allemal mit Ordnung und Kausalität auf, wobei sie die Naturgesetze zu einer Art subjektivem Mystizismus destilliere. Das behaupten zumindest einige populäre Interpretationen. In Wirklichkeit hat die Quantenmechanik nur eine neue *Art* von Ursache ins Spiel gebracht. Und so überraschend es auch scheinen mag: Es gibt immer mehrere *Arten* von Ursachen.

Zunächst einmal gibt es die Sorte Ursachen, die aussagen, daß Dinge geschehen, weil es die natürliche Ordnung der Dinge so verlangt. Kopernikus zum Beispiel dachte, die Gravitation sei nur eine natürliche Neigung der Materie, die ihr der Schöpfer mitgegeben hatte. Felsen »gehörten« nach unten, genau wie Wolken nach oben »gehörten«. »Es ist der Wunsch jedes schweren Körpers, daß sein Zentrum im Zentrum der Erde ruhen möge«, schrieb Leonardo da Vinci. Diese Denkweise geht bis auf Platon und Aristoteles zurück, die Sklaverei für einen Teil der natürlichen Weltordnung hielten, genau wie sie glaubten, daß die einzige »natürliche« Umlaufbahn für einen Planeten eine Kreisbewegung ist. Das Universum des Aristoteles hatte viele verschiedene Schichten, in denen alles seinen festen Platz hatte, »ein Kosmos mit einer Beamtenhierarchie«, wie es Koestler einmal ausgedrückt hat. Der Einfluß des Aristoteles überdauerte beinahe anderthalb

Jahrtausende und kommt auch heute noch zum Tragen, wenn Leute behaupten, daß manche Menschen »von Natur aus« dumm oder arm seien oder daß Frauen in die Küche »gehörten«. Das alles stammt aus der gleichen Ecke wie die Aussage, daß Rauch eine »natürliche« Neigung hat, in die Luft zu steigen, oder daß die Sonne ins Zentrum des Sonnensystems »gehört«. Im Grunde ist es nichts als das Eingeständnis, daß wir die ausschlaggebenden Kräfte oder Gründe nicht kennen.

Selbstverständlich ändern sich auch unsere Vorstellungen dessen, was »natürlich« ist – sogar in der Physik. Aristoteles glaubte, der natürliche Zustand aller Dinge sei der Stillstand und man müsse eine Kraft aufwenden, um Körper in Bewegung zu setzen. Newton dagegen meinte, auch die Bewegung könne der natürliche Zustand der Dinge sein und die »Kraft«, die sie am Laufen hält, könne eine »natürliche« Eigenschaft aller Materie sein, die Trägheit.* Newton hielt es für »natürlich«, daß es so etwas wie absolute Bewegung und absoluten Stillstand gibt, in diesem Punkt jedoch hat ihn Einstein widerlegt.

Natürliche Ursachen der Art, wie sie sich Aristoteles vorstellte, unterscheiden sich von den Ursachen, die wir mit Kräften in Verbindung bringen. Eine Kraft ist immer mit einem Austausch von Energie verbunden. Wenn Sie jemanden schlagen, fällt er hin. Wenn Sie auf eine Kerze pusten, erlischt sie. Wenn Sie jemandem zuwinken, schicken Sie damit eine winzige Störung der Luftmoleküle in die Umgebung. Wenn die Schwerkraft zerrt, fällt ein Apfel zu Boden. Und doch bleibt es dabei, daß »Schwerkraft« im wesentlichen ein Begriff ist, den wir mit einem Muster verbinden, das irgendwie mit dem immer noch nicht besonders gut verstandenen Verhalten von Gegenständen zu tun hat. Newton hat niemals behauptet, er verstünde, warum die Schwerkraft funktioniere oder wie sie sich im Raum ausbreite. »Ich beschäftige mich nicht mit Hypothesen«, sagte er. Oder, wie es Richard Feynman formulierte: »Zur Zeit Keplers haben einige Leute diese Frage

* Newtons Ansicht war hauptsächlich deswegen »richtiger« als Aristoteles' Weltsicht, weil sie Fortschritt bewirkte. Siehe das Kap. »Richtig und falsch«.

[was bewirkt, daß die Planeten sich um die Sonne bewegen?] beantwortet, indem sie behaupteten, jeder dieser Planeten würde von einem Engel mit schlagenden Flügeln angetrieben und auf seiner Umlaufbahn angeschoben. Sie werden sehen, daß das gar nicht so weit von der Wahrheit entfernt ist. Der einzige Unterschied ist, daß die Engel auf der anderen Seite sitzen und die Flügel nach innen schlagen.« (Der nach innen gerichtete Schub der Engelsflügel ist natürlich die Schwerkraft.)

Die Vorstellung, daß Kräfte über Felder übermittelt werden oder ihren Einfluß auf Körper über Felder ausüben, steht in ziemlich überraschender Verbindung zu der Überzeugung des Aristoteles, daß alles seinen festen Platz im Universum hat. Der Apfel fällt also nicht, weil ihn die Schwerkraft zieht, sondern weil er ganz »natürlich« an seinen richtigen Platz im Gravitationsfeld kullert, genauso wie sich die Eisenfeilspäne ganz »natürlich« um einen Magneten herum anordnen. Allen Dingen in der Natur ist die Tendenz gemeinsam, in einen natürlichen Zustand zu verfallen. Nicht nur Äpfel fallen in ihren Grundzustand, sondern auch Atome – und geben dabei Energie und Licht ab. Alle Dinge suchen stets ihren niedrigsten Energiezustand. Und diese Tendenz, immer den niedrigsten Energiezustand anzustreben, halten wir für eine vollkommen legitime *Ursache* für alle möglichen Wirkungen.

Es gibt jedoch wichtige Unterschiede zwischen dieser Art von Ursache und den Ursachen, die das Universum des Aristoteles funktionieren ließen. Der natürliche Zustand der Äpfel und Atome ist immer der gleiche, er unterliegt keinerlei Launen. Gravitationsfelder wirken auf Männer und Frauen, Äpfel und Orangen in gleicher Weise. Atome verändern ihre Zustände, ob man nun einem bestimmten Gott Bußopfer gebracht hat oder nicht. Kräfte und Felder machen keine Unterschiede. Sie behandeln die Atome in Erde, Feuer, Luft und Wasser gleichartig.

Diese Beständigkeit hat ihre Wurzeln in einer ganz besonderen »Ursache« – der Symmetrie. All die seltsamen relativistischen Effekte, von der Zeitdilatation bis hin zum gekrümmten Raum, erklären sich aus der Vorstellung, daß die

Naturgesetze symmetrisch sind, daß es egal ist, ob man sich bewegt oder stillsteht, daß die Lichtgeschwindigkeit immer gleich hoch ist und daß es im Universum kein absolutes, ruhendes Bezugssystem gibt. Was ist also die »Ursache«, die die Zeit verlangsamt, wenn man sich mit höheren Geschwindigkeiten bewegt? Warum haben Elektronen, die mit 99,999 Prozent der Lichtgeschwindigkeit dahinsausen, vierzigtausendmal ihr normales Gewicht oder ihre normale Masse? Die »Ursache« dafür ist die Symmetrie, die Tatsache, daß die Lichtgeschwindigkeit immer als gleich hoch gemessen wird, egal, wie schnell man sich bewegt, daß eben einige Unterschiede keine Auswirkung haben. Die Ursache dafür, daß Lineale sich verzerren und Uhren verschiedene Zeiten anzeigen, ist, daß man im Universum immer *dieselben* Naturgesetze wirken sieht, ganz gleich, ob man sich nun bewegt oder nicht.

Wie andere Ursachen läßt sich auch die Vorstellung, daß Symmetrie die Dinge formen kann, bis ins antike Griechenland zurückverfolgen. Platon ging davon aus, daß die Welt die Idealgestalt einer vollkommenen Kugel haben muß und daß alle Planeten auf vollkommenen Kreisbahnen laufen müssen, weil nur Kreise vollkommen symmetrisch sind. Eine Kreisbewegung hat weder Anfang noch Ende. Es ist völlig gleichgültig, unter welchem Winkel Sie einen Kreis betrachten, er sieht immer gleich aus. Manche Leute waren sogar der Meinung, daß sich alle Gegenstände auf das Zentrum der Erde hinbewegen, weil so alles hübsch symmetrisch wird. Die Vorstellung von der Symmetrie war eine so reizvolle »Ursache«, daß man erst zur Zeit Keplers überhaupt bereit war, offiziell anzuerkennen, daß sich Planeten nicht auf kreisförmigen, sondern auf elliptischen Bahnen bewegten.

Mein Freund, der Physiker, hat immer gerne darauf hingewiesen, daß Symmetrie auch das grundlegende Argument für gesellschaftliche Konzepte wie etwa Bürgerrechte ist: Menschen sind von Natur aus symmetrisch vor dem Gesetz. Man kann Schwarze und Weiße (oder Männer und Frauen) nicht unterschiedlich behandeln, weil ihre grundlegenden Bedürfnisse und Fähigkeiten die gleichen sind. Es mag vielleicht einfacher sein, seine Vorstellungen von der Welt auf den physikalischen Kräften aufzubauen (»denn schließlich«, meint Jeans, »hatten unsere haarigen Vorfahren mehr mit Muskelkraft als mit vollkommenen Kreisen oder Geodäsie zu tun«), dennoch kann ein System von Ursachen, das sich allein auf Kräfte verläßt, nie völlig objektiv sein. Der Relativitätstheorie zufolge hängt die Kraft selbst von der Bewegung des Beobachters und dessen Standpunkt ab. Also müssen Ursachen, die als Kräfte interpretiert werden, notwendigerweise immer auch subjektiv sein. Wenn man nach Symmetrien als Ursachen sucht, gelangt man zu einem viel klareren und einheitlicheren Verständnis.

Nur in der Quantenmechanik – in der Physik der subatomaren Welt – scheinen Ursachen plötzlich aus dem Nichts aufzutauchen. Sogar die Launen der antiken Götter scheinen uns verständlicher als die inneren Mechanismen der Atome. Und doch gibt es eine magische Ordnung in der scheinbar zufälligen Welt atomarer Ereignisse. Und diese Ordnung inmitten all der Zufallsereignisse hat unsere Vorstellung von Ursache und Wirkung von Grund auf verändert.

Denn welche »Ursache« bewirkt, daß eine in die Luft geworfene Münze die Hälfte der Zeit »Zahl« und die andere Hälfte »Kopf« zeigt? Was ist die Ursache dafür, daß eine bestimmte Anzahl radioaktiver Atome jetzt und nicht später zerfällt? Welche Ursache legt fest, wie oft das Rouletterad rot oder schwarz zeigt? Es ist die gleiche Ursache, die ein Rührei daran hindert, sich zu »entrühren«, und die beinahe garantiert, daß ein Zimmer sich nicht »entsäubert«; die gleiche Ursache, die die Hitze vom warmen Getränk in den schmelzenden Eiswürfel fließen läßt und nicht etwa umgekehrt. Die Ursache dafür, daß solche Dinge geschehen, ist einfach, daß sie wahrscheinlicher sind als die Alternative. Meinem Freund, dem Physiker, zufolge ist eine Ursache alles, was ein Ereignis ein wenig öfter geschehen läßt. Die Dinge, die am häufigsten geschehen, sind diejenigen, die am unterschiedlichsten geschehen können. Anders ausgedrückt: die wahrscheinlichsten Dinge geschehen am häufigsten. Also können auch Wahrscheinlichkeiten Ursachen sein. Das scheint völlig unsinnig, bis man sich einmal die Fakten angesehen hat.

Nehmen wir ein paar Billardkugeln (Physiker nehmen immer Billardkugeln). In vielen naturwissenschaftlichen Museen ist ein Experiment zu sehen, in dem Billardbälle nach dem Zufallsprinzip durch ein Dickicht von Stäben fallen, die aus einer Wand hervorragen. Die Kugeln treffen auf die Stäbe und springen völlig zufällig in diese oder jene Richtung. Und doch liegen sie, wenn man sie unten in einem Eimer sammelt, in einem Haufen da, der eine gänzlich vorhersehbare Form hat. Besucher machen den Versuch gern mehrere Male, weil das Resultat so unwahrscheinlich erscheint. Wie können all diese Zufallsbewegungen so ein hübsches Muster produzieren? Was ist die Ursache für dieses Muster?

Oder denken Sie an einen Betrunkenen, der an eine Straßenlaterne gelehnt steht. Nehmen wir an, er beschließt spazierenzugehen. Zunächst macht er einen Schritt nach vorne, dann schwankt er zur Seite, stolpert ein Stück zurück, geht dann in eine andere Richtung weiter – alles ganz zufällig. Kann man vorhersagen, wie weit der Betrunkene mit einer bestimmten Zahl von Schritten vorankommt? Kaum zu glauben, aber man kann! Die zurückgelegte Entfernung ist die mittlere Länge jedes Schrittes, multipliziert mit der Quadratwurzel der Schrittzahl. Wenn er also im Durchschnitt Schritte von einem Meter Länge macht, dann kommt er mit hundert Schritten etwa zehn Meter voran (wenn man auch leider nicht vorhersagen kann, in welche *Richtung*).

Mit der gleichen Art von Analyse hat Einstein die Größe von Molekülen berechnet, nämlich indem er sich die chaotischen mikroskopischen Kollisionen anschaute, die wir Brownsche Molekularbewegung nennen. Kleine, in einer Flüssigkeit suspendierte Teilchen – Pflanzensporen oder Öltropfen zum Beispiel – werden von den unsichtbaren Molekülen der Flüssigkeit zufällig hin- und hergeschubst. Das Ergebnis: sie bewegen sich so ähnlich wie Betrunkene, und ihre Wegstrecken lassen sich ungefähr nach dem gleichen Prinzip berechnen. Dieselbe Gleichung benutzt man auch, um zu bestimmen, wie schnell Rauch – oder Luftverschmutzung – sich im Himmel verteilt. Issac Asimov hat die Grundidee für seine Science-Fiction-Geschichten in *Foundation* aus der statistischen Ordnung abgeleitet, die sich aus der Zufallsbewegung von Gasmolekülen ergibt. Nach Quintillionen und Aberquintillionen von Molekülen, meint er, kann man genau vorhersagen, wie sich eine Probe verhalten wird:

Die Bewegung jedes einzelnen Atoms oder Moleküls ist vollständig unvorhersehbar – man kann nicht sagen, wo oder in welche Richtung oder wie schnell es sich bewegen wird –, aber man kann ein Mittel aller Bewegungen errechnen und daraus die Gasgesetze ableiten. Es ging mir durch den Kopf, daß dergleichen vielleicht auch für Menschen zutrifft. Ein einzelner Mensch ist völlig unvorhersehbar, aber eine Menschenmenge gewöhnlich recht vorhersehbar. Was geschähe, wenn ich eine Art kinetische Gastheorie auf die Menschen einer zukünftigen Epoche anwendete, in der Millionen von Planeten voller Menschen existieren?

Asimov macht deutlich, daß dies nur Science Fiction ist. Menschen sind wesentlich komplexer als Gasmoleküle. Und doch wird die Vorstellung von der statistischen Wahrscheinlichkeit seltsam konkret, wenn wir es mit subatomaren Teilchen zu tun bekommen: Wir können alle Teilchen auch als Wellen beschreiben; das gehört zur dualen Natur aller Materie. Aber die Teilchen können trotzdem punktförmig sein, weil diese Wellen keine Materiewellen sind, sondern Wahrscheinlichkeitswellen. Sie drücken die Wahrscheinlichkeit aus, daß sich ein Teilchen zu einem bestimmten Zeitpunkt an einem bestimmten Ort befindet, falls man sich entscheiden sollte, es zu messen.

Irrtümlich halten viele Leute Wahrscheinlichkeiten für pure Abstraktionen, also für unwirklich. Sie nehmen sie als Ursachen nicht ernst. Und doch kann die hohe Wahrscheinlichkeit für eine Naturkatastrophe oder einen Atomkrieg diese Ereignisse genauso bewirken wie eine hohe Wahrscheinlichkeit zur Folge hat, daß eine Münze in 50 Prozent der Fälle auf »Zahl« landet. Wahrscheinliche Ursachen sind – genau wie Wahrscheinlichkeitswellen – sehr real, weil sie *wirken*. Die Gesetze der Statistik sind Naturgesetze wie alle anderen. Die

Wahrscheinlichkeit formt die Welt genauso mit wie die Schwerkraft.

Wahrscheinliche Ursachen führen auch zu dem Paradox, daß kleine Mengen anderen Gesetzen zu gehorchen scheinen als große Mengen. Das Verhalten einer einzigen Münze oder eines einzelnen Atoms ist völlig unvorhersehbar, bei Hunderten von Münzen oder Trillionen von Atomen läßt es sich hingegen präzise vorhersagen. Unvorhersehbarkeit impliziert Zufall, also fehlende Ursache. Entweder geschieht etwas absichtlich (mit Ursache) oder zufällig. Beides geht nicht. Das Verhalten von Atomen ist dieser Definition gemäß zufällig und daher nicht kausal.

Was bewegt zum Beispiel ein radioaktives Atom dazu, zu zerfallen? Nehmen wir ein Milligramm Radium. Man kann ziemlich genau berechnen, wie viele Atome pro Sekunde zerfallen. Daran läßt sich absolut nichts ändern. Nichts in der Umgebung kann die Zerfallsrate beeinflussen. Ob man die Umgebung aufheizt oder abkühlt, den Bewegungszustand ändert oder die Atome fester zusammenpreßt, die Zerfallsrate wird immer die gleiche bleiben. Andererseits wirkt sich auch nichts aus der Vergangenheit der Atome darauf aus, was sie machen. Jedes Milligramm Radium – egal von welchem Ort im Universum – verhält sich genau gleich. Man kann diese Situation weder durch innere noch durch äußere Einwirkung verändern. Weder in der Vergangenheit noch in der Gegenwart gibt es einen entscheidenden Faktor. Deshalb erscheint einem der radioaktive Zerfall wahrhaftig wie ein Ereignis ohne Ursache. Und tatsächlich haben beinahe alle Phänomene, die mit einzelnen Atomen zu tun haben, diesen gleichen »akausalen« Charakter.

»Aber wie kann das ein Faktum sein«, fragt der Physiker John Wheeler, »und die große, vertraute Welt, wie wir sie kennen, heil lassen? Große Körper setzen sich doch aus Atomen zusammen. Wie kann es sein, daß die Kausalität, die für Gewehrkugeln und Maschinen und Planeten gilt, sich aus akausalem atomarem Verhalten ergibt? Wie können aus diesem seltsamen Gerede von Zuständen, Übergängen und Wahrscheinlichkeiten wieder die vertrauten Flugbahnen, Umlaufbahnen, Geschwindigkeiten, Beschleunigungen und Positionen auftauchen?«

Wenn Gott wirklich mit dem Universum würfelt, dann spielt er (oder sie) wohl ziemlich viel Würfel. Wie sollte man sich sonst die vertrauten und vorhersehbaren Naturgesetze erklären?

Daneben haben wir es noch mit dem weiteren und wohl wesentlich grundlegenderen Paradox zu tun, daß der *Zufall* sich nach festen *Gesetzen* richtet und daß außerdem Ereignisse, die durch Ursache und Wirkung gesteuert werden, selten präzise vorhersehbar sind! Es scheint sich, wie Born schreibt, um »eine hoffnungslose Verwirrung von Ideen« zu handeln.

Unsere Fähigkeit (oder Unfähigkeit), etwas vorherzusagen, hängt nicht notwendigerweise davon ab, daß wir die Ursachen verstehen – das wird deutlich, wenn man sich überlegt, wie viele Dinge wir vorhersagen können, ohne sie zu verstehen (tieffliegende Schwalben kündigen Regen an) und wie viele Dinge wir nicht vorhersagen können, obwohl wir sie *wirklich* verstehen. Man nehme zum Beispiel das Wetter. Die Kräfte, die das Wetter formen, verstehen wir sehr gut, und doch ist das Wetter außerordentlich schwer vorherzusagen, hauptsächlich deswegen, weil es so vielschichtig ist. Man kann wahrscheinlich die Flugbahn eines einzigen Luftmoleküls verstehen und vorhersagen, wenn sich Luftfeuchtigkeit und Luftdruck ändern. Nimmt man jedoch einen ganzen Haufen Luftmoleküle zusammen, ist man hoffnungslos verloren.

In auswärtigen politischen wie in persönlichen Beziehungen kann ein kleiner, unsichtbarer Effekt der Grund dafür sein, daß sich eine ganze Konfiguration von Ereignissen verändert. Die Natur (einschließlich der menschlichen) ist oft zu komplex und wechselseitig abhängig, als daß man fein säuberlich nach Ursache und Wirkung unterscheiden könnte.

Hat nun also die naturgegebene Ungewißheit der Quantenmechanik die Kausalität ein für allemal beseitigt oder nicht? Ist das Universum im Innersten wirklich ein präzise abgestimmtes Uhrwerk? Oder ist es ein Spielball des Zufalls – ein

Zimmer voller geworfener Münzen? Robert J. Oppenheimer faßte die Früchte der Quantenmechanik folgendermaßen zusammen: »Wir haben im innersten Herzen der physikalischen Welt das Ende der vollkommenen Kausalität gesehen, die ein so unerschütterliches Kennzeichen der Newtonschen Physik zu sein schien.« Aber Max Born kommt zu dem Schluß: »Die oft gemachte Aussage, daß die moderne Physik die Kausalität aufgegeben hat, entbehrt jeglicher Grundlage. [...] Wissenschaftliche Arbeit wird immer die Suche nach der wechselseitigen kausalen Abhängigkeit der Phänomene sein.«

Es kann sein, daß, als die Pandora-Büchse der Quantenmechanik geöffnet wurde, nur eine Sache verlorenging: die Annahme, daß man, wenn man die Ursachen der Dinge versteht, auch zwangsläufig die Dinge selbst vorhersagen und steuern kann. Wie Weisskopf erklärt hat, weiß man ja immer noch, daß ein radioaktives Atom zerfallen wird, man weiß auch noch, wie es zerfallen wird – »man weiß nur nicht mehr, wann«. Tatsächlich läuft das ganze Problem der Unschärferelation also auf eine Frage des Timing heraus. Denn je genauer man festlegen will, *wann* etwas geschehen wird, desto mehr verschleiert man andere Aspekte. Andererseits ist die Zeit in gewisser Hinsicht selbst eine Ursache. »Wenn ich eine Million Jahre Zeit hätte«, schreibt Stephen Jay Gould, »dann könnte ich mehrfach hundertmal ›Kopf‹ hintereinander werfen.« Wenn es um die Evolution geht, »ist die Zeit der wahre Held der Geschichte. Mit etwa zwei Milliarden Jahren wird das Unmögliche möglich, das Mögliche wahrscheinlich und das Wahrscheinliche gewiß.«

Man muß also nicht jeden einzelnen Faktor einer kausalen Gleichung kennen, um das wahrscheinliche Ergebnis vorherzusagen. Wenn eine bestimmte Anzahl von Handfeuerwaffen im Umlauf ist, wenn eine bestimmte Geschwindigkeit erlaubt ist, wenn man es mit einer bestimmten Gruppe von Rauchern oder einer bestimmten Armutsrate zu tun hat, weiß man, daß eine bestimmte Zahl von Menschen sterben wird. Man weiß nur nicht, wer. Aber man kann eindeutig sagen, daß es Verbindungen gibt.

Schließlich kommt Born auf das Konzept der Komplementarität zurück. Strikte Kausalität und absoluter Zufall haben beide im Gefüge des Universums ihren Platz, aber beide zusammen sind so unvereinbar wie Welle und Teilchen. Wenn man beide Argumente zu ihren (linearen) logischen Extremen fortspinnt, dann ergeben sie keinerlei Sinn. Denn wenn man behauptet, daß es einen Grund für das Verhalten von Dingen (oder Menschen) gibt, dann muß man logischerweise zu dem Schluß kommen, daß alles vorherbestimmt ist. Wenn man andererseits sagt, daß es nichts gibt, was das Verhalten der Dinge bestimmt, dann muß man unweigerlich daraus folgern, daß alles Zufall ist. Wenn es Ursachen für alles gibt, sind wir nur Rädchen in einem Uhrwerk. Wenn es keine Ursachen gibt, sind wir ein Haufen Würfel.

Oberflächlich betrachtet mag es so aussehen, als schlössen Kausalität und Zufall einander aus. Bei näherem Hinsehen erweisen sie sich jedoch als komplementäre Facetten einer größeren Wirklichkeit.

Kapitel 14

Kleine Unterschiede

Kleckse, Pünktchen, Flecken, Schlieren, Schmierer, Risse, Fehler, Unfälle, Ausnahmen und Unregelmäßigkeiten sind Fenster zu anderen Welten.

Bob Miller, Künstler

Die Existenz von Sternen beruht auf mehreren haarfein ausbalancierten Gleichgewichtszuständen zwischen den Kräften der Natur [...] In vielen Fällen hätte eine kleine Drehung am Einstellknopf in die eine oder andere Richtung zur Folge, daß wir eine Welt ohne Sterne hätten, ja sogar eine Welt mit wesentlich weniger Struktur als unser Universum.

Lee Smolin

Die Leute sagen oft, daß kleine Ursachen große Wirkungen haben können. Obwohl das zwar nicht immer stimmt, ist es doch überraschend, wie viele Phänomene ungeheuren Ausmaßes anscheinend durch winzigste Veränderungen hervorgerufen werden, wie viele große Entdeckungen von Wissenschaftlern gemacht wurden, die eine beinahe unmerkliche Abweichung beobachteten.

Die Existenz der Antimaterie deutete sich an, als der Physiker Paul Dirac in einer Gleichung über ein unerwartetes Minuszeichen stolperte. Der Elektromotor wurde während eines Versuchs im Physikunterricht entdeckt, als der Gymnasiallehrer Hans Christian Oersted zufällig bemerkte, daß ein stromdurchflossener Draht bei der Bewegung durch ein Magnetfeld abgelenkt wurde. Den Planeten Neptun fanden die Astronomen, als sie sich eine kleine Unregelmäßigkeit in der Umlaufbahn seines Nachbarn Uranus zu erklären versuchten. Einsteins allgemeine Relativitätstheorie wurde zum erstenmal »bewiesen«, als man feststellte, daß Sternenlicht, das sich an der Sonne vorbeibewegt, um läppische 1,75 Bogensekunden (weniger als ein Dreißigstel Grad) abgelenkt wird.

In jüngerer Zeit entdeckte man die ersten Planeten, die um andere, ferne Sonnen kreisen, zunächst als leichte Dellen in den Positionen ihrer »Sterneltern«. Die Masse eines Teilchens, das auch als »wirbelndes Nichts« bezeichnet wird – des beinahe nicht existierenden Neutrinos –, wurde (vielleicht) als seltener Lichtblitz in einem riesigen, von Photovervielfachern umgebenen Wassertank über 1000 Meter unter den japanischen Alpen gemessen. Wenn diese Entdeckung weiteren Untersuchungen standhält, dann könnte sehr wohl das winzige Neutrino für einen großen Teil der Masse des Universums verantwortlich sein.

Ein offensichtlicher Grund dafür, daß kleine Ursachen für das naturwissenschaftliche Verständnis große Auswirkungen haben können, ist die Tatsache, daß auch in der Natur oft kleine Ursachen große Wirkungen haben. Ein einziges zusätzliches Elektron in der äußeren Schale eines Atoms macht den Unterschied zwischen Natrium – einem der chemisch aktivsten Metalle – und Neon, einem chemisch inaktiven Edelgas, aus. Ein zusätzliches Neutron macht aus Plutonium-238, das sich bestens für den Antrieb von Raumschiffen eignet, für Menschen aber hochgefährlich ist, Plutonium-239, das zum Bau von Atombomben verwendet wird. Plutonium-239 läßt sich leicht spalten und löst Kettenreaktionen aus. Plutonium-238 läßt sich nicht so leicht spalten, spuckt aber mit hoher Geschwindigkeit ungeheure Mengen Radioaktivität aus. Wenn sich Plutonium-238 in der Lunge festsetzt, ist das beinahe ein Todesurteil.

Es gibt unzählige andere Beispiele: Eine winzige Veränderung in der Wellenlänge des Lichtes macht aus Blau Violett und erlaubt es dem violetten, nicht aber dem ultravioletten Licht, Glas zu durchdringen. Wenn die »starke Wechselwirkung« ein wenig schwächer oder die elektrische Wechselwirkung ein wenig stärker wäre, dann gäbe es vermutlich keine Atome – und folglich auch keine Materie, wie wir sie kennen. Tatsächlich beruht die Existenz der Materie überhaupt auf einem kleinen Ungleichgewicht zwischen der Materie und der Antimaterie in den allerersten Augenblicken unseres Universums: Wenn Materieteilchen und Antimaterieteilchen aufeinandertreffen, löschen sie einander in einem großen Energieausbruch aus. Hätte es bei der Entstehung des Universums von beiden Sorten gleich viele gegeben, dann hätten sich schon längst alle Teilchen und Antiteilchen ausgelöscht, und es wäre nichts als Strahlung übrig.

Auf Lebewesen wirken sich winzigste Unterschiede sogar noch dramatischer aus. Wenn die Erde sich auf einer Umlaufbahn eingependelt hätte, die ein wenig näher an der Sonne verläuft, dann wären die Temperaturen bei uns so hoch, daß organische Moleküle nicht mehr zusammenhalten könnten. Wenn die Umlaufbahn ein weniger weiter von der Sonne weg wäre, hätten die niedrigeren Temperaturen alle Möglichkeiten des Lebens zur völligen Starre eingefroren. Eine winzige Veränderung in der Struktur der DNS kann den Unterschied zwischen braunen und blauen Augen, zwischen Krankheit und Gesundheit, zwischen dem Verschwinden und Überleben einer ganzen Art ausmachen. Ein Genetiker hat einmal geschätzt, daß der Unterschied zwischen einem relativ harmlosen Virus und einem tödlichen sich auf läppische drei von über 5 Millionen Atomen beschränken kann.

Diese kleinen Unterschiede zwischen wichtigen Gruppen sind unendlich faszinierend. Die Schriftstellerin Annie Dillard weist darauf hin, daß zum Beispiel der Unterschied zwischen dem Lebensblut der Pflanzen und dem der Menschen nur ein Atom ausmacht: Chlorophyll besteht aus 136 Atomen Wasserstoff, Kohlenstoff, Sauerstoff und Stickstoff, die ringförmig um ein einzelnes Magnesiumatom angeordnet sind. Das Hämoglobin unseres Blutes besteht aus 136 Atomen Wasserstoff, Kohlenstoff, Sauerstoff und Stickstoff, die ringförmig um ein einzelnes Eisenatom angeordnet sind. Der genetische Unterschied zwischen Menschen und Menschenaffen beträgt weniger als 1 Prozent.

Manche kleinen Unterschiede haben natürlich größere Wirkungen als andere. Wenn jeder kleine Unterschied alles aus dem Lot brächte, dann wäre das Universum hoffnungslos instabil, und die Lebensformen auf der Erde würden sich jedesmal, wenn man sich umdreht, abrupt ändern. In Wirklichkeit haben die meisten kleinen Unterschiede überhaupt keine

Auswirkungen. Geringfügige Unterschiede in der Temperatur, in der Form einer Nase, im Aufbau eines Satzes oder in der Bauweise einer Art von Lebewesen haben kaum einen Effekt. Aber wenn der kleine Unterschied an einem wichtigen Punkt auftaucht, dann kann er alles verändern. Der Unterschied zwischen 38°C und 42°C ist klein, kann aber über Leben und Tod entscheiden.

Manchmal scheint der überaus wichtige kleine Unterschied nur der Zuckerguß auf dem Kuchen zu sein, obwohl er eigentlich die Hauptzutat ist. Der Unterschied zwischen einem Amateur-Flötisten und Jean-Pierre Rampal ist vielleicht für das Auge nicht unbedingt erkennbar. Aber für das Ohr wäre er gigantisch. Das gleiche gilt für die letzte Millisekunde, die aus einem Läufer einen Champion macht, für die beinahe unmerkliche Änderung der Betonung, die einem Gedicht seine Aussagekraft schenkt, oder für die kleinen Verzierungen und die Grazie, die eine gute Tänzerin zu einer großartigen Ballerina machen. Der Philosoph Yehoshua Bar-Hillel hat das einmal so formuliert: »Der Schritt von dem Zustand, daß man etwas überhaupt nicht kann, zu dem Zustand, daß man es ein bißchen kann, ist viel kleiner als der nächste Schritt – daß man es gut kann.«

Kleine Unterschiede zeitigen oft große Wirkungen, wenn Dinge miteinander verbunden sind – wie zum Beispiel in einer Reihe von Dominosteinen. Ein einzelner fallender Felsbrocken löst keinen Erdrutsch aus, wenn nicht schon eine ganze Steinhalde ein bißchen wackelig ist. Nur dann wirkt er wie der Auslöser an einem geladenen und bereits angelegten Gewehr. Dieser Auslöser, das könnte eine Kombination von Genen sein, die das Wachstum eines Krebsgeschwürs auslöst; der kleine Schubser am ersten Dominostein, der die ganze Reihe umwirft; die Eiskristalle, die eine Kettenreaktion auslösen, die in einem Hurrikan gipfelt; der kleine Riß unter der Erdoberfläche, der schließlich dazu führt, daß ein Vulkan ausbricht.

Leider läßt sich nicht immer leicht feststellen, welche Dinge miteinander verbunden sind – und wie. Deswegen ist die Vorhersage von Erdbeben zum Beispiel so schwierig. Die

Seismologen haben noch immer nicht herausgefunden, welche von den unzähligen Schub- und Scherspannungen in der Nähe einer Verwerfung dazu führt, daß sich zwei Platten der Erdkruste, die jahrelang durch Reibung miteinander verbunden waren, in einem Erdbeben voneinander entfernen. Ähnliches gilt auch in der menschlichen Psychologie. Niemand kann vorhersagen, welche Kombination kleiner Ereignisse mit einem Mord oder Selbstmord endet.

Manche kleinen Unterschiede sind jedoch so miteinander verbunden, daß die Ergebnisse buchstäblich explosiv sind. Wenn Sie einen Dominostein in einer Reihe umwerfen, dann reicht die Reihe diese Wirkung weiter, und schließlich haben Sie am Schluß einen umgefallenen Dominostein – und dazwischen eine Reihe anderer umgefallener Dominosteine. Stellen Sie sich nun vor, daß Sie eine Reihe von Dominosteinen so aufstellen, daß der erste Stein zwei umwirft, diese beiden vier, diese vier acht und so weiter. Dann haben Sie eine »nichtlineare Ereignisfolge«. Am Ende dieser Kette kann der eine zuerst umgeworfene Hunderte von Dominosteinen gleichzeitig umwerfen. Die Wirkung steht in keinerlei Verhältnis zur Ursache. Hier haben wir es tatsächlich mit einer Explosion zu tun.

Was wir normalerweise als kleinen Unterschied wahrnehmen – zum Beispiel die Multiplikation mit einer winzigen Zahl – führt zu allen möglichen gigantischen Wirkungen von Epidemien bis zur Kernverschmelzung, die für die Energie der Sonne verantwortlich ist. Wenn man nur ein- oder zwei-, ja sogar dreimal verdoppelt, ist der Unterschied nicht notwendigerweise sehr groß. Wenn man aber irgend etwas – egal wie klein – oft genug (und eine relativ kleine Zahl von Multiplikationen reicht da schon) verdoppelt, dann bekommt man immer ein riesiges Endergebnis. Weil die Verdoppelungen wie die Dominos miteinander verknüpft sind, ist jede zusätzliche Verdoppelung mit allen vorangegangenen verbunden. Deswegen führt die Verdoppelung eines hauchdünnen Seidenpapiers nach fünfzig Malen zu einer Dicke, die siebzehnmal so groß ist wie die Entfernung von der Erde zum Mond und zurück.

Wie wichtig auch diese kleinen Unterschiede sind, manchmal sind sie höllisch schwer zu erkennen. Die meisten Leute merken nicht einmal, wenn ihr Kaufhaus ihnen bei der monatlichen Abrechnung 1,5 Prozent Zinsen aufschlägt, und wenn man liest, daß die Weltbevölkerung um 1,8 Prozent anwächst, regt einen das gewöhnlich nicht sonderlich auf. Die Unterschiede selbst sind relativ klein. Die *Verbindungen* sorgen dafür, daß sich alles zu einem Gesamtmuster aufaddiert – und das Gesamtmuster können wir nicht wahrnehmen.

Vor einigen Jahren beschrieb der Physiker Albert Bartlett diese Situation im *American Journal of Physics* außerordentlich anschaulich. Er stellte eine Bakterienkolonie vor, die sich in einer Coca-Cola-Flasche einmal pro Minute verdoppelt. Sie fangen um 11 Uhr an, und um 12 Uhr mittags ist die Flasche voll. Wann, fragt Bartlett, würden wohl die weitsichtigeren unter den Bakterien anfangen, ein Überbevölkerungsproblem am Horizont zu sehen? Die Antwort: Um 11.58 Uhr. Und selbst dann wäre die Flasche noch *dreiviertel leer* – es müßten also außerordentlich weitsichtige Bakterien sein. Um 11.59 Uhr wäre die Flasche immer noch erst halbvoll – oder halb leer, je nachdem, wie man es nimmt. Zweifellos, meint Bartlett, würden noch immer die Aufsichtsratsvorsitzenden in Bakterienland herumrennen und allen versichern, es bestehe kein Grund, das Wachstum zu begrenzen, da ja immer noch mehr Platz übrig sei, als die Kolonie in ihrer gesamten Geschichte gebraucht habe! Und dann würden sie trotzdem ungeheure Anstrengungen unternehmen und an neuen Ufern nach Lebensraum suchen und tatsächlich drei weitere Coca-Cola-Flaschen finden! Alle in drangvoller Enge lebenden Bakterien würden erleichtert aufseufzen. Aber wieviel Zeit hätten sie, bis ihnen wieder der Platz ausgeht? Antwort: zwei Minuten! (Nämlich zwei weitere Verdopplungen.)

Ein lehrreiches (wenn auch etwas anderes) Beispiel stammt aus einer Fabel von Jorge Luis Borges. Ein leicht verrückter Prinz errichtet eine Unmenge von Säulen in einem riesigen Park. Alle sind wunderbar hellrot. Und jede sieht genauso aus wie die erste. Während man an den Säulen entlanggeht, sieht man Dutzende und Aberdutzende von Säulen, die alle gleich aussehen. Und dann plötzlich, wenn man etwa eine Woche lang an den Säulen entlanggewandert ist, stellt man fest, daß die hellroten Säulen sich mysteriös in reinweiße Säulen verwandelt haben. Wie konnte das geschehen? Die Antwort ist, daß der Farbunterschied zwischen zwei benachbarten Säulen zu klein war, als daß man ihn hätte bemerken können. Aber die sich summierenden Unterschiede waren groß genug, um den Übergang von Hellrot zu Weiß zustande zu bringen. Die Geschichte beruht auf der gleichen Einsicht, die den britischen Staatsmann Edmund Burke Ende des 18. Jahrhunderts zu der Bemerkung veranlaßte: »Obwohl niemand einen scharfen Trennstrich zwischen Tag und Nacht ziehen kann, sind doch Licht und Dunkelheit insgesamt ziemlich eindeutig voneinander zu unterscheiden.«

In einem völlig anderen Zusammenhang erklärt die manchmal enorme Wirkung kleiner Unterschiede, warum kaum merkliche Rassen- oder Geschlechtervorurteile zu weitverbreiteter Diskriminierung führen können. Die Psychologin Virginia Valian vom Hunter College hat diesen Vorgang in einem Interview mit der Wissenschaftsjournalistin Natalie Angier von der *New York Times* so beschrieben:

Die Leute wollen oft nicht wahrhaben, daß kleine Verschiebungen des Gleichgewichts sich wirklich addieren. Eine Computer-Simulation zeigt, was in einer Organisation geschieht, in der es eine achtstufige Hierarchie gibt und wo anfänglich genau gleich viele Männer und Frauen eingestellt werden, bei der aber Männer eine geringfügig höhere Chance auf Beförderung haben – nur ein Prozent mehr. Die Programmierer haben die Simulation weitergerechnet, bis alle Mitarbeiter dieser hypothetischen Organisation einmal ersetzt worden waren. Am Schluß war die oberste Stufe der Hierarchie mit 65 Prozent Männern und 35 Prozent Frauen besetzt.

Jeder einzelne Schritt in dieser Kette ist winzig, und mancher würde sagen: »Da machen Sie eine Mücke zum Elefanten.« Aber diese Mücken addieren sich eben doch zu einem ziemlichen Schwarm.

Das Ziel aller guten Naturwissenschaft ist, zu wissen, welche kleinen Details, die nicht am richtigen Ort sind, die entscheidenden Teile des Puzzles sind, welche winzigen Unregelmäßigkeiten die Vorboten ungeheurer, bisher unentdeckter Gesetzmäßigkeiten sind. Der Physiker Steven Weinberg sagt dazu: »Eine einzige fehlende Übereinstimmung zwischen Theorie und Experiment macht sich nicht bemerkbar und schwenkt eine Fahne und verkündet: ›Ich bin eine wichtige Anomalie!‹«

Die Unterschiede zwischen Einsteins Gesetzen und den Newtonschen Gesetzen sind wirklich sehr klein – kaum merklich, außer bei Geschwindigkeiten im Bereich der Lichtgeschwindigkeit. So würden Sie bei einer normalen Reise wohl kaum bemerken, daß die Zeit sich verlangsamt. Sie würden auch kaum feststellen, daß alle Passagiere im Flugzeug während des Fluges ein wenig massiger werden. Sie könnten niemals den Unterschied zwischen Schwerkraft als Newtonscher Kraft und als Einsteinsche Raumkrümmung feststellen. Und doch sind diese kleinen Unterschiede von ungeheurer Bedeutung. Richard Feynman hat darauf hingewiesen, daß die Einsteinschen Gesetze die Newtonschen nur ein klein wenig falsch aussehen lassen, daß wir aber mit Newtons Gesetzen »philosophisch völlig falsch liegen. Das ist eine Besonderheit der Philosophie oder der Denkweise, die den Naturgesetzen zugrunde liegt. Sogar kleine Wirkungen zwingen einen manchmal zu tiefgreifendem Umdenken.«

Schließlich stellte Darwin bei den verschiedenen Arten von Schildkröten und Vögeln und Iguanas auch nur kleine Unterschiede fest, die ihm aber den Weg zu seiner Theorie der Evolution wiesen: die Variationen der Panzer, der Schnäbel und der Farbe, die man von einer Insel zur anderen feststellen konnte. Auch heute noch wird das Vertrauen zur Evolution ständig durch kleine Unregelmäßigkeiten bestärkt wie zum Beispiel durch Stephen Jay Goulds inzwischen wohlbekannten »Daumen des Panda«, der eigentlich als provisorischer Notbehelf aus einer Wucherung des Handgelenks entstanden ist. Eine perfekte Gestalt ist kein guter Beweis für die Evolution, argumentiert Gould, denn sie wäre eher das Werk eines nahezu perfekten Schöpfers. Statt dessen, meint er, sind »seltsame Arrangements und merkwürdige Lösungen ein Beweis für die Evolution – Pfade, die ein vernünftiger Gott nie beschritten hätte, denen aber ein natürlicher Vorgang folgen muß«.

Meistens sind kleine Unterschiede wirklich *kleine* Unterschiede. Wenn man sie einmal verstanden hat, kann man sich entspannt zurücklehnen. Ab und zu kann ein seltsames Zeichen eine Delle in der Rüstung unserer Selbstgefälligkeit hinterlassen – uns einen kleinen Knüppel zwischen die Beine werfen, der uns stolpern läßt und aus unserer gewohnten Sehweise aufrüttelt.

Wenn man es genau bedenkt, sind große Unterschiede wesentlich schwerer zu bemerken. Die Bewegung der Erde ist uns nicht bewußt, obwohl sie sich mit ungefähr 1 600 Stundenkilometern um ihre Achse dreht und mit beinahe 30 Kilometern pro Sekunde um die Sonne bewegt. Sie bemerken das Fließen Ihres Blutes nicht, und auch nicht die Aktivität Ihrer Zellen. Große gesellschaftliche und wirtschaftliche Trends verlaufen oft »unsichtbar«, weil sie sich so langsam aufbauen. Sie merken auch nicht, daß Ihre Boeing 747 sich bewegt, obwohl sie mit 800 Stundenkilometern durch die Luft saust.

Manchmal muß man einfach ein Luftloch erwischen, damit man noch weiß, daß man fliegt. Das Größte an den kleinen Unterschieden ist vielleicht, daß sie einem die Augen öffnen und einen Blick auf größere, unerwartete Wahrheiten ermöglichen.

Kräfte und Einflüsse

Die Gedanken in diesem Buch wurden sehr stark von den Werken und Gedanken anderer beeinflußt – von den Ideen und Ansichten Albert Einsteins bis hin zu Veröffentlichungen von Autoren wie Guy Murchie und Lincoln Barnett und den immer originellen Ansichten »meines Freundes, des Physikers«. Einige dieser Menschen erscheinen auf den vorangegangenen Seiten so häufig, daß es angebracht scheint, sie hier angemessen vorzustellen:

Der verstorbene **Frank Oppenheimer**, Direktor des Exploratoriums in San Francisco, wurde »mein Freund, der Physiker«, als ich 1972 zufällig zum erstenmal in sein wunderbares Museum kam. Ich glaube, das Exploratorium sieht so ähnlich aus wie Franks Gehirn: eine ziemlich chaotische, aber tiefsinnig verknüpfte Kombination von Kunst, Naturwissenschaft, Philosophie, Pädagogik, Politik und purem Spiel. Das Exploratorium gilt nah und fern als das beste Wissenschaftsmuseum der Welt, ist aber in Wirklichkeit eigentlich ein Museum über die menschliche Wahrnehmung. Seit den frühesten Anfängen verkündet ein reichlich ramponiertes Schild am Eingang:

> HIER WIRD EIN EXPLORATORIUM GESCHAFFEN – EIN MUSEUM FÜR ALLE, DAS DEM MENSCHLICHEN BEWUSSTSEIN GEWIDMET IST.

Das menschliche Bewußtsein ist immer Franks Hauptthema gewesen, seit der Zeit, als er in New York spät nachts zu den Wassertürmen der Stadt wanderte und Artikel über die Aussicht von dort oben schrieb, seit seiner Erfahrung als Student an der Johns Hopkins Universität und am Caltech, wo er sich in Physik und im Flötenspiel übte, in all den Jahren, die er in Los Alamos am Atombombenprojekt mitarbeitete, bis hin zu seinen Abenteuern als Physiker, der sich mit Höhenstrahlung beschäftigt, und zu den zehn Jahren, die er praktisch im politischen Exil (Preis für seine pazifistische Weltanschauung) in den Rockies von Colorado mit Viehzucht verbrachte, bis zu seiner Rückkehr zur Lehre und schließlich zum Höhepunkt all seiner Erfahrungen im Exploratorium. Frank wurden für seine Arbeit unzählige Ehrungen zuteil, darunter auch zwei Guggenheim Fellowships und Ehrungen für besonders verdienstvolle Leistungen vom Caltech, von der Amerikanischen Vereinigung der Physiklehrer und von der Amerikanischen Museumsvereinigung.

Victor Weisskopf sollte ich eigentlich »meinen anderen Freund, den Physiker« nennen. Ich habe seine Bekanntschaft durch sein hervorragendes Buch *Knowledge and Wonder* [*Natur im Schaffen*] gemacht, das einzige Buch außer dem *Exorzisten*, für das ich mir je eine ganze Nacht um die Ohren geschlagen habe. Weisskopf ist emeritierter Professor des MIT, hat die National Medal of Science verliehen bekommen und war Direktor des Kernforschungszentrums CERN in den wichtigsten Anfangsjahren, Präsident der Amerikanischen Akademie der Künste und Wissenschaften und Mitglied der Pontifical Academy of Sciences, wo er sich sehr für Fragen der nuklearen Abrüstung engagierte. Außerdem hat er sich intensiv für etwas engagiert, was einige Wissenschaftler immer noch verächtlich als »Popularisierung« bezeichnen: Er hat stets versucht, sich die Zeit zu nehmen, mit Wissenschaftsjournalisten zu reden und die grundlegenden Gedanken der Physik einem allgemeinen Publikum zu erklären. Wie Oppenheimer hat auch Weisskopf erstaunlich und erfreulich wenig dagegen, daß andere Leute seine Ideen verwenden. Er hat oft gesagt: »Die einzige Sünde ist, wenn man einen guten Gedanken hört, ihn nicht zu verwenden.«

Philip Morrison, Professor am MIT, Astrophysiker, Autor, Buchkritiker und Kolumnist des *Scientific American* ist wahrscheinlich mindestens genauso berühmt für seine faszinierenden Vorlesungen und eleganten Texte wie für seine physikalischen Arbeiten. Es fällt mir zwar schwer, unter seinen populärwissenschaftlichen Arbeiten einen Top-Favoriten herauszugreifen, aber *Nothing is Too Wonderful to Be True* spiegelt doch am besten sein ungeheures Spektrum wider. Zusammen mit seiner Frau Phylis hat er den immer noch bezaubernden Klassiker *Zehn hoch* verfaßt. Phils Ansatz ist immer ausgesprochen originell, und er schafft es meisterlich, alles umzukrempeln und einen dazu zu zwingen, alte Annahmen zu revidieren, ob es nun um Atome, Abrüstung oder die Suche nach Leben außerhalb der Erde geht. Unsere vielen Gespräche im MIT und im Heim der Oppenheimers in San Francisco haben mir immer meine eigene Naivität bewußt gemacht und mir gleichzeitig Unmengen neuer Ideen geliefert. Phil und Phylis haben beide ungeheuer viel zur Entwicklung des Exploratoriums beigetragen.

Der verstorbene **Richard Feynman** ist einmal als der »gescheiteste Mann der Welt« bezeichnet worden. Ob das nun stimmt oder nicht, er war sicherlich eine der schillerndsten Persönlichkeiten in der Physik. Für seine Arbeiten über die Quantenelektrodynamik wurde er mit dem Nobelpreis ausgezeichnet, er war ein hervorragender Bongotrommler und hat sich die berühmten Feynman-Graphen ausgedacht, mit deren Hilfe man subatomare Ereignisse bildlich darstellen kann. Er war theoretischer Physiker am Caltech, wo sein New Yorker Queens-Akzent erfrischend fehl am Platze war. Ich hatte einmal das große Glück, eine ganze Stunde lang mit Feynman zu reden (er war notorisch pressescheu), aber viele Gedanken, die in diesem Buch auftauchen, stammen aus den unverzichtbaren *Vorlesungen über Physik* und aus seinem Buch *Vom Wesen physikalischer Gesetze.*

Der verstorbene **Guy Murchie** war ein bekannter Wissenschaftsautor und Verfasser der Bücher *Song of the Sky*, *Music of the Spheres* und *The Seven Mysteries of Life.* Seine Bücher sind randvoll mit Fakten, Zitaten, Anekdoten und strahlen vor allem seine Begeisterung für die gesamte Natur aus. Ich bin sehr stolz darauf, daß ich Guy Murchie das Exploratorium vorstellen durfte – und umgekehrt.

Albert Einstein war natürlich der allgemein gerühmte geniale Physiker, der sowohl die spezielle Relativitätstheorie ($E = mc^2$, Zeitdilatation etc.) als auch die allgemeine Relativitätstheorie (gekrümmter Raum, schwarze Löcher etc.) entdeckt hat. Er hat die Denkweise der Menschen über Zeit,

Raum, Materie, Energie, Bewegung und andere grundlegende Phänomene völlig revolutioniert. Aber mehr noch als ein brillanter Wissenschaftler war Einstein ein großer Humanist, der viel gegrübelt, geschrieben und gesprochen hat – über den Krieg, die Menschheit, die Tyrannei und vor allem über die Verbreitung von Kernwaffen – etwas, wovon er sagte, daß es alles verändert hat, sogar unser Denken.

J. Robert Oppenheimer, Franks älterer Bruder, wird oft als der Gründer der ersten Lehranstalt für Theoretische Physik in den Vereinigten Staaten nach seiner Rückkehr aus Europa Anfang der zwanziger Jahre bezeichnet. Er war wissenschaftlicher Leiter in Los Alamos und wird deswegen oft Vater der Atombombe genannt. Und doch war er hauptsächlich wunderbarer Lehrer, tiefsinniger Denker und schließlich beinahe Märtyrer seiner politischen Ansichten: Während der McCarthy-Säuberungen in den fünfziger Jahren erklärte man ihn zum Sicherheitsrisiko, weil er sich gegen Edward Tellers Meinung, die Wasserstoffbombe, eine Bombe von unvergleichlich viel höherer Durchschlagskraft, müsse unbedingt gebaut werden, gestellt hatte.

George Gamow war ein exzentrischer und wichtiger Physiker, der einen der ersten wichtigen Beiträge zur inzwischen beinahe universell anerkannten Theorie des Urknalls geleistet hat.* Seine zauberhaften Geschichten über einen armen Bankangestellten, der etwas über Relativitätstheorie und Quantenphysik lernte (*Mr. Tompkins im Wunderland* und *Mr. Tompkins' seltsame Reisen durch Kosmos und Mikrokosmos*), sind eine wunderbare Einführung für alle, die sich für moderne Wissenschaft interessieren. Höchst empfehlenswert sind auch seine Bücher *Eins, zwei, drei ... Unendlichkeit*, *Biographie der Physik* und *Biographie der Erde*.

Stephen Jay Gould ist ein äußerst freimütiger und origineller Biologe und Geologe von der Harvard University, der

* Was eigentlich universell anerkannt ist: die Tatsache, daß sich das Universum mit großer Geschwindigkeit in alle Richtungen ausdehnt – woraus man zu dem Schluß gelangt, daß irgendwann in trüber Vorzeit einmal alle Materie und Energie in einem unendlich kleinen Punkt komprimiert gewesen sein muß.

wunderbare Artikel für die Zeitschrift *Natural History* schreibt, die in Büchern wie *Bravo, Brontosaurus, Der Daumen des Pandas, Das Lächeln des Flamingos* und vielen anderen gesammelt sind. Kaum je spricht Gould über die Evolutionsbiologie, ohne nicht auch gleichzeitig Parallelen zu anderen Aspekten menschlichen Lebens zu ziehen.

Vera Kistiakowsky war Experimentalphysikerin und Professorin am MIT, die sich bei verschiedenen Gelegenheiten viel Zeit genommen hat, meine diversen Texte durchzulesen und mit mir über Physik zu diskutieren.

Sir James Jeans war ein britischer Astronom und Physiker, dessen Forschungsarbeiten ein breites Spektrum von der Molekularphysik bis zur Quantentheorie und Kosmologie umfaßten. Im Jahr 1928 (nachdem man ihn geadelt hatte) hörte er mit der Grundlagenforschung auf und verlegte sich darauf, Naturwissenschaft allgemeinverständlich zu erklären. Seine Vorträge und Radiosendungen wurden in Büchern wie *Sterne, Welten und Atome* und *Der Weltenraum und seine Rätsel* veröffentlicht.

Sir Arthur Eddington war ein Zeitgenosse von Jeans (die beiden waren zu so manchem Thema in der Astronomie und Philosophie durchaus verschiedener Meinung), der sich auf die Relativitätstheorie spezialisiert hat. Tatsächlich war Eddington der erste, der Einsteins Relativitätstheorie in klares Englisch gebracht hat. Einstein hielt Eddingtons Version für die beste.

Niels Bohr war ein dänischer Physiker, der weithin als Vater der Quantenmechanik bekannt ist: Er hat mit seinen Gedanken zur Naturwissenschaft und ihrer Auswirkung auf das menschliche Denken eine ganze Generation von Physikern inspiriert. Bohr hat als erster die bestimmten Eigenschaften der Atome mit der Tatsache in Verbindung gebracht, daß Ereignisse im Atom (zum Beispiel die Ausstrahlung von Licht) nur als Ganzes geschehen – sozusagen ein gedanklicher Quantensprung. Er hat auch den Gedanken der komplementären Beschreibungsarten entwickelt, um diesen seltsam teilchenhaften Aspekt der Strahlung mit ihrem wellenhaften Charakter vereinbaren zu können.

Isaac Newton war ein Naturwissenschaftler des 17. Jahrhunderts, den sich die meisten Leute unter einem Baum sitzend vorstellen, während er darauf wartet, daß ihm ein Apfel auf den Kopf fällt. Ob das nun stimmt oder nicht, Newton war jedenfalls der erste, der begriff, daß das Fallen des Apfels und die Umlaufbahn (das »Fallen«) des Mondes von der gleichen Kraft bewirkt werden – von der Schwerkraft. Seine drei berühmten Bewegungsgesetze (u. a. actio gleich reactio) sind heute jedem Schulkind bekannt. Er hat auch die Infinitesimalrechnung geschaffen, als erster bemerkt, daß weißes Licht tatsächlich eine Mischung aller Spektralfarben ist, und war gegen Ende seines Lebens besessen von Alchemie und Mystizismus.

Das Bild des griechischen Philosophen **Aristoteles** von einem statischen, endlichen und erdzentrierten Universum hat mit einigen wenigen Unterbrechungen während der letzten anderthalb Jahrtausende das naturwissenschaftliche Denken dominiert. Seinen Hauptbeitrag leistete er eigentlich nicht in der Physik, aber man wirft ihm oft vor, er habe die Wissenschaftler in die Irre geführt – insbesondere mit seinen Bewegungsgesetzen, die irrtümlich davon ausgingen, daß der »natürliche Zustand« eines Körpers der Ruhezustand ist und daß alles »ganz natürlich« zum Stillstand kommt, wenn es nicht von einer Kraft weiter angetrieben wird.

Nikolaus Kopernikus war ein Astronom aus dem 15. Jahrhundert, dem man die Entdeckung zuschreibt, daß die Erde sich um die Sonne bewegt und nicht umgekehrt. Vielen historischen Berichten zufolge vereinfachte das neue kopernikanische System das alte, von dem griechischen Astronomen und Mathematiker Ptolemäus entwickelte System, das die Bewegungen der Planeten, der Sonne und des Mondes als komplizierte Epizyklen (Kreise innerhalb von Kreisen) beschrieb. Aber auch im System des Kopernikus waren viele komplizierte Bewegungen notwendig, hauptsächlich, weil er die Bewegung der Himmelskörper als vollkommene Kreise sah, während die wahren Umlaufbahnen der Planeten Ellipsen sind.

Galileo Galilei war der Wissenschaftler des 16. und 17. Jahrhunderts, dem man zuschreibt, daß er die Bedeutung experimenteller Beweise für die Erforschung physikalischer Phänomene wieder in den Vordergrund stellte. Galileo wird oft abgebildet, wie er auf dem Schiefen Turm von Pisa steht und eine Feder und einen Stein herunterwirft, um zu beweisen, daß sie gleich schnell fallen (was unmöglich ist, es sei denn, Pisa hätte damals in einem Vakuum existiert). Man schreibt ihm auch die Entdeckung zu, daß die Schwingungsdauer eines Pendels nur von dessen Länge und nicht von dem Ausschlag der Bewegung abhängt, die Erfindung des Teleskops und die Erkenntnis, daß es Berge auf dem Mond gibt, unzählige neue Sterne und die Monde des Jupiter.

Johannes Kepler war ein Zeitgenosse Galileos, der sein Leben lang nach der kosmischen Harmonie in der »Sphärenmusik« gesucht hat. Sein wahrscheinlich bedeutendster Beitrag war die Erkenntnis, daß die Planeten durch eine *Kraft* auf ihren Umlaufbahnen gehalten werden, wodurch man schließlich beweisen konnte, daß die Umlaufbahnen der Planeten Ellipsen und keine Kreise sind.

Natürlich ist diese Liste nur lückenhaft und nach der Häufigkeit der Erwähnung in meinem Buch sortiert. Es ist annähernd unmöglich, alle Kräfte und Einflüsse zu nennen, die dieses Buch mitgeformt haben. Viele andere erscheinen noch in der Auswahlbibliographie.

Auswahlbibliographie

Asimov, Isaac. *Asimov on Chemistry*. New York, 1975.
– *Understanding Physics*. New York, 1992.

Baeyer, Hans Christian von. *Fermis Weg. Was die Naturwissenschaft mit der Natur macht*. Reinbek bei Hamburg, 1994.
– *Das Atom in der Falle. Forscher erschließen die Welt der kleinsten Teilchen*. Reinbek bei Hamburg, 1993.
Baker, Adolph. *Modern Physics and Antiphysics*. Reading, Massachusetts, 1907.
Barnett, Lincoln. *Einstein und das Universum*. Amsterdam, 1950.
Bartusiak, Marcia. *Through a Universe Darkly*. New York, 1993.
Born, Max. *Natural Philosophy of Cause and Chance*. Oxford, 1949.
Bronowski, Jacob. *Science and Human Value*. New York, 1965.
– *Der Aufstieg des Menschen. Stationen unserer Entwicklungsgeschichte*. Frankfurt am Main, 1976.

Calder, Nigel. *Einstein's Universe*. London, 1990.
Casimir, Hendrik Brugt Gerhard. *Haphazard Reality*. New York, 1983.
Cheney, Margaret. *Nikola Tesla. Eine Biographie*. Düsseldorf, 1997.

Dillard, Annie. *Pilgrim at Tinker Creek*. New York, 1994.

Eddington, Sir Arthur. *Space, Time and Gravitation: An Outline of the General Relativity Theory*. Cambridge, 1987.
Einstein, Albert. *Essays in Physics*. New York, 1950.
– *Mein Weltbild*. Frankfurt am Main, 1957.
Einstein, Albert und Infeld, Leopold. *Die Evolution der Physik*. Reinbek bei Hamburg, 1995.
Eiseley, Loren. *The Unexpected Universe*. New York, 1969.

Feynman, Richard P. *Vom Wesen physikalischer Gesetze*. München, 1997.
– *Vorlesungen über Physik*. München, 1991.
French, Anthony P. *Albert Einstein, Wirkung und Nachwirkung*. Braunschweig, 1985.

Gamow, George. *Mr. Tompkins' seltsame Reisen durch Kosmos und Mikrokosmos*. Braunschweig, 1980.
– *Mr. Tompkins im Wunderland oder Träumereien von c, g und h*. Wien, 1954.

– *Biographie der Physik*. Düsseldorf, 1965.
– *Das Gesetz der Schwerkraft. Neue Antworten auf alte Fragen*. München, 1962.
Gardner, Martin. *The Whys of a Philosophical Scrivener*. New York, 1983.
Gonick, Larry und Huffmann, Arthur. *The Cartoon Guide to Physics*. New York, 1992.
Gregory, Richard. *Auge und Gehirn. Zur Psychophysiologie des Sehens*. Frankfurt am Main, 1972.
– *The Intelligent Eye*. London, 1970.
– *Mind in Science. A History of Explanations in Psychology and Physics*. London, 1981.

Hewitt, Paul. *Conceptual Physics*. New York, 1993.
– *Thinking Physics*. San Francisco, 1979.

Jeans, Sir James. *Sterne, Welten und Atome*. Stuttgart, Berlin, 1931.
– *Der Weltenraum und seine Rätsel*. Stuttgart, 1931.
– *Die Wunderwelt der Sterne*. Stuttgart, 1934.
– *Physik und Philosophie*. Zürich, 1944.

Kevles, Daniel. *The Physicists: The History of a Scientific Community in Modern America*. Harvard, 1995.
Koestler, Arthur. *Die Nachtwandler. Das Bild des Universums im Wandel der Zeit*. Bern, Stuttgart, Wien, 1959.
Krauss, Lawrence M. *Nehmen wir an, die Kuh ist eine Kugel ... Nur keine Angst vor Physik*. Stuttgart, 1996.
– *Beyond Star Trek: Physics from Alien Invasions to the End of Time*. Bolder, Colorado, 1998.
– *Die Physik von Star Trek*. München, 1996.

March, Robert H. *Physics for Poets*. New York, 1978.
Medawar, Peter B. *Ratschläge für einen jungen Wissenschaftler*. München, 1984.
Morrison, Philip. *Nothing is Too Wonderful to Be True*. New York, 1995.
Morrison, Philip und Morrison, Phylis. *Das Geheimnis unserer Wahrnehmung. Warum wir wissen, was wir wissen*. München, 1988.
Murchie, Guy. *Music of the Spheres: The Material Universe from Atom to Quasar, Simply Explained*. New York, 1967.
– *The Seven Mysteries of Life*. Boston, 1981.

Oppenheimer, Julius Robert. *Wissenschaft und allgemeines Denken*. Reinbek bei Hamburg, 1958.

Prigogine, Ilya. *Vom Sein zum Werden. Zeit und Komplexität in den Naturwissenschaften*. München, 1992.

Ridley, Brian K. *Time, Space and Things*. Hammondsworth, 1976.

Sagan, Carl. *Unser Kosmos. Eine Reise durch das Weltall*. München, 1989.
Smolin, Lee. *Warum gibt es die Welt? Die Evolution des Kosmos*. München, 1999.
Stevens, Peter S. *Zauber der Formen in der Natur*. München, Wien, 1983.

Thorne, Kip S. *Gekrümmter Raum und verbogene Zeit. Einsteins Vermächtnis*. München, 1996.
Trefil, James. *Fremde Welten. Die spektakulärsten Bilder des Kosmos*. Innsbruck, 2000.
– *Lauter Gründe, warum die Welt ganz anders ist. Die Rätsel des Kosmos, die Grenzen des Wissens*. München, 1998.

Wechsler, Judith. *On Aesthetics in Science*. Boston, 1988.
Weinberg, Steven. *Die ersten drei Minuten. Der Ursprung des Universums*. München, 1997.
– *Der Traum von der Einheit des Universums*. München, 1995.
Weisskopf, Victor. *Natur im Schaffen*. Frankfurt am Main, 1980.
Weizenbaum, Joseph. *Die Macht der Computer und die Ohnmacht der Vernunft*. Frankfurt am Main, 1977.
Wilczek, Frank und Devine, Betsy. *Longing for the Harmonies. Themes and Variations from Modern Physics*. New York, 1987.